高等学校计算机公共基础课规划教材

计算机实用基础教程

主　编　王全民

副主编　李　俐　蔡越江

参　编　郑　菁　崔　玲　郑　爽
　　　　吴丽影　郑小静

U0310356

中国铁道出版社
CHINA RAILWAY PUBLISHING HOUSE

内 容 简 介

本书以教育部计算机基础课程教学指导分委员会制定的大学计算机基础教学基本要求为主线，结合计算机应用技术的发展、高等院校计算机基础课程的教学和学生的实际状况编写而成。主要内容包括计算机基础知识、Windows 7 操作系统、Office 2007 办公软件、计算机网络、多媒体技术应用和信息安全等。

本书以应用为主，突出案例教学，使读者能在应用中学习，在学习中应用。本书适合作为高等院校大学计算机基础课程的教材，也可供办公人员和科研人员、职业类学生学习使用。

图书在版编目（CIP）数据

计算机实用基础教程 / 王全民主编. 一北京：中国铁道出版社，2011.3（2017.12 重印）
高等学校计算机公共基础课规划教材
ISBN 978-7-113-11471-8

Ⅰ. ①计… Ⅱ. ①王… Ⅲ. ①电子计算机－高等学校－教材 Ⅳ. ①TP3

中国版本图书馆 CIP 数据核字（2010）第 259678 号

书　　名：计算机实用基础教程	
作　　者：王全民　主编	

策划编辑：秦绪好	
责任编辑：周海燕	
特邀编辑：孙佳志	编辑助理：马洪霞
封面设计：付　巍	封面制作：白　雪
责任印制：李　佳	

出版发行：中国铁道出版社（北京市西城区右安门西街 8 号　　　邮政编码：100054）

印　　刷：虎彩印艺股份有限公司

版　　次：2011 年 3 月第 1 版　　　2017 年 12 月第 2 次印刷

开　　本：787mm×1092mm　1/16　印张：19.5　字数：466 千

书　　号：ISBN 978-7-113-11471-8

定　　价：30.00 元

前言

社会发展至 21 世纪,人类已进入以知识经济为主导的信息时代。信息技术正改变着人们的工作、学习、生活以及思维方式和价值观,计算机基础教育正面临着新的机遇和挑战。目前,计算机教育在我国高等学校中面对的现实已不再是零起点,它正面对其他学科专业教学中对信息技术应用的期望和社会用人单位对大学生计算机能力与信息素质要求越来越高的需求,因此高等学校计算机基础教育必须从教育理念、培养模式、培养目标着手,深入研究学生的学习需求、专业需求和社会需求,在课程体系、教学模式、教材建设、教学设计、教学方法与教学手段改革、教学资源、教学测评与质量保障等方面进行积极的探索和大胆的实践。本教材的编写和选材一方面是为了满足信息时代对大学生计算机能力的要求,另一方面是随着计算机系统的不断升级,也需要与之发展相适应的教材。

本教材紧紧围绕"面向应用、突出实践"进行编写。在内容的组织上,打破了传统教材的编写方式,采用案例式教学,以问题求解为基础,以培养学生的能力为导向,突出重点,不求大而全,力求学以致用。它是一本能够凝聚信息科学概念、技术和方法,符合高等教育要求,并能有效培养大学生信息素养的大学计算机基础教材。

本教材建议学时为 32 学时,其中第 1 章为 2 学时,第 2~5 章各为 4 学时,第 6 章为 6 学时,第 7 章为 4 学时,第 8、9 章各为 2 学时。教师可根据不同院校和不同专业的情况适当调整学时,并选取不同的教学内容,建议把第 1~5 章、第 8 章和第 9 章作为基本内容。由于本课程的实践性较强,因此建议配备一定数量的实验(16~24 学时),并以实验辅导教材作为配套教材,力求增加学生学习的主动性。

本教材由王全民任主编,李俐、蔡越江任副主编,参加编写的人员如下:第 1 章和第 2 章由郑菁编写,第 3 章由崔玲编写,第 4 章和第 5 章由李俐编写,第 6 章由蔡越江编写,第 7 章由郑爽编写,第 8 章由吴丽影编写,第 9 章由郑小静编写。罗晓沛教授对本教材的编写提出了许多建设性的意见和建议,在此表示感谢。本书编写过程中得到了诸多同事的关心和支持,还得到了很多计算机界和教育界同行的帮助,在此一并表示感谢。

由于时间紧迫以及作者的水平有限,书中难免有疏漏和不足之处,敬请广大读者批评指正。

编 者
2010 年 10 月

目 录

CONTENTS

第 1 章　计算机基础知识 1

 1.1　计算机概述 1

  1.1.1　计算机的基本概念 1

  1.1.2　计算机的发展简史 1

  1.1.3　计算机的应用 2

  1.1.4　计算机的发展趋势 3

 1.2　计算机基本工作原理与系统构成 4

  1.2.1　计算机基本工作原理 4

  1.2.2　计算机系统组成 4

  1.2.3　硬件系统 5

  1.2.4　软件系统 7

 1.3　信息编码与数据表示 8

  1.3.1　数制及其转换 8

  1.3.2　二进制数的运算 10

  1.3.3　信息编码 11

 小结 12

 习题 13

第 2 章　Windows 7 操作系统 14

 2.1　Windows 7 操作系统简介 14

  2.1.1　Windows 操作系统概述 14

  2.1.2　Windows 7 操作系统的特点 15

  2.1.3　如何使用 Windows 7 的帮助和支持功能 16

 2.2　基础操作 17

  2.2.1　系统的启动与退出 17

  2.2.2　设置个性化桌面 18

  2.2.3　使用"开始"菜单 21

  2.2.4　使用窗口 23

  2.2.5　使用与设置任务栏 26

  2.2.6　鼠标的设置 28

 2.3　文件管理 29

  2.3.1　文件及文件夹概述 29

  2.3.2　文件及文件夹的基本操作 30

  2.3.3　回收站 33

2.4 设备管理 35
    2.4.1 软件管理 35
    2.4.2 硬件设备管理 38
2.5 系统安全 43
    2.5.1 查看系统日志 43
    2.5.2 Windows Update 的安装和设置 45
    2.5.3 修改注册表 46
小结 47
习题 48

第 3 章 文字处理软件 Word 2007 49
3.1 Word 2007 概述 49
    3.1.1 Word 2007 的功能 49
    3.1.2 Word 2007 的界面 50
    3.1.3 使用 Word 2007 帮助 51
3.2 常用文书文档的制作 51
    3.2.1 输入内容 53
    3.2.2 设置文字格式 55
    3.2.3 设置段落格式 56
    3.2.4 添加项目符号与编号 58
    3.2.5 设置边框 59
    3.2.6 页面设置与打印 59
3.3 带有数据表格文档的制作 61
    3.3.1 创建空表 62
    3.3.2 合并与拆分单元格 62
    3.3.3 绘制斜线表头 63
    3.3.4 调整表格 64
    3.3.5 设置表样式 65
    3.3.6 设置对齐方式及其他 66
3.4 图文混排文档的制作 66
    3.4.1 页面颜色和页面边框 68
    3.4.2 首字下沉 70
    3.4.3 添加图片和剪贴画 71
    3.4.4 插入文本框 73
    3.4.5 制作艺术字 75
    3.4.6 绘制图形 77
    3.4.7 创建 SmartArt 图形 78
3.5 论文文档的制作 79
    3.5.1 编辑公式、插入图表、插入脚注和尾注 80

3.5.2 分栏 83

3.5.3 制作封面 83

3.5.4 设置样式 84

3.5.5 生成目录 86

3.5.6 分节 87

3.5.7 插入页码 88

3.5.8 插入页眉和页脚 89

3.5.9 插入批注 91

小结 91

习题 91

第4章 电子表格软件 Excel 2007 93

4.1 Excel 2007 的基本概念 93

4.1.1 Excel 2007 的界面 93

4.1.2 Excel 2007 的常用术语 95

4.1.3 Excel 2007 的常用操作 95

4.2 制作学生成绩表 99

4.2.1 输入表格内容 101

4.2.2 自动填充其他学号 103

4.2.3 设置成绩区域的数据有效范围 103

4.2.4 单元格及数据格式的设置 105

4.2.5 不同范围的成绩以不同颜色显示 107

4.2.6 为学生干部的姓名添加批注 108

4.3 学生成绩表中数据的计算及处理 109

4.3.1 用公式的方法求出总分及平均分 111

4.3.2 用函数求出所有学生的总分和平均分 112

4.3.3 用函数计算成绩等级及各等级的人数 113

4.3.4 公式中地址的处理方法 114

4.3.5 使用帮助 115

4.4 学生成绩数据的图表化 115

4.4.1 将各等级的学生人数情况制成饼图 117

4.4.2 学生成绩表制成柱形图 118

4.5 学生成绩表数据分析 119

4.5.1 按学生总分排序 120

4.5.2 筛选不同情况的学生成绩 122

4.5.3 汇总不同班级的平均分 124

4.5.4 创建与更改数据透视表 125

4.6 与工作簿有关的其他操作 126

4.6.1 整理工作表标签 127

4.6.2　隐藏和显示学生成绩表 129

4.6.3　保护学生成绩表 130

4.6.4　工作表的窗口操作技巧 131

4.6.5　将学生成绩表中的名单添加到序列表 133

小结 134

习题 134

第 5 章　演示文稿制作软件 PowerPoint 2007 136

5.1　PowerPoint 2007 概述 136

5.1.1　PowerPoint 2007 的基本概念 136

5.1.2　PowerPoint 2007 的基本操作 138

5.1.3　页面设置及打印 145

5.2　制作作品赏析演示文稿 147

5.2.1　设置主题及配色 148

5.2.2　文字及格式设置 149

5.2.3　在幻灯片中插入图片 151

5.2.4　使用自选图形绘制图标 154

5.2.5　改变幻灯片背景 154

5.2.6　添加艺术字 155

5.3　增强"校园介绍"演示文稿的演示效果 156

5.3.1　设置动画效果 157

5.3.2　实现幻灯片间的切换 160

5.3.3　添加声音文件 161

5.3.4　设置放映方式 163

5.3.5　设置幻灯片的页眉和页脚 165

5.4　制作介绍型的演示文稿 165

5.4.1　制作学院组织结构图 166

5.4.2　制作学院教师情况分析图 168

5.4.3　链接到相关的幻灯片 169

5.4.4　添加返回按钮 170

5.4.5　隐藏幻灯片 171

5.5　制作教学课件统一模板 172

5.5.1　创建幻灯片母版 173

5.5.2　将已有的演示文稿保存成模板 175

小结 175

习题 176

第 6 章　Access 数据库 177

6.1　Access 数据库的基本概念 177

6.1.1　数据库系统 177

6.1.2 Access 数据库 178

6.1.3 Access 数据库对象 179

6.1.4 数据库应用设计过程 181

6.2 教学管理系统中的表及表间关系 182

6.2.1 数据库的创建 183

6.2.2 表的创建 183

6.2.3 表的编辑 186

6.2.4 表间关系的概念及实现 190

6.3 教学管理系统中的查询 193

6.3.1 选择查询 194

6.3.2 复杂的选择查询 196

6.3.3 动作查询 199

6.4 教学管理系统中的窗体和报表 201

6.4.1 窗体和报表的概念 202

6.4.2 窗体的创建 203

6.4.3 报表的创建 203

小结 205

习题 205

第 7 章 计算机网络 207

7.1 网络的基础知识 207

7.1.1 计算机网络概述 207

7.1.2 OSI 模型 208

7.1.3 TCP/IP 参考模型 209

7.1.4 计算机网络的分类 211

7.2 构建计算机网络 212

7.2.1 个人计算机入网 213

7.2.2 搭建小型局域网 217

7.2.3 建设校园网 221

7.3 网络应用 223

7.3.1 WWW 服务 223

7.3.2 WWW 客户端 230

7.3.3 搜索引擎 242

小结 248

习题 248

第 8 章 多媒体技术应用 250

8.1 多媒体技术概述 250

8.2 图形、图像处理技术 251
    8.2.1 图形、图像的基本概念 251
    8.2.2 图形、图像常用的文件格式 252
    8.2.3 Photoshop CS4 的简介 253
    8.2.4 Photoshop CS4 的应用 255
8.3 音频的处理技术 258
    8.3.1 声音的数字化 258
    8.3.2 数字音频的技术指标 258
    8.3.3 常用数字音频处理软件 259
8.4 视频处理技术 262
    8.4.1 视频文件的格式 262
    8.4.2 常见的视频文件播放软件 262
    8.4.3 Premiere Pro 基本操作与应用 264
8.5 动画制作技术 267
    8.5.1 常用的动画制作软件 268
    8.5.2 利用 Flash 制作简单动画 269
    8.5.3 利用 3ds Max 9 制作动画 271
小结 272
习题 272

第 9 章 信息安全 273
9.1 信息安全的概述 274
    9.1.1 信息安全的相关概念 274
    9.1.2 信息安全面临的威胁 275
    9.1.3 信息安全的 3 个要素 275
9.2 Windows 7 系统的安全加固 276
    9.2.1 Windows 7 防火墙的设置 276
    9.2.2 本地安全策略的安全设置 283
    9.2.3 关闭不需要的服务 285
9.3 计算机病毒及防治技术 287
    9.3.1 计算机病毒的基本知识 287
    9.3.2 计算机病毒的防治方法 289
    9.3.3 常用的反病毒软件 293
9.4 加强信息安全教育 297
小结 299
习题 299

参考文献 300

第1章 // 计算机基础知识

学习目标

- 了解计算机的概念、发展简史、应用和发展趋势。
- 掌握计算机的基本工作原理及系统组成。
- 理解数制转换及信息的表示方法。

20 世纪 40 年代问世的电子数字计算机是人类最伟大的科学技术成就之一，它的出现极大地推动了科学技术的发展。计算机目前已成为人们工作、生活和学习中必不可少的工具。

本章讲述计算机的基础知识，其中主要包括计算机的基本概念、计算机的工作原理及系统组成、数值的表示及信息的编码等内容。

1.1 计算机概述

随着社会的不断进步，计算机在各个领域中得到广泛的应用，给人类生活带来了日新月异的变化。如今，学习、掌握和使用计算机已成为每个人的迫切需要。

1.1.1 计算机的基本概念

通常所说的计算机（computer）是指电子数字计算机，它是一种能按照事先存储的程序，自动、高速地进行数值计算和各种信息处理的现代化智能电子设备。它具有运算速度快、计算精度高、存储容量大、自动化程度高等特点。

计算机的种类很多，可以从不同的角度对计算机进行分类。按照计算机的性能和作用分类，可将其分为巨型机、大型机、小型机、工作站、服务器和个人计算机等。在日常学习及办公过程中所见到的计算机大多是个人计算机，也称为微型计算机。

1.1.2 计算机的发展简史

1946 年 2 月，世界上第一台通用电子数字计算机 ENIAC 在美国宾夕法尼亚大学诞生，如图 1-1 所示。它的质量达 30t，占地 170m²，内装 18 000 个电子管，而且为了防止升温，还使用了 30t 的冷却装置，运算速度只有 5 000 次/秒（计算机的运算速度通常用每秒执行加法的次数或平均每秒执行指令的条数来衡量）。

此后在短短几十年的发展中，依据所采用的电子元器件的不同，计算机已经历了电子管时代、晶体管时代、小规模集成电路时代，现在计算机已进入大规模和超大规模集成电路时代。

图 1-1　第一代计算机 ENIAC

第一代（1946—1956 年）：电子管计算机，运行速度为几千至几万次/秒。

主要逻辑元件是电子管，特点是体积庞大、运算速度慢、成本高、可靠性差、内存容量小，主要用于科学计算与军事方面。

第二代（1957—1963 年）：晶体管计算机，运行速度为几万至几十万次/秒。

主要逻辑元件是晶体管，特点是体积小、速度快、功耗低、性能更稳定，应用扩展到数据处理、自动控制等方面。

第三代（1964—1971 年）：集成电路计算机，运行速度为几十万至几百万次/秒。

可靠性和存储容量进一步提高，运算速度更快，价格更低，外部设备种类众多，与通信密切结合起来，广泛用于科学计算、数据处理、事务管理、工业控制等方面。

第四代（1971 年至今）：大规模和超大规模集成电路计算机，运行速度为千万至万亿次/秒。

计算机的存储容量和可靠性又有了很大提高，功能更加完备。计算机的类型除小型机、中型机和大型机外，开始向巨型机和微型机（个人计算机）两个方面发展，从而计算机开始进入了办公室、学校和家庭。

我国于 1959 年研制成功第一台电子管计算机，以后继续研发出晶体管和集成电路计算机，现在已经可以生产巨型计算机。

1.1.3　计算机的应用

目前，计算机已经在以下各个领域中得到了广泛应用。

1．科学计算

科学计算是计算机应用的一个重要领域。世界上的第一台计算机就是为进行复杂的科学计算而研制的。当今，在天文、地质、生物、数学等基础科学研究以及空间技术、新材料研究、原子能研究等高新技术领域中，科学计算占有重要地位。

2．数据处理

数据处理是指对数据进行收集、存储、整理、检索、统计等，它是计算机应用较为广泛的领域之一。目前，数据处理已广泛地应用于办公自动化、计算机辅助管理与决策、情报检索、图书管理、电影电视动画设计、会计电算化等各行各业。

3．实时控制

实时控制也称为过程控制，在国防建设和工业生产中有着广泛的应用。例如，由雷达和导弹发射器组成的防空系统、地铁指挥控制系统、自动化生产线等，都需要在计算机的控制下运行。

4．计算机辅助工程

计算机辅助工程包括计算机辅助设计（computer aided design，CAD）、计算机辅助制造（computer aided manufacturing，CAM）、计算机辅助教学（computer aided instruction，CAI）等多个方面。CAD广泛应用于船舶、飞机、汽车、建筑、电子和各种机械行业的设计。CAM是使用计算机进行生产设备的管理和生产过程的控制。CAI是利用计算机模拟一般教学设备难以表现的物理或工作过程，并通过计算机交互，较大地提高了教学效率。

5．办公自动化

办公自动化（office automation，OA）是指用计算机帮助办公室人员处理日常工作。例如，用计算机进行文字处理、文档管理、图像和声音处理以及网络通信等。它既属于数据处理的领域，又是目前一个较独立的计算机应用领域。

6．网络通信

计算机网络通信就是将分布在不同地点的计算机用通信线路连接起来，从而实现信息传输和资源共享。计算机网络通信是通信技术与计算机技术相结合的产物。人们可以通过网络接受教育、浏览信息、进行网上购物等，从而极大地改变了人们的生活方式。

7．人工智能

人工智能（artificial intelligence，AI）是指使计算机具备与人类相似的智能，如感知、判断、理解、学习、问题求解和图像识别等。它不但要求计算机具备较快的运算速度，还要求具备对已有的数据、经验和规则等进行逻辑推理与总结的功能（即对知识的学习和积累功能），并能利用这些知识对当前事件进行逻辑推理和判断。具有人工智能是下一代计算机的标志之一。

1.1.4　计算机的发展趋势

未来的计算机将以超大规模集成电路为基础，分别向巨型化、微型化、网络化与智能化等几个方向发展。

1．巨型化

巨型化是指计算机的运算速度更快、存储容量更大、功能更强。人们通常把最快、最大、最昂贵的计算机称为巨型机（超级计算机）。目前巨型机的运算速度最快可达每秒千万亿次以上。巨型机一般用在国防和尖端科学领域，如战略武器的设计、空间技术、石油勘探、长期天气预报等。

2．微型化

微处理器已应用到仪器、仪表、家用电器等小型仪器设备中，使小型仪器设备实现"智能化"。微处理器也广泛应用于工业过程控制中。未来微处理器的性能将越来越高，并不断集成更多的功能，从而得到更广泛的应用。此外，随着计算机技术的进一步发展，笔记本式计算机、掌上计算机等便携式计算机也将不断地提高性能价格比。

3．网络化

随着计算机网络的发展，各个计算机之间能互相进行通信，能使用户共享信息资源。计算机网络已在各行各业中发挥着越来越重要的作用，如银行系统、商业系统、交通运输系统等。

4．智能化

智能化是计算机发展的一个重要方向。新一代的计算机将在一定程度上模拟人的感知和思维，从而实现"看"、"听"、"说"、"想"，使计算机具备逻辑推理、学习与感知的能力。

1.2 计算机基本工作原理与系统构成

实际应用的计算机系统由硬件系统和软件系统组成。其中，计算机硬件系统由运算器、控制器、存储器、输入设备和输出设备 5 个部分构成，计算机软件系统分为系统软件和应用软件两大类。

1.2.1 计算机基本工作原理

计算机的基本工作原理最初是由美籍匈牙利数学家冯·诺依曼于 1945 年提出的，故称为冯·诺依曼原理。虽然现在的计算机系统在运算速度、应用领域和价格等方面与早期的计算机有较大的差别，但基本结构并没有变。

冯·诺依曼将计算机分为运算器、控制器、存储器、输入设备和输出设备 5 大功能部件，如图 1-2 所示。计算机的基本工作原理就是将一条一条存储在存储器中的指令不断地取出来，并执行这些指令，然后自动地完成指令规定的操作。具体而言，首先把指令序列（称为程序）和数据输入到存储器中，其中每一条指令明确规定了计算机从哪个存储器地址中取操作数，进行什么操作，然后送到什么地方去等步骤。计算机在运行时，先从存储器中取出第 1 条指令，按照该指令的要求，通过控制器发出相应的控制信号，从存储器中取出数据，由运算器进行该指令指定的算术运算或逻辑运算，然后再把运算结果送到存储器中或送往输出设备。接下来取出第 2 条指令，在控制器的控制下完成规定的操作，依次进行下去，直到遇到停止指令。

从图 1-2 可以看出，计算机中有两种类型的信息在传输。一种信息是数据，即各种原始数据、中间结果和程序等，用带箭头的实线表示。原始数据和程序要由输入设备输入并存放在存储器中，运算结果由运算器通过输出设备输出。在运行过程中，数据从存储器读入运算器中进行运算，中间结果也要存入存储器中。另一种信息是控制信息，用带箭头的虚线表示，由控制器向计算机的各个部件发出控制信号，从而控制各部件执行指令规定的各种操作。

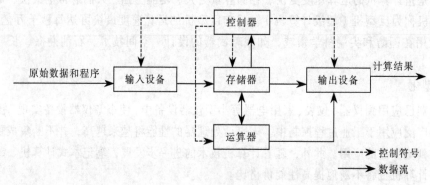

图 1-2 计算机工作原理

1.2.2 计算机系统组成

计算机系统由硬件系统和软件系统两大部分组成。硬件系统是计算机系统的物理装置，即由电子线路、元器件和机械部件等构成的具体装置，是看得见、摸得着的实体，它的组成结构一直沿用上述的冯·诺依曼模型。软件系统是计算机系统中运行的程序、这些程序所使用的数据以及相应的文档的集合，它可分为系统软件和应用软件两大类。计算机系统的基本组成如图 1-3 所示。

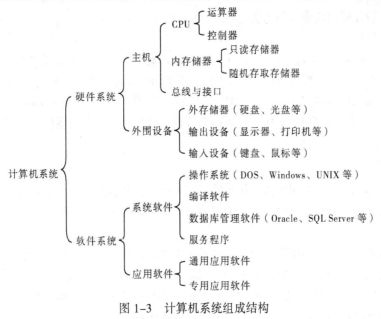

图 1-3　计算机系统组成结构

1.2.3　硬件系统

计算机的硬件系统中包括了与冯·诺依曼模型相对应的诸多硬件设备。其中，中央处理器（central processing unit，CPU）包括运算器和控制器两大部分，存储器包括内存储器和外存储器，输入设备包括键盘、鼠标等设备，输出设备包括打印机、显示器等设备。下面对一些主要硬件设备进行介绍。

1．中央处理器

中央处理器（CPU）由控制器、运算器和寄存器组成，它是计算机系统的核心设备。CPU 的基本功能如下：

（1）程序控制

控制程序中各条指令的执行顺序（一般按顺序执行，有时会有分支、跳转等情况）。

（2）操作控制

一条指令功能的实现需要由若干操作信号来完成，CPU 产生每条指令的操作信号并将操作信号送往不同的部件，控制相应的部件按指令要求进行操作。

（3）时间控制

中央处理器（CPU）对各种操作进行时间上的控制，使各种操作能协调一致。

（4）数据处理

中央处理器（CPU）对数据进行算术运算或逻辑运算等处理。

2．存储器

存储器分为内存储器（简称内存或主存）和外存储器（简称外存或辅助存储器）。计算机把要执行的程序和数据读入内存中。内存一般由半导体存储器构成。半导体存储器可分为 3 大类，即随机存取存储器、只读存储器和特殊存储器。

（1）随机存取存储器

随机存取存储器（random access memory，RAM）的特点是可以读/写。通电时存储器内的内容可以保持，断电后存储的内容立即消失。

（2）只读存储器

只读存储器（read only memory，ROM）只能读出原有的内容，不能由用户再写入新内容。原来存储的内容是由厂家一次性写进的，并永久保存下来。ROM 可分为可编程（programmable）ROM、可擦除可编程（erasable programmable）ROM、电擦除可编程（electrically erasable programmable）ROM 等。其中，可擦除可编程 ROM 存储的内容可以通过紫外光照射来擦除，这样其内容可以反复更改。

3. 输入设备

输入设备（input device）用来接收用户输入的原始数据和程序，并将它们转换为计算机能识别的二进制编码然，然后存入到内存中。常用的输入设备有键盘、鼠标等。

（1）键盘

键盘由一组按阵列方式装配在一起的按键开关组成。每按下一个键就相当于接通了一个开关电路，然后把该键的代码通过接口电路送入计算机。这时送入计算机的按键代码不是常用的 ASCII（有关 ASCII 的相关内容，请详见 1.3.3 节），而是所谓的键盘扫描码，从而表明了该键在键盘上的位置。按键的键盘扫描码送入计算机后，再由专门的程序将它转换为相应的 ASCII。目前常见的键盘有 101 键、104 键和 107 键 3 种。

（2）鼠标

鼠标是较为常用的输入设备之一，与键盘相比，它突出的优点是操作简单。鼠标分为机械式和光学式两类。现在常见的是光学式鼠标，它的扫描精度高，移动稳定，适用于专业绘图，但价格略高。

4. 输出设备

输出设备（output device）是人与计算机交互的一种部件，用于数据的输出。它把各种计算结果数据或信息以数字、字符、图像、声音等形式表示出来。常见的输出设备有显示器、打印机、绘图仪等。利用各种输出设备可将计算机的输出信息转换成能显示或打印出来的数字、文字、符号、图形和图像等，或记录在磁盘、光盘中，或转换成模拟信号，直接传送给有关控制设备。

（1）显示器

显示器（display）又称监视器，是实现人-机对话的主要工具。它既可以显示键盘输入的命令或数据，也可以显示计算机数据处理的结果。按照显示颜色的不同，显示器可分为单色和彩色显示器，按照显示器件的不同，可分为阴极射线管显示器、液晶显示器、发光二极管显示器、等离子体显示器和荧光显示器平板形显示器。

现在市场上主流的产品是液晶显示器。与 CRT 显示器相比，它的优点是超薄、体积小、重量轻以及低电压、低功耗。

（2）打印机

打印机（printer）是一种把计算机的处理结果打印在纸张上的输出设备。人们常把显示器的输出称为软拷贝，打印机的输出称为硬拷贝。按工作方式打印机可分为击打式打印机和非击打式打印机。击打式打印机常为点阵打印机（针式打印机），非击打式打印机为喷墨打印机和激光打印机。

一般来说，点阵式打印机打印速度慢，噪声大，主要耗材为色带，价格便宜；激光打印机打印速度快，噪声小，主要耗材为硒鼓，价格贵但耐用；喷墨打印机的打印速度次于激光打印机，噪声小，主要耗材为墨盒。目前常见的是激光打印机。

5. 总线

总线是一组为系统部件之间传送数据的公用信号线。总线具有汇集与分配数据信号、选择发送信号的部件与接收信号的部件、建立与转移总线控制权等功能。微型计算机通常采用单总线结构，按信号类型将总线分为 3 种，即地址总线（address bus，AB）、数据总线（data bus，DB）、控制总线（control bus，CB）。

1.2.4　软件系统

软件是指为方便使用计算机、提高使用效率而开发的程序，以及用于开发、使用和维护的有关文档。软件系统可分为系统软件和应用软件两大类。其中，系统软件主要用于管理计算机本身，应用软件是为满足人们特定需求而开发的各种应用程序。

1. 系统软件

操作系统是基本的系统软件。此外，高级语言编译系统、数据库管理系统以及各种服务程序也属于系统软件。下面分别介绍它们的功能。

（1）操作系统

操作系统（operating system，OS）是管理、控制和监督计算机软/硬件资源协调运行的程序系统，它直接运行在计算机硬件上，是基本的系统软件。操作系统在整个计算机系统结构中起到一个中枢的作用，它是软件与硬件的接口，即为底层的硬件提供支持和管理，为上层的应用软件和用户提供服务，如图 1-4 所示。

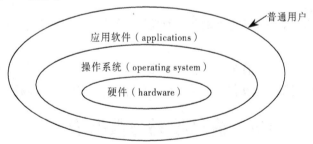

图 1-4　计算机系统结构

从用户角度看，操作系统为用户提供了一个良好的交互界面，使用户不必了解有关硬件和系统软件的细节，就能方便地使用计算机。

目前较常见的操作系统有 Windows、Linux、Mac OS 等。

操作系统一般包括下列 5 大功能模块：

① 处理器管理。当多个程序同时运行时，解决中央处理器时间的分配问题。

② 作业管理。完成某个独立任务的程序及其所需的数据组成一个作业。作业管理的任务主要是为用户提供一个使用计算机的接口，使其方便地运行自己的作业，并对所有进入系统的作业进行调度和控制，从而尽可能高效地利用整个系统的资源。

③ 存储器管理。为各个程序及其使用的数据分配存储空间，并保证它们互不干扰。

④ 设备管理。根据用户提出的使用设备的请求进行设备分配，同时还能随时接收设备的请求（称为中断），如要求输入信息等。

⑤ 文件管理。主要负责文件的存储、检索、共享和保护，为用户提供方便。

（2）高级语言编译系统

机器语言是计算机唯一能直接识别和执行的程序语言。如果要在计算机上运行高级语言程序，就必须配备程序语言的编译程序，该编译程序用于将高级语言翻译成机器语言。不同的高级语言都有相应的编译程序。

（3）数据库管理系统

在信息社会里，社会和生产活动中产生的信息很多，人工管理很难实现，所以人们希望借助计算机对信息进行搜集、存储、处理和使用。

数据库是指按照一定联系存储起来的数据集合，可为多种应用程序共享。数据库管理系统（database management system，DBMS）则是能对数据库进行加工、管理的系统软件，其主要功能是建立、删除、维护数据库及对库中的数据进行各种操作。数据库系统主要由数据库、数据库管理系统以及相应的应用程序组成。数据库系统不但能存放大量的数据，而且能迅速、自动地对数据进行检索、修改、统计、排序、合并等操作，从而得到所需的信息。

（4）服务程序

服务程序提供了一些常用的服务性功能，它们为用户开发程序和使用计算机提供了方便。

2. 应用软件

为解决各类实际应用问题而开发的程序称为应用软件。从其服务对象的角度，又可将其分为通用软件和专用软件两类。

（1）通用软件

这类软件通常为解决某一类普遍性的问题而设计，例如，文字处理、表格处理等。

（2）专用软件

有些特殊功能和需求通用软件并不具备，只能组织人力开发满足这些特殊需求的软件，我们将它称为专用软件。专用软件是软件中的重要组成部分，占有很大的市场份额。

1.3　信息编码与数据表示

信息包括数据、文字、声音、图形、图像和视频等形式。在计算机中，各种信息都是以二进制编码的形式存在的。也就是说，不管是数据、文字，还是图像、声音、视频等各种信息，在计算机中都是以 0 和 1 组成的二进制代码表示的。信息只有进行数字化，将其转换成二进制代码后，才能用计算机进行存储、处理和传输。信息编码在各个信息基本单元与不同的计算机代码之间建立了一一对应的关系。

1.3.1　数制及其转换

1. 数制

数制是人类创造的数的表示方法，它用一组代码符号和一套统一的规则来表示数。基数是一种数制中代码符号的个数，常用 R 表示，如十进制的基数 R 为 10，二进制的基数 R 为 2。

常用的数制有十进制、二进制、八进制和十六进制，它们分别用大写字母 D（decimal）、B（binary）、O（octal）和 H（hexadecimal）来表示。

二进制的基数为 2，即它由两个数（0，1）组成。

八进制的基数为 8，即它由 8 个数（0，1，2，3，4，5，6，7）组成。

十进制的基数为 10，即它由 10 个数（0，1，2，3，4，5，6，7，8，9）组成。

十六进制的基数为 16，即它由十六个数（0，1，2，3，4，5，6，7，8，9，A，B，C，D，E，F）组成。

2．二进制

在计算机系统中，各种数据的存储、加工、传输都以电子元件的不同状态来表示，即用电信号的高低表示。根据这一特点，在计算机编码中，广泛采用的是只有 0 和 1 两个基本符号组成的二进制数，而不使用人们习惯的十进制数。采用二进制数的优点如下：

① 二进制数在物理上比较容易实现。例如，可以只用高、低两个电平表示 1 和 0，也可以用脉冲的有无或者脉冲的正负极性表示。

② 二进制数的编码、计数、加减运算规则简单。

③ 二进制数的两个符号 1 和 0 正好与逻辑命题的两个值"是"和"否"（或称"真"和"假"）相对应，为计算机实现逻辑运算和逻辑判断提供了便利。

3．数制转换

人们在日常生活中习惯用十进制计数，但在计算机中，数是以二进制表示的。所以计算机接收到十进制数后要经过翻译。例如，把十进制数转换为二进制数才能进行处理，这个过程是由计算机自动完成的。此外，由于二进制数书写冗长、易错、难记，而十进制数与二进制数之间的转换过程复杂，因此经常用十六进制数或八进制数作为二进制数的缩写。

下面举例说明不同数制之间的转换。

【例 1.1】将二进制数 $(1101.11)_2$ 转换为十进制数。（采用按权展开相加法。）

$$(1101.11)_2 = 1 \times 2^3 + 1 \times 2^2 + 0 \times 2^1 + 1 \times 2^0 + 1 \times 2^{-1} + 1 \times 2^{-2}$$
$$= 8 + 4 + 0 + 1 + 0.5 + 0.25$$
$$= (13.75)_{10}$$

【例 1.2】将十进制数 $(105)_{10}$ 转换为二进制数。（采用除以 2 倒取余的方法。）

```
2 | 105
   2 | 52        余数为 1
     2 | 26      余数为 0
       2 | 13    余数为 0
         2 | 6   余数为 1
           2 | 3 余数为 0
             2 | 1 余数为 0
               0   余数为 1
```

所以，$(105)_{10} = (1101001)_2$

【例 1.3】将十进制数 $(2347)_{10}$ 转换为十六进制数。（采用除以 16 倒取余的方法。）

$$16 \underline{|\,2347}$$
$$16 \underline{|\,146} \qquad 余数为 11（十六进制数为 B）$$
$$16 \underline{|\,9} \qquad 余数为 2$$
$$0 \qquad 余数为 9$$

所以，$(2347)_{10} = (92B)_{16}$

1.3.2　二进制数的运算

二进制数的运算包括算术运算和逻辑运算。这些运算是设计计算机中各种数字电路的基础。

1．二进制数的算术运算

二进制数的算术运算主要包括加法和减法运算。

（1）二进制数加法运算法则

0+0=0，0+1=1，1+0=1，1+1=10 （向高位进位）

（2）二进制数减法运算法则

0-0=0，0-1=1（向高位借位），1-0=1，1-1=0

2．二进制数的逻辑运算

在逻辑代数里，表示"真"与"假"、"是"与"否"、"有"与"无"这种具有逻辑属性的变量称为逻辑变量。像普通代数一样，逻辑变量可以用 A，B，C…或 X，Y，Z…来表示。对二进制数的 1 和 0 赋予逻辑含义。例如，用 1 表示真，用 0 表示假，这样就将二进制数与逻辑取值对应起来。需要注意的是，普通代数的变量可以有各种各样的取值，而逻辑变量的取值只有两种，即真和假，也就是 1 和 0。

逻辑变量之间的运算称为逻辑运算。逻辑运算包括 3 种基本运算，分别为逻辑加法（又称"或"运算）、逻辑乘法（又称"与"运算）和逻辑否定（又称"非"运算）。此外，还有异或运算等。计算机的逻辑运算是按位进行的，不像算术运算一样有进位或借位。

（1）逻辑加法（或运算）

逻辑加法通常用符号"+"或"∨"来表示。逻辑加法运算的运算规则如下：

0+0=0，0+1=1，1+0=1，1+1=1

从上式可见，逻辑加法有"或"的意义。也就是说，在给定的两个逻辑变量中，只要有一个为 1，其逻辑加的结果为 1；两者都为 1，则逻辑加也为 1。

（2）逻辑乘法（与运算）

逻辑乘法通常用符号"×"、"∧"或"·"来表示。逻辑乘法运算规则如下：

0×0=0，0×1=0，1×0=0，1×1=1

从上式可见，逻辑乘法有"与"的意义。它表示只有当参与运算的逻辑变量都同时取值为 1 时，其逻辑乘的结果才为 1。

（3）逻辑否定（非运算）

非运算的运算规则为

～0=1 （非 0 等于 1）

～1=0 （非 1 等于 0）

（4）异或运算

异或运算通常用符号"⊕"表示，其运算规则为当两个逻辑变量相异时，其结果才为 1，否则为 0，即 $0 \oplus 0 = 0$，$0 \oplus 1 = 1$，$1 \oplus 0 = 1$，$1 \oplus 1 = 0$。

1.3.3　信息编码

计算机中的文字、图像、声音、视频等各种信息都是以二进制编码的形式存在的，计算机之所以能区别这些信息，是因为它们采用的编码规则不同。例如，同样是文字，英文字母与汉字的编码规则就不同，英文字母用的是单字节的 ASCII，汉字采用的是双字节的汉字内码，而且每个文字的编码又都不相同。信息的编码，尤其是图像、声音、视频等多媒体信息的编码，是一个不断发展的学科领域。

1. 字符数据的编码

英文字符包括大小写字母（A，B，C，…，a，b，c，…）、数字符号（0，1，2，…，9）以及标点和运算符等。用户通过敲击键盘上的按键向计算机发出命令和数据，然后计算机把处理后的结果以字符的形式输出到显示器或打印机等输出设备上。

20 世纪 60 年代，美国制定了一套字符编码，对英文字符与二进制位之间的关系做了统一规定，这就是目前使用较为广泛的美国标准信息交换代码（American Standard Code for Information Interchange，ASCII）。该编码是比较完整的字符编码，现已成为国际通用的标准编码。

ASCII 占用 1 字节，最高位为 0，其余 7 位可以编码，从 00000000 到 01111111 共有 2^7 种编码，可以表示 128 个字符。例如，空格的 ASCII 为 32，大写字母 A 的 ASCII 为 65，小写字母 a 的 ASCII 为 97，小写字母比大写字母 ASCII 值大 32。

2. 汉字信息处理

计算机要处理汉字信息，就必须首先解决汉字的表示问题。同英文字符一样，汉字的表示也只能采用二进制编码形式。

汉字的处理主要包括编码输入、存储和输出 3 部分，分别对应着输入码、机内码和输出字形码，如图 1-5 所示。

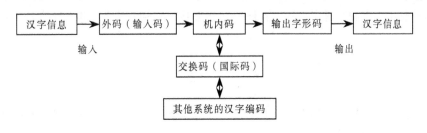

图 1-5　汉字信息处理过程

（1）输入码

输入码解决的主要问题是如何利用键盘将汉字输入到计算机中。汉字的输入码分为 3 类，即数字编码、拼音码和字形编码。

① 数字编码是用数字串代表汉字。比较常用的是国标区位码，它将 6 763 个汉字分成 94 个区，每区 94 位，其中区码和位码各用两位的十进制数字表示，它们一起确定一个汉字。如"中"

字在第 54 区 48 位，区位码为 5448。数字编码输入的优点是无重码，缺点是编码难以记忆，而且输入一个汉字要按 4 次键，不便于输入。

② 拼音码以汉字拼音为基础，敲入拼音后在同音的字中进行选择，如微软拼音、智能 ABC 等。拼音码的优点是便于记忆，缺点是由于拼音输入重码率太高，选择比较耗时，从而影响输入速度。

③ 字形编码以汉字的形状为基础，将汉字拆成笔画，将这些笔画用字母或数字进行编码，通过键入这些笔画组合成汉字，如五笔字型等。字形编码的重码率小，输入速度快，记忆有规律。

（2）机内码

汉字内码是汉字在计算机或其他信息处理设备中存储、传输和处理的形式。GB2312—1980 中规定了汉字的国标码，即使用两个字节存放一个汉字的内码，每个字节的最高位为 1，这样两个字节各用 7 位，可以表示 16 384 个汉字。

1993 年国际标准化组织公布了"通用多八位编码字符集"的国际标准 ISO/IEC10646，简称 USC，其中包括中国、日本和韩国的文字，每个字符使用 4 个字节来表示。

（3）输出字形码

输出的汉字字形码表示汉字字形的字模数据，是汉字的输出方式。它通常用点阵、矢量等方式来表示。

当用点阵表示汉字时，根据汉字输出的要求不同，点阵的大小也不同，简易型汉字为 16×16 点阵。

汉字的矢量表示法将汉字看作笔画组成的图形，保存每个笔画矢量的坐标值，输出时将所有笔画组合起来得到字形信息。

矢量表示法中不同的汉字占用的存储空间不同，而点阵法中每个汉字占用的存储空间都相同。

3. 计算机对多媒体信息的处理

多媒体信息包括声音、图形、图像及视频等，这些多媒体信息虽然表现形式各不相同，但在计算机中都需要用二进制编码来表示和存储，这就需要对各种多媒体信息进行编码。有关内容请详见第 8 章。

小　结

本章主要针对计算机基础知识进行介绍，共分为 3 个部分，即计算机概述、计算机工作原理和系统组成以及信息的表示和编码。

其中，第 1 部分介绍了计算机的概念、发展简史、应用领域及发展趋势。第 2 部分阐述了计算机的基本工作原理以及系统的两大基本组成部分，即硬件系统和软件系统。第 3 部分讲述了各种数制的转换、二进制数及其运算以及信息编码等。

本章的目的是让读者对计算机的整体有所了解。如果读者有兴趣深入学习计算机原理的相关内容，请阅读相关文献或登录相关网站进一步学习相关知识。

习　　题

一、填空题

1. 依据所采用的电子元器件的不同，计算机已经历了电子管时代、_____、小规模集成电路时代，现已进入大规模和超大规模集成电路时代。

2. 未来的计算机将以超大规模集成电路为基础，分别向巨型化、_____、网络化与智能化等几个方向发展。

3. 计算机系统由硬件系统和_____两大部分组成。

4. 计算机硬件系统由运算器、控制器、_____、输入设备和输出设备五个部分构成。

5. 系统软件包括_____、高级语言编译系统、数据库管理系统以及各种服务程序。

二、简答题

1. 什么是计算机？

2. 简述计算机发展的四个阶段及其特点。

3. 简述计算机的基本工作原理。

4. 简述计算机系统的组成结构及各部分的功能。

5. 什么是操作系统？它在整个计算机系统中的地位是怎样的？

6. 目前常用的字符编码是什么？

第 2 章 // Windows 7 操作系统

学习目标

- 了解 Windows 7 操作系统的特点、功能及帮助文档的使用。
- 掌握 Windows 7 操作系统的各种基础操作。
- 掌握文件和文件夹的操作以及回收站的应用。
- 掌握软/硬件的安装、设置和删除方法。
- 了解系统管理和安全设置。

第 1 章介绍了操作系统的基本概念，它有处理器管理、作业管理、存储器管理、文件管理和设备管理 5 大功能模块。这些功能模块一般既包括在操作系统内部实现的部分，也包括在用户接口的部分。用户通常不需要直接跟操作系统内部进行交互，而是通过用户接口部分来使用操作系统。

微软公司的 Windows 操作系统是目前使用较广泛的操作系统（或称桌面操作系统）。Windows 7 是 Windows 操作系统的新版本。本章主要介绍 Windows 7 操作系统的基本操作和使用，具体而言，就是指如何通过 Windows 7 操作系统的用户接口来操作，而不介绍 Windows 7 操作系统的内部工作原理。

用户学习 Windows 7 操作系统时，应先从基础操作开始。熟练掌握基础操作后，继而学习文件及文件夹的管理，因为用户在使用操作系统的过程中大量的工作都是对文件进行操作。然后，学习系统对软/硬件的管理，包括其安装、配置及卸载。最后，如果用户想对系统的安全性能有所了解，可学习系统日志、自动更新及注册表的管理等内容。

2.1 Windows 7 操作系统简介

Windows 7 操作系统是微软公司新推出的 Windows 桌面操作系统，它界面友好、使用便捷，并新增了许多独特的功能。

2.1.1 Windows 操作系统概述

在 Windows 操作系统出现以前，计算机上广泛使用的操作系统为 DOS。人们通过输入各种命令与计算机进行交流，那时计算机的使用较为复杂，非专业技术人员很难进行操作。Windows 操作系统是微软公司在 20 世纪 80 年代开发的多任务图形化操作系统，由于易于使用、速度快、集成娱乐功能、方便上网，而受到人们的青睐。经过 20 多年的发展，Windows 操作系统由原来的 Windows 1.0 版本发展到现在的 Windows 7，它的界面更友好，功能更加强大。

下面简单介绍一下 Windows 操作系统的发展历史。

- 1985 年 Windows 1.0 正式推出。
- 1987 年 10 月推出 Windows 2.0。
- 1992 年 Windows 3.1 发布，它提供了比较完善的多媒体功能。
- 1993 年 11 月 Windows 3.11 发布，其加入了网络功能和即插即用技术。
- 1994 年 Windows 3.2 发布，这也是 Windows 操作系统第一次有了中文版。
- 1995 年 8 月 24 日 Windows 95 发布，第一次使用"开始"按钮。
- 1996 年 8 月 24 日 Windows NT 4.0 发布，它主要面向服务器市场。
- 1998 年 6 月 25 日 Windows 98 发布。
- 2000 年 9 月 14 日 Windows Me 发布，集成了 IE 5.5 和 Windows Media Player 7。
- 2000 年 12 月 19 日 Windows 2000（又称 Windows NT 5.0）发布。
- 2001 年 10 月 25 日 Windows XP 发布，其图形界面叫做月神（Luna）。
- 2003 年 4 月底 Windows 2003 发布。
- 2006 年 12 月初，微软公司发布 Windows Vista 操作系统。
- 2009 年 10 月 23 日 Windows 7 中文版操作系统在中国正式发布。

2.1.2 Windows 7 操作系统的特点

Windows 7 操作系统是微软公司在 2009 年推出的新版 Windows 桌面操作系统。它提供了方便实用的界面，让搜索和使用信息更加简便。图 2-1 所示为 Windows 7 的桌面，其具有易用性和个性化的特点。

Windows 7 内核采用的是 Windows Vista 内核的改进版本，正是因为对其进行了改进，所以无论是速度还是稳定性和兼容性，都比 Windows Vista 要好。

Windows 7 具有便捷灵活的桌面操作、方便的文件管理和检索功能、能更好地支持各种外围设备和数码设备、管理安全可靠等特点。

图 2-1 Windows 7 的桌面

2.1.3 如何使用 Windows 7 的帮助和支持功能

在使用 Windows 7 过程中，当遇到疑难问题时，人们可以通过 Windows 7 的帮助和支持功能得到问题的答案。用户可通过脱机帮助和联机帮助两种途径来使用帮助功能。其中脱机帮助就是系统中自带的帮助内容，通过选择系统设定的主题帮助来解决问题，而联机帮助中不仅包含所有脱机内容，而且随着具体情况的变化，联机内容还会被修改或增添，从而保证具体更好的时效性。

案例 1： 学生欲在 Windows 7 操作系统上通过查看帮助和支持文档来配置打印机，应如何操作？

案例分析： Windows 7 操作系统提供的帮助和支持功能可以协助用户完成该操作。选择"开始"→"帮助和支持"命令就可查看帮助文档。下面采用脱机帮助方法来实现案例 1 的操作。

操作步骤：

① 单击"开始"按钮，选择"帮助和支持"命令，如图 2-2 所示。

② 打开"Windows 帮助和支持"窗口，单击"浏览帮助主题"超链接，如图 2-3 所示。

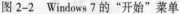

图 2-2 Windows 7 的"开始"菜单   图 2-3 "Windows 帮助和支持"窗口

③ 打开目录页面。

④ 通过单击"打印机和打印"超链接来查看如何配置打印机，如图 2-4 所示。

除了选择帮助主题进行帮助外，还可以自定义帮助主题。在"Windows 帮助和支持"窗口的搜索文本框中输入"打印机"，单击右侧的"搜索"按钮，即可打开图 2-5 所示的搜索结果窗口。

如果需要切换帮助模式，用户可以在"Windows 帮助和支持"窗口右下方单击"联机帮助"或"脱机帮助"按钮，然后在弹出的菜单中选择所需的帮助即可。当计算机已经接入 Internet 时，最好直接选择"联机帮助"，这样不仅可以获得最新最及时的信息，而且可以直接使用 Windows 7 的所有帮助选项。

图 2-4　"打印机和打印"超链接

图 2-5　搜索结果窗口

2.2　基 础 操 作

这一节将介绍 Windows 7 的启动与退出、设置个性化桌面、"开始"菜单和任务栏的使用等基础操作。

2.2.1　系统的启动与退出

学习 Windows 7，用户首先要进行的操作就是如何启动与退出系统。下面根据案例来说明操作步骤与各个按键的功能。

案例 2：学生在已安装好 Windows 7 的计算机上如何正常地启动与退出系统？

案例分析：Windows 7 的系统退出是通过"开始"菜单实现的，单击"关机"按钮右侧的下三角按钮，在弹出的下拉菜单中包括许多命令，用户可以选择这些命令来控制计算机的退出方式。

操作步骤：

（1）系统启动

① 打开显示器，接通主机电源。

② Windows 7 操作系统会自动进行自检、初始化硬件设备，如果没有异常现象，则进入 Windows 7 的初始桌面，如图 2-6 所示。

Windows 7 系统出现在显示器上的画面叫做桌面。桌面主要由桌面图标、桌面背景、"开始"按钮和任务栏组成。用户可以自定义桌面背景、"开始"菜单和任务栏。

（2）系统退出

① 单击"开始"按钮。

② 在弹出的菜单中单击"关机"按钮后面的按钮 ，在弹出的下拉菜单中包含多种命令，选择相应的命令即可做出相应的响应，如图 2-7 所示。

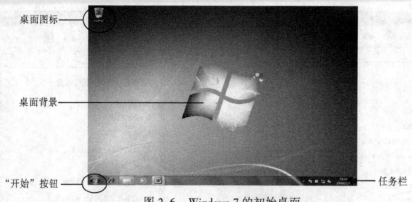

桌面图标————

桌面背景————

"开始"按钮————　————任务栏

图 2-6　Windows 7 的初始桌面

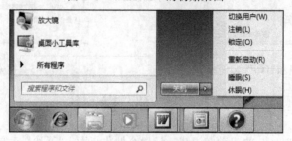

图 2-7　Windows 7 的关机界面

各个命令的介绍如下：

• 关机：计算机自动保存设置和文件后退出系统。一般情况下，关闭计算机时选择该项。

• 切换用户：如果一台计算机上存在多个账号，另一个用户想登录该计算机的便捷方法是利用"切换用户"命令进行切换，该方法不需要第一个用户注销或关闭程序和文件。

• 注销：选择该命令后，系统正在运行的所有程序都将关闭。

• 锁定：与注销类似，但锁定后，只有该用户和管理员才可以登录，比注销的保护级别高。

• 重新启动：将当前运行的所有程序关闭后关闭计算机，然后计算机立即自动启动并登录到 Windows 7 操作系统。

• 睡眠：它是一种节能状态，在启动睡眠状态时，Windows 7 会将当前打开的文档和程序中的数据全部保存到计算机的内存中，并使 CPU、硬盘和光驱等设备处于低耗能状态，从而达到节能省电的目的。当再次使用计算机时，只需单击任意位置，计算机便会恢复全功率的工作状态。

• 休眠：将打开的文档和程序保存到硬盘中，然后关闭计算机。在 Windows 操作系统使用的所有节能状态中，休眠状态的耗电量最少。

2.2.2　设置个性化桌面

桌面是登录到 Windows 操作系统后看到的主界面。就像现实生活中的桌面一样，它是日常学习和工作的平面。打开程序或文件夹时，它们便会出现在桌面上。

首次登录 Windows 7 后显示的桌面如图 2-6 所示，有时其外观设置并不能满足每个用户的要求，用户可以根据自己的喜好设计自己的桌面。

案例 3：登录 Windows 7 后，学生欲对系统初始化桌面设置进行更改，例如，提高显示器分辨率和刷新频率，更换桌面背景、桌面图标，以及设置桌面小工具，应该如何进行操作？

　　案例分析：设置个性化桌面的操作方法有两种。第 1 种是可以选择"控制面板"中的选项进行设置，第 2 种是直接在桌面上右击，在弹出的快捷菜单中选择相应的命令进行设置。下面采用第 2 种方法实现桌面个性化的操作。

　　操作步骤：

　　（1）设置显示器的分辨率和刷新频率

　　① 在桌面的空白处右击，在弹出的菜单中选择"屏幕分辨率"命令，如图 2-8 所示。

　　② 在打开的窗口中单击"分辨率"右侧的下三角按钮，如图 2-9 所示。通过拖动"分辨率"滑块对显示分辨率进行调整。

　　③ 为了能让显示器处于最佳的工作状态，还需在如图 2-9 所示的窗口中单击"高级设置"超链接，然后在打开的窗口中选择"监视器"选项卡，如图 2-10 所示。在"屏幕刷新频率"下拉列表中选择需要的刷新频率。

图 2-8　桌面的快捷菜单

图 2-9　更改显示器外观窗口

图 2-10　设置屏幕刷新频率

　　这里显示器分辨率是指显示器所能显示点的数量。17 英寸显示器的分辨率一般是 1024×768 像素，液晶显示器可以设置为 1280×1024 像素的分辨率，19 英寸液晶显示器一般设置为 1440×900 像素的分辨率。

（2）设置桌面背景

① 在桌面的空白处右击，在弹出的菜单中选择"个性化"命令，打开如图 2-11 所示的窗口。

图 2-11　设置外观和主题窗口

② 在打开的窗口下方单击"桌面背景"图标，打开桌面背景设置窗口，在其中可查看 Windows 7 附带的背景图片，如图 2-12 所示。

③ 选择其中一张图片，桌面背景将立即显示该图片。

图 2-12　Windows 7 桌面背景设置窗口

（3）设置桌面图标

① 在桌面的空白处右击，在弹出的菜单中选择"个性化"命令。

② 在左窗格中单击"更改桌面图标"超链接，弹出"桌面图标设置"对话框，如图 2-13 所示。

③ 在"桌面图标"选项组中选中想要添加到桌面的图标，或取消选中想要清除的桌面图标的复选框，然后单击"确定"按钮。

如果对系统默认的图标不满意，可以在如图 2-13 所示的对话框中单击"更改图标"按钮，然后在图 2-14 所示的对话框中选择一个合适的图标进行替换。

图 2-13　"桌面图标设置"对话框

图 2-14　"更改图标"对话框

（4）设置桌面小工具

①　在桌面空白处右击，在弹出的菜单中选择"小工具"命令，打开如图 2-15 所示的小工具窗口。

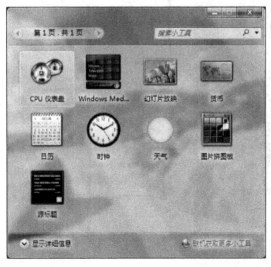

图 2-15　桌面小工具窗口

②　双击此对话框中想要显示的小工具，将其添加到桌面，如时钟、日历等。

2.2.3　使用"开始"菜单

"开始"菜单是计算机程序、文件夹和设置的主门户。之所以称其为"菜单"，是因为它提供了一个选项列表，如图 2-16 所示。

"开始"菜单分为 3 个基本部分：

①　左边的大窗格显示计算机上程序的一个短列表。选择"所有程序"选项可显示程序的完

整列表。"所有程序"菜单中包含计算机中的所有应用程序。

② 左边窗格的底部是搜索文本框，通过在其中输入关键词，可在计算机中查找程序和文件。

③ 右边窗格提供对常用文件、文件夹、设置和功能的访问，单击"关机"按钮右侧的下三角按钮可以进行注销、关机等操作。

案例 4：学生设定好系统桌面后，欲打开画图应用程序对图片进行编辑并保存。经一段时间后，由于忘记存盘路径，该同学想再次找到该文件，应该如何操作？

案例分析：可利用"开始"菜单进行启动和搜索应用程序。

操作步骤：

（1）启动应用程序

① 单击"开始"按钮，选择"所有程序"选项，这时显示的是一个程序汇总菜单，如图 2-17 所示。

图 2-16 "开始"菜单

图 2-17 "所有程序"菜单

② 在该菜单中选择"附件"选项。

③ 选择"画图"命令，即可打开画图应用程序。

④ 在"画图"窗口中对图片进行编辑并保存，图片名为"秋叶"，如图 2-18 所示。

（2）搜索应用程序

① 在任务栏的空白处右击，在弹出的菜单中选择"属性"命令，如图 2-19 所示。

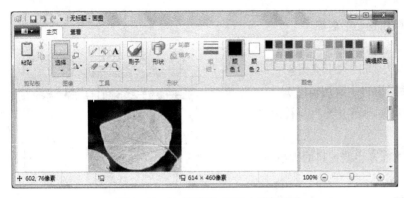 

图 2-18　在"画图"窗口中编辑图片　　　　　　　图 2-19　任务栏的快捷菜单

② 弹出"任务栏和「开始」菜单属性"对话框，选择"「开始」菜单"选项卡，如图 2-20 所示。

③ 单击"自定义"按钮，弹出"自定义「开始」菜单"对话框，在其中设置需要的搜索范围，然后单击"确定"按钮，如图 2-21 所示。

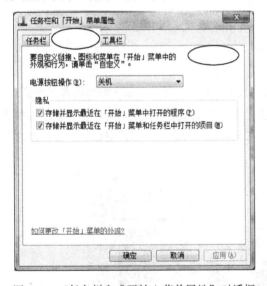 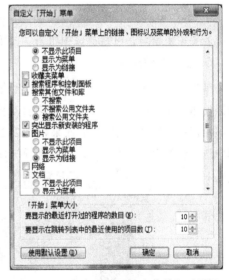

图 2-20　"任务栏和「开始」菜单属性"对话框　　　图 2-21　"自定义「开始」菜单"对话框

④ 单击"开始"按钮，在搜索文本框中输入关键字"秋叶"，系统会自动搜索出符合条件的内容。

2.2.4　使用窗口

当打开程序、文件或文件夹时，都会在屏幕上显示一个称为窗口的框。在 Windows 7 中窗口随处可见，用户了解如何使用它们较为重要。

窗口的操作包括调整窗口大小，对窗口进行移动、隐藏、关闭等。打开多个窗口后可以对它们进行排列，Windows 7 中还提供了对窗口采用 3D 效果予以显示的功能。下面分别介绍窗口的操作。

1.窗口的组成

窗口如图 2-22 所示，其各个部分的名称和作用如下：

① 菜单栏：包含程序中可进行选择的项目。

② 标题栏：显示文档和程序的名称。

③ "最小化"按钮：隐藏窗口。

④ "最大化"按钮：放大窗口，使其充满整个屏幕。

⑤ "关闭"按钮：关闭窗口（应用程序）。

⑥ 滚动条：可以拖动滚动条查看当前视图之外的信息。

⑦ 边框：可以拖动边框来更改窗口的大小。

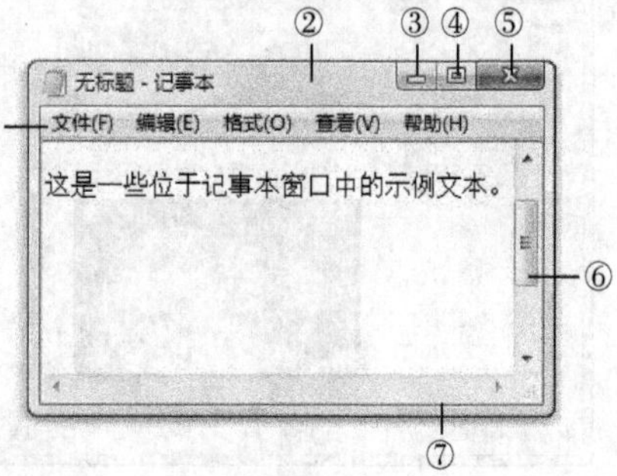

2．移动窗口

想要移动窗口，可以将鼠标指针指向其标题栏，然后将窗口拖动到目的位置。

3．隐藏窗口

隐藏窗口就是使窗口不在桌面上显示，将其最小化到任务栏中。在窗口中单击"最小化"按钮，即可隐藏窗口。

4．关闭窗口

若要关闭窗口，可在窗口中单击"关闭"按钮。

5．多窗口的显示

如果打开了多个程序或文档，桌面会快速布满杂乱的窗口。要想在桌面上同时浏览多个窗口，可以使用 Windows 提供的 3 种方法来自动排列窗口。这 3 种方法是层叠窗口、堆叠显示窗口和并排显示窗口。3 种排列窗口的效果如图 2-23 至图 2-25 所示。右击任务栏的空白处，在弹出的菜单中选择层叠窗口、堆叠显示窗口和并排显示窗口。

图 2-22　窗口

图 2-23　层叠窗口

图 2-24　堆叠显示窗口

图 2-25　并排显示窗口

案例 5：位于桌面右上角的时钟和日历小工具被打开的窗口所覆盖，如图 2-26 所示，学生想看到桌面上的窗口的同时又能看到其上设置的小工具，应该如何调整？

案例分析：只要把鼠标指针放到合适的位置，然后轻轻拖动，便可进行调整。

操作步骤：

① 将鼠标指针指向窗口的任意边框或角，如图 2-27 所示。

② 当鼠标指针变成双向箭头时，拖动边框或角可以缩小或放大窗口，然后将其调整到合适的位置。

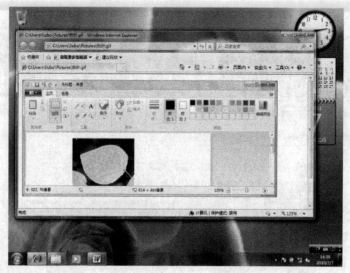

图 2-26 文件搜索结果窗口

此外，还可使用 Aero 三维窗口切换的方法快速浏览这些窗口。按住【Windows】键的同时按【Tab】键即可进行三维窗口的切换，效果如图 2-28 所示。

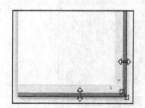

图 2-27 调整窗口大小

图 2-28 三维窗口显示

2.2.5 使用与设置任务栏

任务栏位于屏幕底部。与桌面不同的是，桌面可以被打开的窗口覆盖，而任务栏始终可见。它主要由 5 个部分所组成，如图 2-29 所示。

- "开始"按钮：单击该按钮可以打开"开始"菜单。
- 快速启动区：单击其中的按钮可以快速启动应用程序。
- 任务栏按钮区：显示已打开的程序和文件。
- 通知区域：出现在任务栏的右端，显示计算机软/硬件的信息。
- "显示桌面"按钮：单击该按钮可以快速显示桌面。

任务栏的主要功能是显示当前桌面上打开程序窗口所对应的按钮，使用任务栏中的按钮可对窗口进行还原到桌面、切换以及关闭等操作。

当鼠标指针移向快速启动按钮或任务栏中的按钮（如 IE 浏览器按钮）时，会出现一张张小图片，其中会显示缩小版的相应窗口，如图 2-30 所示。选择某张缩小版的窗口图片，即可还原窗口到桌面。

图 2-29　任务栏的组成部分

图 2-30　任务栏窗口按钮预览

案例 6：学生欲在任务栏通知区域中显示 Windows Update 图标，并调整日期和时间，应该如何操作？

案例分析：此操作可在任务栏的通知区域中完成。通知区域是系统提供给用户的一个重要信息提示区域。

操作步骤：

① 在任务栏的通知区域中按照如图 2-31 所示的步骤进行操作。

② 在打开的窗口中的"Windows Update"下拉列表中选择"显示图标和通知"选项，单击"确定"按钮完成设置，如图 2-32 所示。

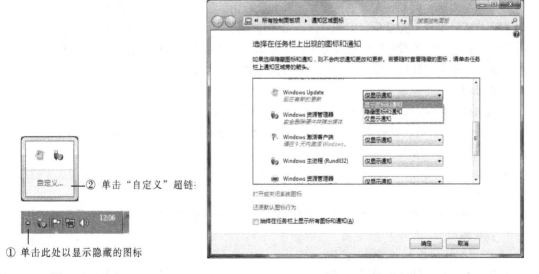

图 2-31　显示隐藏图标小面板　　　　　图 2-32　"通知区域图标"窗口

③ 单击任务栏中的时间日期栏，在打开的面板中单击"更改日期和时间设置"超链接，弹出如图 2-33 所示的对话框，在其中单击"更改日期和时间"按钮进行设置。

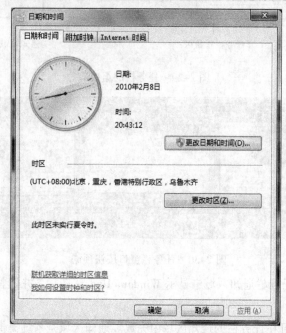

图 2-33 "日期和时间"对话框

2.2.6 鼠标的设置

这里所介绍的鼠标设置包括左、右键功能互换、改变双击速度、改变鼠标指针的外观。下面通过案例来进行介绍。

案例 7：有些学生平时习惯用左手操作鼠标，这样需要将鼠标左、右键功能进行互换，以满足左手习惯的需求。此外，还可通过设置来改变鼠标指针的外观、双击速度等，应该如何操作？

案例分析：实现上述操作有两种方法，第 1 种是选择"开始"→"控制面板"命令，然后在控制面板中进行相应的设置；第 2 种方法比较简单，直接在桌面空白处右击，在弹出的菜单中选择相应的命令来完成设置。下面介绍第 2 种方法的具体操作步骤。

操作步骤：

① 在桌面空白处右击，在弹出的菜单中选择"个性化"命令。

② 在打开窗口的左窗格中单击"更改鼠标指针"超链接，弹出"鼠标属性"对话框。选择"鼠标键"选项卡，如图 2-34 所示，然后执行以下操作之一：

- 若要交换鼠标左、右键的功能，在"鼠标键配置"选项组中选中"切换主要和次要的按钮"复选框。
- 若要更改鼠标双击的速度，在"双击速度"选项组中将"速度"滑块向"慢"或"快"的方向移动。

③ 设置完毕后单击"确定"按钮。

如果要对鼠标指针的外观进行更改，则在图 2-34 中选择"指针"选项卡，然后执行以下操作之一：

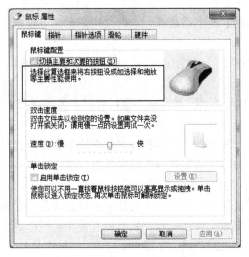

图 2-34　"鼠标属性"对话框

- 若要改变所有鼠标指针的外观，单击"方案"下拉列表框，然后在其中选择新的鼠标指针方案。
- 若要更改单个指针，在"自定义"列表框中选择要更改的指针，单击"浏览"按钮，然后在打开的对话框中选择想要使用的指针，单击"打开"按钮。

2.3　文　件　管　理

文件管理的功能在于方便保存和迅速提取，所有的文件通过文件夹进行分类，放在用户方便找到的位置。

2.3.1　文件及文件夹概述

1．文件及文件夹的概念

文件是存储在计算机硬盘上的一系列数据的集合。每个文件都有一个文件名。

一个文件名由两部分构成，即主文件名和扩展名。主文件名表示标识此文件的名称，扩展名表示此文件的类型。例如，文件名为 computer.docx，其中，computer 为主文件名，.docx 表示此文件的类型是 Word 文档。

文件夹（又称目录）是存储文件的容器，文件夹中不但可以存放文件，还可以存放其他文件夹。文件夹中包含的文件夹通常称为子文件夹。

在 Windows 中文件和文件夹用图标表示，如图 2-35 所示。

文本文档　　　　　　　　　图片　　　　　　　　　文件夹

图 2-35　各种图标

2．资源管理器

Windows 7 中的资源管理器可以显示存储在计算机上的所有文件。用户可以使用资源管理器方便地对文件进行查看、移动、复制等操作。同时，用户在一个窗口中就可以浏览所有的磁盘、文件和文件夹。

选择"开始"→"所有程序"→"附件"→"Windows 资源管理器"命令，即可打开 Windows 资源管理器窗口。

同样，利用 Windows 7 中特有的"计算机"也可打开资源管理器，其操作方法是选择"开始"→"计算机"命令，即可打开"计算机"窗口，如图 2-36 所示。在这里用户可以查看硬盘和移动存储设备的可用空间。用户日常的文件操作也主要在这个界面中进行。

另外，为了帮助用户更加有效地对硬盘上的文件进行管理，Windows 7 中还提供了一种新的库（library）文件管理方式，利用它可以查找和保存文件。

库在 Windows 7 中是指定的内容集合，和文件夹管理方式是相互独立的。它可以将分散在硬盘上不同物理位置的数据逻辑地集合在一起，从而使查看和使用都更方便。引入了库的概念后，就可以将这两个相关的文件夹组织到同一个库中。

例如，用户可将所有视频文件整理到视频库中，这样在查找电影文件时，只需在视频库中进行查找，就可以很快地找到相关的内容。文件库界面如图 2-37 所示。

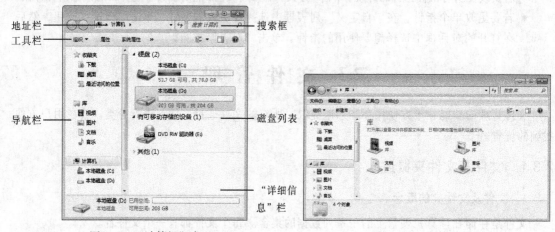

图 2-36 "计算机"窗口　　　　　　　　图 2-37 文件库界面

2.3.2 文件及文件夹的基本操作

文件及文件夹的基本操作包括创建、重命名、复制、移动、压缩以及删除。具体操作方法通过案例 8 进行介绍。

案例 8：学生利用资源管理器完成下列操作：在 D 盘的根目录中创建一个名称为"示例"的文本文件，在 C 盘的根目录中创建一个名称为"我的资料"的文件夹。然后把"示例"文件复制到"我的资料"文件夹中，把"我的资料"文件夹移动到桌面上并对其进行压缩。最后把 D 盘中的"示例"文件删除。

案例分析：文件及文件夹的操作有多种，比较直接的办法是通过鼠标右键完成任务，也可通过选择菜单选项完成操作，或者配合组合键来完成操作。下面将介绍完成案例 8 的各种操作方法。

操作步骤：

（1）创建文件及文件夹

方法 1：通过鼠标右键创建文件及文件夹。

① 选择"开始"→"计算机"命令，打开"计算机"窗口。

② 在磁盘列表中选择"本地磁盘(D:)"。

③ 在 D 盘文件列表中的空白处右击，在弹出的菜单中选择"新建"→"文本文档"命令，如图 2-38 所示，即可在 D 盘中创建一个默认文件名为"新建文本文档"的文件。

图 2-38 快捷菜单

④ 选择"本地磁盘(C:)"，在 C 盘文件列表中的空白处右击，在弹出的菜单中选择"新建"→"文件夹"命令，即在 C 盘中创建一个默认文件名为"新建文件夹"的文件夹。

方法 2：通过菜单创建文件及文件夹。

① 在图 2-36 中单击左上角的"组织"右侧的下三角按钮，在弹出的下拉列表中选择"布局"→"菜单栏"选项。

② 此时在工具栏中多了一个菜单栏，如图 2-39 所示。

图 2-39 菜单栏

③ 在菜单栏中选择"文件"菜单项，在其下拉菜单中选择"新建"→"文本文档"或"文件夹"命令即可完成操作。

（2）重命名文件或文件夹

方法 1：通过鼠标右键重命名文件。

① 右击 D 盘中的"新建文本文档"图标。

② 在弹出的菜单中选择"重命名"命令。

③ 这时文件名呈现可编辑状态，在其中输入要更改的文件名"示例"，按【Enter】键完成操作。

④ 按照上述操作方法把 C 盘中的"新建文件夹"重命名为"我的资料"。

方法 2：通过单击重命名文件。

① 选择需要重命名的文件及文件夹。

② 单击所选文件及文件夹名，即可使名称呈现可编辑状态，此时输入新文件名或文件夹名即可完成操作。

（3）选择文件及文件夹

① 选择单个文件及文件夹。单击单个文件及文件夹，即可选中该文件及文件夹。

② 选择多个连续的文件及文件夹。

方法 1：按住鼠标左键并拖动，框住所有要选择的文件及文件夹。

方法 2：首先选中待选的第一个文件，按住【Shift】键的同时选中待选的最后一个文件，则这两个文件中间的所有文件都被选中，如图 2-40 所示。

图 2-40　选择多个连续文件

③ 选择多个不连续的文件及文件夹。选中待选的第一个文件，按住【Ctrl】键的同时选中待选文件或文件夹，如图 2-41 所示。

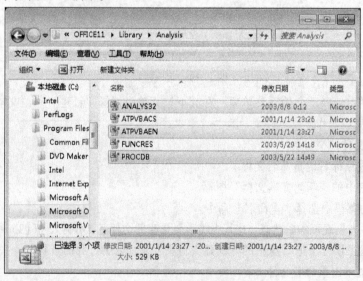

图 2-41　选择多个不连续文件

④ 全部选择文件及文件夹。

方法 1：在资源管理器中选择"编辑"→"全选"命令。

方法 2：按【Ctrl+A】组合键选中所有的文件和文件夹。

（4）复制文件及文件夹

方法 1：使用鼠标右键。

① 右击 D 盘中文件名为"示例"的文件，在弹出的菜单中选择"复制"命令。

② 打开"我的资料"文件夹，在其中的空白处右击，在弹出的菜单中选择"粘贴"命令。

方法 2：使用组合键。

① 选中要复制的文件。

② 按【Ctrl+C】组合键。

③ 打开"我的资料"文件夹，按【Ctrl+V】组合键。

（5）移动文件及文件夹

方法 1：使用鼠标右键。

① 右击"我的资料"文件夹，在弹出的菜单中选择"剪切"命令。

② 在桌面的空白处右击，在弹出的菜单中选择"粘贴"命令。

方法 2：使用鼠标拖动实现。

选中"我的资料"文件夹，按住鼠标左键并拖动到桌面上，然后释放鼠标即可。

除了通过上述方法移动文件及文件夹外，还可以按【Ctrl+X】组合键进行剪切操作，然后按【Ctrl+V】组合键进行粘贴操作。

（6）压缩和解压缩文件及文件夹

压缩操作步骤：

① 选择"我的资料"文件夹。

② 右击此文件夹，在弹出的菜单中选择"发送到"→"压缩（Zipped）文件夹"命令。

解压缩操作步骤：

若要提取单个文件或文件夹，双击压缩文件夹将其打开，然后将要提取的文件或文件夹从压缩文件夹拖动到新位置。

（7）删除文件及文件夹

方法 1：使用鼠标右键。

① 右击 D 盘中的"示例"文件。

② 在弹出的菜单中选择"删除"命令。

方法 2：使用【Delete】键。

选择要删除的文件后，按【Delete】键也可删除该文件。

2.3.3　回收站

从计算机中删除文件实际上只是将文件移动到"回收站"中，而不是彻底地将其删除，这样可以保证重要文件可恢复。若想彻底删除该文件，用户应清空回收站来释放无用文件所占用的存储空间。

案例 9：将上例中被删除的"示例"文件还原到原始的位置，然后清空回收站，再调整 C 盘回收站的存储空间，应该如何操作？

案例分析：还原文件操作利用系统的"回收站"来完成操作，打开"回收站"，将其中的文件进行还原操作，即可把该文件保留到原来的位置。若想将文件从计算机中永久地删除并释放其所占用的存储空间，用户需要从回收站中删除这些文件，达到清空回收站的目的。其操作方法有两种，第 1 种是选择相应的菜单项和利用快捷方式进行操作，第 2 种是通过设置回收站属性页面中的值来调整回收站的空间大小。

操作步骤：

（1）还原被删除的文件

① 打开"回收站"窗口，如图 2-42 所示。

② 选择要还原的"示例"文件，在工具栏上单击"还原此项目"按钮，这时该文件将还原到计算机的原始位置。

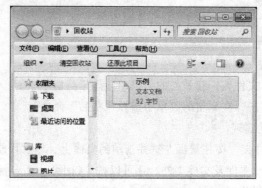

图 2-42 "回收站"窗口

（2）清空回收站

方法 1：打开"回收站"窗口，选择"文件"→"清空回收站"命令。

方法 2：右击桌面上的回收站图标，在弹出的菜单中选择"清空回收站"命令。

若将文件直接永久地删除，则选中该文件，然后按【Shift+Delete】组合键。

（3）回收站空间大小的设置

① 右击桌面上的"回收站"图标，在弹出的菜单中选择"属性"命令，弹出图 2-43 所示的对话框。

② 在"回收站位置"列表框中选择"本地磁盘（C:）"选项。

图 2-43 "回收站属性"对话框

③ 选中"自定义大小"单选按钮，在"最大值"文本框中输入回收站的存储空间大小（以MB 为单位）。

④ 单击"确定"按钮。

2.4 设备管理

设备管理包括软件管理和硬件设备管理两部分。下面分别介绍它们的使用方法和技巧。

2.4.1 软件管理

除了使用 Windows 7 自带的应用程序以外，还可以安装第三方软件来满足用户日常的需要。因此，用户经常进行安装或删除应用程序操作。

另外，Windows 7 操作系统的许多服务都是通过程序组件来实现的。系统默认安装了必备的 Windows 组件，用户还可以根据自己的需要来安装或删除其他 Windows 组件。

案例 10：学生欲在系统中安装、运行、卸载飞信 2010 应用软件，并将此计算机作为 IIS 服务器（需要添加 Internet 信息服务组件），应该如何实现？

案例分析：飞信是中国移动公司推出的即时通信软件，用户利用它可在计算机上发送短信。安装飞信软件有两种方法，一种是在光驱中插入软件安装盘进行直接安装，另一种是将安装程序复制到硬盘中进行安装。这里介绍第 2 种安装方法。

运行应用程序就是将该程序调入内存中，并开始执行。其方法有三种，即利用"开始"菜单的程序项运行、利用系统的搜索功能运行和使用桌面的快捷方式运行。

卸载程序可以通过应用程序自带的卸载功能，也可以在"控制面板"中选择"卸载程序"进行卸载。

将计算机作为 IIS 服务器使用就要添加 Internet 信息服务组件，这个组件的安装需要 Windows 7 安装盘的支持，然后通过选择相应的服务选项完成添加操作。

下面分别介绍它们的操作步骤。

（1）安装应用程序

① 双击飞信软件安装程序图标，弹出"飞信 2010 安装"界面，如图 2-44 所示。

② 单击"下一步"按钮，弹出选择安装路径的对话框，如图 2-45 所示，在其中设置安装路径，单击"安装"按钮。

图 2-44　飞信 2010 安装界面

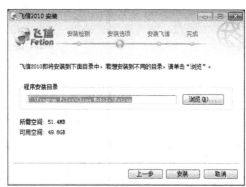

图 2-45　选择安装路径

③ 系统开始自动安装应用程序。当安装成功后，系统会弹出一个安装附加选项对话框，用

户可以根据需要进行选择，从而避免安装一些额外的应用程序，设置完成后单击"完成"按钮即可，如图 2-46 所示。

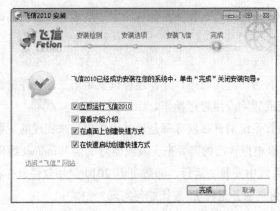

图 2-46　飞信安装成功界面

（2）运行应用程序

方法 1：利用"开始"菜单中的程序项运行。

选择"开始"→"所有程序"→"中国移动 Fetion"→"飞信 2010"命令运行程序。

方法 2：利用"开始"菜单中的搜索功能运行。

在"开始"菜单中的搜索文本框中输入关键字"飞信"，按【Enter】键即可运行应用程序。

方法 3：使用桌面的快捷方式运行。

安装飞信软件后，会在桌面上创建一个快捷图标，双击该快捷图标即可运行程序。

（3）卸载应用程序

方法 1：通过应用程序自带的卸载功能。

① 选择"开始"→"所有程序"→"中国移动 Fetion"→"卸载"命令，如图 2-47 所示。

图 2-47　选择"卸载"命令

② 在弹出的确认对话框中单击"是"按钮，开始卸载工作。

方法 2：利用"控制面板"中的"卸载程序"进行卸载。

① 选择"开始"→"控制面板"命令，在打开的窗口中单击"卸载程序"超链接，如图 2-48 所示。

图 2-48　"控制面板"窗口

② 在打开的"卸载或更改程序"窗口中选择"飞信 2010"选项，然后单击上方的"卸载/更改"按钮，如图 2-49 所示。

图 2-49　"卸载或更改程序"窗口

③ 在弹出的"飞信 2010 卸载"对话框中单击"下一步"按钮，如图 2-50 所示。

④ 在卸载路径对话框中，如果用户需要删除全部的信息和历史记录，则选中"删除用户信息"复选框，单击"下一步"按钮，如图 2-51 所示。

⑤ 在卸载完成对话框中单击"完成"按钮，如图 2-52 所示。

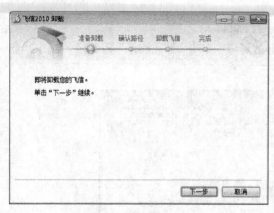

图 2-50　飞信卸载对话框　　　　　　　图 2-51　卸载路径对话框

（4）添加/删除 Windows 组件

① 将 Windows 7 安装盘插入光驱,然后在"卸载或更改程序"窗口中单击"打开或关闭 Windows 功能"超链接。

② 在打开的窗口中选择"Internet 信息服务"选项,如图 2-53 所示。

③ 系统会自动读取光盘信息,并安装组件程序。

④ 安装完毕后,如果提示重新启动计算机,则根据提示选择立即重启。

若要删除某个组件程序,也要将 Windows 7 安装盘插入光驱中,然后在如图 2-53 所示的窗口中选择要删除的文件,取消选中该组件的复选框,然后单击"确定"按钮,即可删除组件。

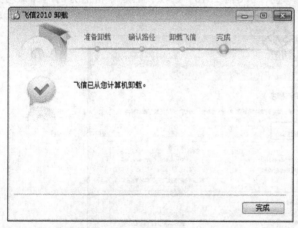

图 2-52　卸载完成界面　　　　　　　图 2-53　"Windows 功能"窗口

2.4.2　硬件设备管理

硬件设备是计算机物理设备的总称。从外观上看,计算机由主机和外围设备组成,主机由主板、CPU、内存、显卡、声卡和硬盘等硬件组成,外围设备由输入设备和输出设备组成,其中,键盘、鼠标、扫描仪、条形码阅读器、手写输入设备和语音输入设备属于输入设备,显示器、打印机和绘图仪属于输出设备。

只有安装并配置了必要的硬件设备,计算机才能正常工作。安装硬件设备就要安装相应的驱动程序。驱动程序就像 Windows 操作系统与硬件设备之间的桥梁,起到沟通的作用。有了设备驱动程序，Windows 才能最大化地发挥硬件的功能。

　　驱动程序也是一种程序，但与用户直接交互的应用程序相比，驱动程序在系统底层运行，负责将用户或应用程序的需求通过 Windows 操作系统的翻译传递给硬件设备，从而实现相应的操作。

　　在 Windows 7 的硬件设备管理中新增了"设备和打印机"功能。通过它可以比较直观地了解当前与计算机连接的外部设备，并可以轻松地对这些设备进行管理。

　　下面以打印机为例，介绍其安装、设置及卸载过程。

　　案例 11：学生安装型号为 HP 910 的本地打印机，设置打印纸尺寸为 A4、双面打印，并设置为"共享打印机"，最后进行设备卸载，应该如何进行操作？

　　案例分析：打印机的安装有两种方式，一种是添加本地打印机，一种是添加网络、无线打印机。安装打印机常见的方式是添加本地打印机，即将其直接连接到计算机接口上，并安装相应的驱动程序。在 Windows 7 中安装打印机时，可直接在"设备和打印机"窗口中单击"添加打印机"按钮进行安装。

　　打印机安装成功后，要使其顺利工作，还要进行相应的设置。Windows 7 中有两种标准的打印机设置选项，即"打印首选项"和"打印机属性"。打印首选项对话框中有关页面的设置、纸张大小、单/双面打印的设置等。打印机属性对话框中通常提供用于管理打印机的选项，包括更新驱动程序、配置端口和其他硬件相关的自定义。打印机纸张及属性的设置均通过右键单击该打印机图标进行操作。

　　卸载打印机时需右击 HP 910 打印机图标，然后在弹出的菜单中选择"删除设备"命令，完成打印机的卸载工作。

　　操作步骤：

　　（1）安装打印机

　　① 选择"开始"→"设备和打印机"命令，打开如图 2-54 所示的窗口。

图 2-54　"设备和打印机"窗口

② 单击"添加打印机"按钮，在弹出的对话框中选择"添加本地打印机"选项，如图 2-55 所示。

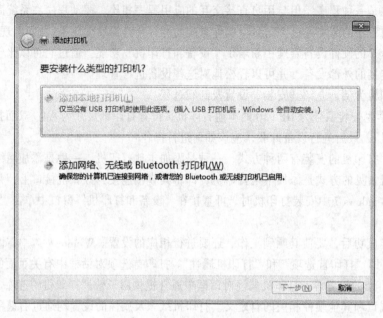

图 2-55 添加打印机界面

③ 在"选择打印机端口"对话框中选中"使用现有的端口"单选按钮，并在其后的下拉列表中选择一个打印机端口，然后单击"下一步"按钮，如图 2-56 所示。

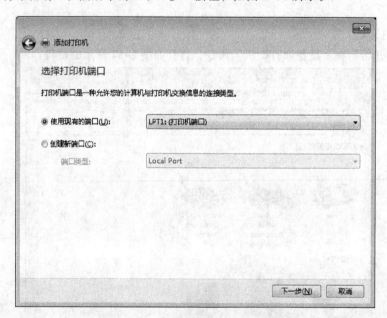

图 2-56 "选择打印机端口"对话框

④ 在"安装打印机驱动程序"对话框中选择打印机的厂商和型号，单击"下一步"按钮，如图 2-57 所示。

⑤ 在驱动程序版本页面中选择"使用当前已安装的驱动程序（推荐）"，单击"下一步"按钮。

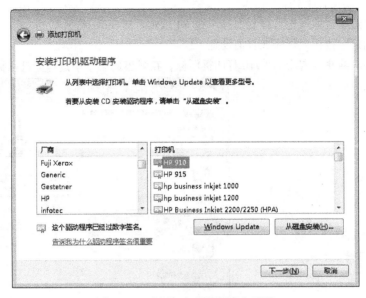

图 2-57　选择打印机的厂商和型号

⑥ 在弹出的对话框中的文本框中输入打印机的名称，默认名称是 HP 910，单击"下一步"按钮，开始自动安装打印机的驱动程序。

⑦ 安装成功后，系统自动弹出是否共享打印机的对话框，在其中可以选择共享与否，然后单击"完成"按钮。这时可在"设备和打印机"窗口中显示刚添加的 HP 910 打印机图标，如图 2-58 所示。

图 2-58　窗口中显示 HP 910 打印机图标

（2）设置打印机

① 在"设备和打印机"窗口中右击 HP 910 打印机图标，在弹出的菜单中选择"打印首选项"命令，如图 2-59 所示。

② 在打印首选项对话框中选择双面打印和 A4 纸张，如图 2-60 所示。

③ 单击"确定"按钮即可完成页面设置。

④ 设置打印机共享。右击 HP 910 打印机图标，在弹出的菜单中选择"打印机属性"命令。

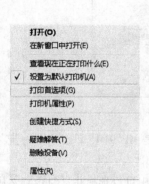

图 2-59 快捷菜单　　　　　　　　图 2-60 打印首选项对话框

⑤ 在打印机属性对话框中选择"共享"选项卡，在其中单击"更改共享选项"按钮。

⑥ 在弹出的对话框中选中"共享这台打印机"复选框，如图 2-61 所示。

⑦ 单击"确定"按钮完成共享设置。

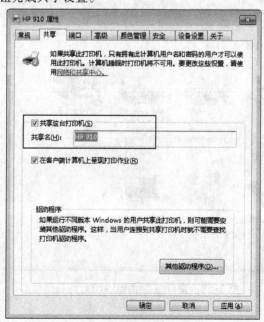

图 2-61 设置打印机共享对话框

（3）卸载打印机

① 选中 HP 910 打印机图标，单击其右上方的"删除设备"按钮，如图 2-62 所示。

② 弹出"删除设备"对话框，在其中单击"是"按钮，即可完成操作。

图 2-62　卸载打印机界面

2.5　系　统　安　全

本节从用户的角度简单介绍 Windows 7 系统安全管理中较常见的应用。

2.5.1　查看系统日志

在使用 Windows 7 的过程中，系统的事件查看器每天都会在后台记录所有发生的事件。系统的这些信息被保存在系统日志中。如果系统发生故障，用户就可以通过查看系统日志来找到故障的原因。

在 Windows 系统日志中包含 5 种日志，下面将分别对其进行介绍。

- 应用程序日志：包含应用程序或系统程序记录的事件，主要记录程序运行方面的事件。
- 安全日志：包含有效和无效的登录尝试等事件，以及与资源使用相关的事件，例如，创建、打开或删除文件以及其他对象。
- Setup 日志：包含与应用程序安装相关的事件。
- 系统日志：包含 Windows 系统组件中记录的事件，如系统启动过程中加载驱动程序或其他系统组件登录失败的信息。
- 转发事件日志：保存从远程计算机收集的事件。

根据事件的严重程度对其进行分类，分为错误、警告和信息。错误表示重大问题，例如，数据丢失或功能损失，警告表示事件存在潜在的问题，信息描述程序或服务是否成功操作。

案例 12：学生想知道启动 Windows 7 系统需要花费多长时间，应该如何进行查看？

案例分析：系统日志提供了许多计算机运行过程中的数据和参数。例如，本次用户登录系统的时间可以在系统日志中进行查看。

操作步骤：

① 右击桌面上的"计算机"图标，在弹出的菜单中选择"管理"命令，打开"计算机管理"窗口，如图 2-63 所示。

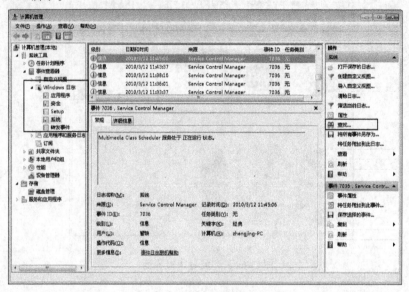

图 2-63 "计算机管理"窗口

② 在左侧的窗格中选择"系统工具"→"事件查看器"→"Windows 日志"→"系统"选项。

③ 在右侧的窗格中选择"查找"选项，在文本框中输入 EventLog，如图 2-64 所示，单击"查找下一个"按钮。

④ 在中间的窗格中会显示系统的启动时间，如图 2-65 所示。

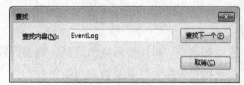

图 2-64 "查找"对话框　　　　　　　　图 2-65 显示系统的启动时间

2.5.2　Windows Update 的安装和设置

所有的软件在设计和编写时都不可能做到完美，操作系统也会出现各种问题和漏洞。为了能在最短时间内修复系统漏洞，Windows 7 中提供了 Windows Update 自动更新功能，可让用户在使用计算机的同时快速地完成系统更新任务。

案例 13：学生在使用计算机一段时间后，发现在桌面的右下角总是出现"现在有新的更新"提示，应该如何进行系统更新并设置 Windows Update 的安装属性？

案例分析：只要计算机处于联网的状态，每隔一段时间系统就会给出更新提示。用户进行系统更新和属性设置时，需要单击"现在有新的更新"提示按钮，然后在打开的 Windows Update 窗口中进行操作。

操作步骤：

① 单击现在有新的更新提示按钮，打开 Windows Update 窗口，如图 2-66 所示。

图 2-66　Windows Update 窗口

② 单击"安装更新"按钮进行安装，如图 2-67 所示。

图 2-67　正在安装更新程序界面

③ 安装成功界面如图 2-68 所示。

图 2-68　成功安装更新程序界面

④ 安装成功后，单击左侧的"更改设置"超链接，打开设置安装属性窗口，如图 2-69 所示。

图 2-69　Windows Update 属性设置窗口

⑤ 在"重要更新"选项组中可以设置下载与安装的方式以及安装时间等信息。

2.5.3　修改注册表

注册表是用来对 Windows 操作系统进行配置的一个工具。利用它可以对操作系统及应用软件进行优化、设置 Windows 的使用权限并解决硬件及网络故障。

注册表实际上是一个庞大的数据库，存放有关计算机硬件、安装程序和设置以及每个账户配置文件的重要信息。它采用"关键字"及"键值"来描述登录项及数据。

案例 14：学生感觉系统的关机速度过慢，想通过修改系统设置来改变关机速度，应该如何实现？

案例分析：此操作通过修改 Windows 7 注册表的键值即可实现。利用 regedit 命令打开注册表编辑器，找到对应的关键字和键值，修改其键值即可。

操作步骤：

① 在"开始"菜单的搜索文本框中输入 regedit，按【Enter】键打开"注册表编辑器"窗口。

② 在左侧树形目录中找到 HKEY_LOCAL_MACHINE\SYSTEM\CurrentControlSet\Control 选项，如图 2-70 所示。

③ 在右侧的列表框中选择"WaitToKillServiceTimeout"选项，右击该选项，在弹出的菜单中选择"修改"命令。

④ 在打开的对话框中，Windows 7 默认数值是 12 000（代表 12s），只需把该数值适当地进行修改，比如输入 5 000 或者 7 000，然后单击"确定"按钮完成。

图 2-70　"注册表编辑器"窗口

小　结

本章主要介绍 Windows 操作系统的新版本 Windows 7，其中包括 Windows 7 操作系统概述、基础操作、文件管理、设备管理以及系统安全 5 部分内容。

其中，第 1 部分 Windows 7 概述中介绍了 Windows 的发展简史、Windows 7 的特点和主要功能，以及如何利用 Windows 7 的帮助文档来协助用户操作计算机。第 2 部分基础操作中介绍了系统的启动与退出，设置一个具有个性化的桌面，鼠标的设置，以及"开始"菜单、任务栏、窗口的操作和使用技巧。第 3 部分文件管理主要介绍了文件及文件夹的创建、重命名、复制、移动、删除、压缩和解压缩等基本操作，以及回收站的应用。第 4 部分设备管理中介绍了软件的安装、运行和卸载过程，添加/删除 Windows 组件的应用，并且以打印机为例介绍了硬件设备的安装、设置和卸载。第 5 部分系统安全中介绍了查看系统日志的方法，Windows Update 的安装和设置，以及如何查看和修改注册表内容。

本章针对初学者的特点，主要介绍了 Windows 7 的基础操作及简单应用。Windows 7 操作系统还有许多实用的管理功能，如账户管理、网络管理（包括局域网和 Internet）、防火墙管理、系统性能优化、数字媒体应用等。用户如需进一步学习这些内容，请阅读相关文献或登录相关官方网站进行查看。

习　题

一、填空题

1. 操作系统具有五大功能模块，它们分别是：处理器管理、作业管理、存储器管理、_____和设备管理。

2. 启动成功的 Windows 7 出现在屏幕上的画面叫做_____。

3. 一个文件名由两部分构成，即主文件名和_____。

4. 为了帮助读者更加有效地对硬盘上的文件进行管理，Windows 7 中提供了一种新的文件管理方式：_____，利用它可以查找和保存文件。

5. _____是计算机物理设备的总称。

6. _____就像是 Windows 操作系统与硬件设备之间的沟通桥梁，有了它 Windows 才能最大化地发挥硬件的功能。

7. 在"开始"菜单的搜索框中输入_____命令即可打开注册表编辑器。

二、简答题

1. 简述 Windows 7 操作系统的特点。

2. 简述 Windows 7 中新的文件管理方式——库的特点。

3. 简述驱动程序的作用。

4. 简述系统日志的作用。

5. 什么是系统注册表？

三、操作题

1. 设计一个具有个性化的桌面。

2. 调整系统日期和时钟。

3. 打开写字板，在其中录入一段文字，保存到 C 盘，将其命名为"练习 1"，并把这个文件复制到 D 盘。

4. 试将 D 盘中名字为"练习 1"的文件彻底删除。

5. 试在计算机上安装一种反病毒软件，如"360 安全卫士"杀毒软件等。

6. 查看计算机上的硬件信息。

7. 查看系统日志。

8. 查看系统注册表。

9. 给系统安装 Windows Update 补丁程序。

第 3 章 // 文字处理软件 Word 2007

学习目标

- 掌握文字格式和段落格式等基本文档的编辑方法。
- 掌握表格的制作方法。
- 掌握图文混排技术。
- 掌握长文档的排版技术。

Office 2007 是一套应用广泛的办公软件。Word 2007 是 Office 2007 家族中的一员，相比之前的版本如 Word 2003，它具有全新的交互式操作界面，可以帮助用户更迅速、更轻松地创建文档。本章主要介绍 Word 2007 的基本操作和使用方法。

3.1　Word 2007 概述

在使用 Word 2007 进行文档编辑之前，用户应该掌握该软件的功能与操作界面，为后续的学习打下基础。

3.1.1　Word 2007 的功能

Word 是一款文字处理软件，可以帮助用户创建和编辑文档。其主要功能如下：

① 对文档进行编辑排版。用户使用 Word 2007 可以对文档进行文字、段落、页面等格式设置。

② 支持多种媒体类型。用户使用 Word 2007 可以在文档中插入图片、剪贴画、艺术字、动画、声音等多种媒体对象。

③ 绘制和编辑图形。使用 Word 2007 可以在文档中绘制矩形、箭头、流程图等图形，还可以对图形进行颜色填充、阴影效果、旋转、对齐等美化处理。

④ 编辑表格。Word 2007 不但提供了快速创建表格的方法，还允许用户手动绘制表格。Word 2007 中内置了许多样式可以对表格进行美化，同时用户还可以自定义样式。

⑤ 处理长文档。Word 2007 处理较长的文档也较为方便。用户可以为其设置封面、目录以及统一格式的标题和页码等。编辑完成以后用户还可以进行校对、修订等审阅工作。

3.1.2 Word 2007 的界面

Word 2007 具有简单易用的操作界面。即使用户首次接触，也可以轻松地使用该软件。对于习惯使用之前版本的用户只要熟悉了 Word 2007 的操作界面，就会发现它的便捷、好用。Word 2007 的界面如图 3-1 所示。

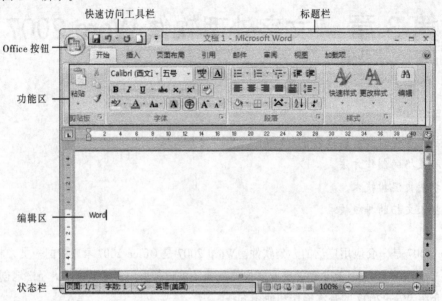

图 3-1　Word 2007 界面

1. Office 按钮

Office 按钮位于界面的左上角，单击该按钮将弹出一个下拉菜单。它提供了文档的基本操作命令，如新建、打开、保存、另存为、打印等，如图 3-2 所示。

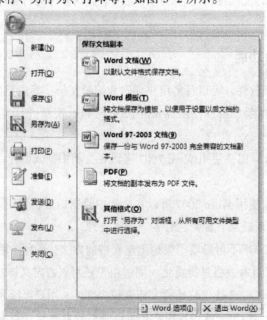

图 3-2　Office 按钮

2．快速访问工具栏

默认情况下，快速访问工具栏位于 Office 按钮右侧，其中包括常用的保存、撤销、恢复按钮等。用户可以自定义快速访问工具栏，还可以将它移到功能区的下方。

3．标题栏

标题栏位于界面的顶端，用来显示当前文档的名称。在右侧有三个按钮，即"最小化"按钮、"最大化"按钮和"关闭"按钮。

4．功能区

功能区位于标题栏的下方，它几乎包括了 Word 所有的工具按钮。同一类型的工具按钮被组织在一个选项卡中，如"页面布局"选项卡中都是与页面布局相关的一些工具按钮。某些选项卡只会在需要时才显示，例如，仅当选择图片后，才会显示"图片工具"选项卡。每个选项卡中有若干个组，组中有若干个按钮。不常用的工具不会显示在组中，如果要使用这些工具，可以通过单击组右下角的"对话框启动器" 来实现。

5．编辑区

编辑区是用来编辑文档的区域。可以将其理解为"稿纸"。在编辑区的右上角是"标尺"按钮，单击它可以显示或隐藏标尺。标尺是用来表示编辑区的宽度和高度的。

6．状态栏

状态栏位于界面的底部，用来显示当前文档的工作状态，如页数、字数。在状态栏中右击，弹出"自定义状态栏"菜单，用户可以选择在状态栏中显示哪些内容。在状态栏右侧还有视图按钮和显示比例工具。

7．视图按钮

Word 中提供了 5 种浏览文档的版式，分别为页面视图、阅读版式视图、Web 版式视图、大纲视图和普通视图。可以在"视图"选项卡的"文档视图"组中选择要以哪种视图版式阅读文档，也可以在窗口右下角的视图按钮中选择以哪种视图版式阅读文档。

3.1.3　使用 Word 2007 帮助

在编辑文档的过程中，用户可以通过 Word 2007 提供的帮助功能来获得相关的帮助信息。

操作步骤：

① 单击"Microsoft Office Word 帮助"按钮，或按【F1】键，打开"Word 帮助"窗口。

② 在窗口中单击"搜索"右侧的下三角按钮，弹出下拉列表。如果已连接到 Internet，可选择"来自 Office Online 的内容"中的某个选项使用联机帮助。如果未连接到 Internet，则选择"来自此计算机的内容"中的某个选项使用脱机帮助。

③ 在搜索条件组合框中输入关键字，如输入"表格"，然后单击右侧的"搜索"按钮，即可显示出有关表格的帮助信息。

3.2　常用文书文档的制作

本节介绍如何编辑一份会议通知。通过本节的学习，用户将掌握 Word 基本的编辑文档方法，如插入符号、时间，设置文字格式、段落格式、设置项目符号与编号、边框和底纹，以及基本的页面设置和打印方法。

案例 1：制作一份会议通知，效果如图 3-3 所示。

案例分析：在编辑文档时，格式的设置是为内容服务的。编辑一份会议通知、邀请函、公文等常用文书，首先要了解内容重点是什么，怎样突出重点，如何做到条理清晰、层次分明。本案例将通过以下几个阶段完成：

（1）输入内容

该阶段关键是符号、日期和时间、超链接的插入。案例中"2:00～2:20"中的"～"是一种符号。在应用中，许多符号可以由 Word 提供的插入符号功能来完成。案例中"2010 年 2 月 28 日"是文档编辑时的系统时间，可以由 Word 自动插入。案例中"***@163.com"是一个超链接，按住【Ctrl】键的同时单击该超链接，将打开如 Outlock 等邮件编辑软件的写邮件窗口，用户可以编辑并发送到此地址的邮件。

（2）设置文字格式

文字格式包括字体、字形、字号、字体颜色、字符间距及字体效果等多项内容。这些格式的设置主要通过"开始"选项卡的"字体"组中的各功能按钮和"字体"对话框中的选项来完成。

（3）设置段落格式

段落格式包括段落对齐方式、缩进方式、行间距，以及段前、段后间距等多项内容。这些格式的设置主要通过"开始"选项卡的"段落"组中的各功能按钮和"段落"对话框中的选项来完成。

（4）添加项目符号与编号

使用项目符号或编号，可以增强内容的条理性。案例中的"一、二、三、"是添加的项目编号，"●"是添加的项目符号。

图 3-3　案例 1 的效果

（5）设置边框

在文档中，可以通过添加边框或底纹来强调某些段落或文字。案例中第一段"通知"下的双线就是为段落添加的边框。

（6）页面设置与打印

纸张大小、页边距等的设置可以通过"页面布局"选项卡的"页面设置"组中的各功能按钮来完成。

3.2.1　输入内容

在 Word 文档中输入内容之后的效果如图 3-4 所示。

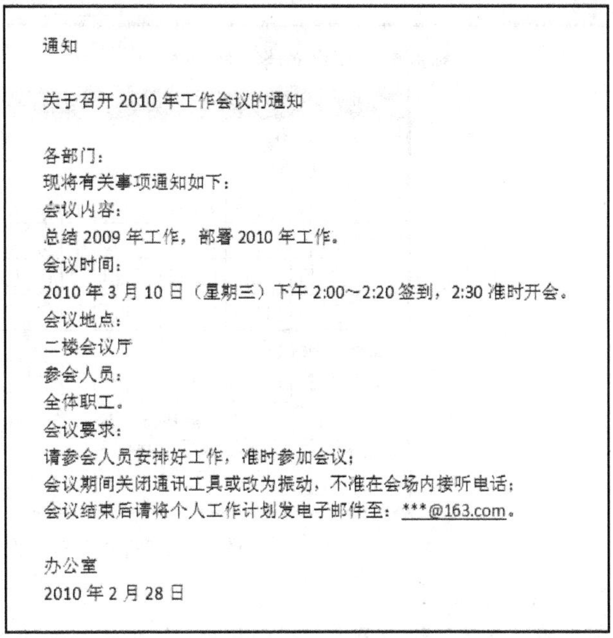

通知

关于召开 2010 年工作会议的通知

各部门：
现将有关事项通知如下：
会议内容：
总结 2009 年工作，部署 2010 年工作。
会议时间：
2010 年 3 月 10 日（星期三）下午 2:00～2:20 签到，2:30 准时开会。
会议地点：
二楼会议厅
参会人员：
全体职工。
会议要求：
请参会人员安排好工作，准时参加会议；
会议期间关闭通讯工具或改为振动，不准在会场内接听电话；
会议结束后请将个人工作计划发电子邮件至：***@163.com。

办公室
2010 年 2 月 28 日

图 3-4　输入内容之后的案例效果

操作步骤：

（1）新建文档

① 启动 Word 2007 后，单击 Office 按钮，在弹出的下拉菜单中选择"新建"命令，弹出"新建文档"对话框，如图 3-5 所示。

② 选择"空白文档"选项，单击"创建"按钮即可创建一个新的空白文档。

（2）输入文字

在文档中输入会议的内容，按【 Enter 】键表示一个段落结束。

（3）插入符号

① 在"插入"选项卡的"符号"组中单击"符号"按钮，在弹出的下拉列表中选择要插入的符号。如果该列表中没有所需的符号，就可以选择"其他符号"选项，如图 3-6 所示。

② 在弹出的"符号"对话框中选择所需的符号，然后单击"插入"按钮即可，如图 3-7 所示。

图 3-5 "新建文档"对话框

图 3-6 插入符号

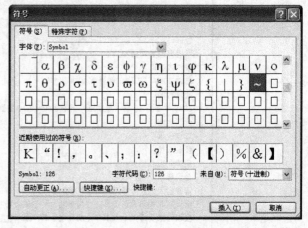

图 3-7 "符号"对话框

（4）插入日期和时间

① 在"插入"选项卡的"文本"组中单击"日期和时间"按钮，如图 3-8 所示。

② 在弹出的"日期和时间"对话框中选择语言和格式，然后单击"确定"按钮，如图 3-9 所示。

图 3-8 插入日期和时间

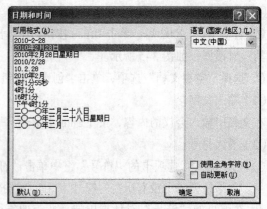

图 3-9 "日期和时间"对话框

（5）插入超链接

① 在"插入"选项卡的"链接"组中单击"超链接"按钮，如图 3-10 所示。

② 在弹出的"插入超链接"的对话框中，在左侧的"链接到"列表中选择"电子邮件地址"选项。在右侧的"电子邮件地址"文本框中输入"***@163.com"，在"要显示的文字"文本框中输入"***@163.com"，单击"确定"按钮，如图 3-11 所示。

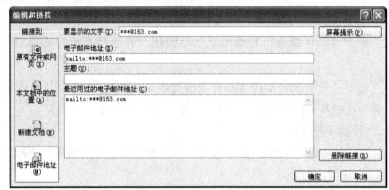

图 3-10 插入超链接　　　　　　　　　　　图 3-11 "编辑超链接"对话框

（6）保存文档

单击 Office 按钮，在弹出的下拉菜单中选择"保存"选项，或者在"快速访问工具栏"中单击"保存"按钮，在打开的对话框中输入文件名 3.2。在编辑时，按【Ctrl+S】组合键可以快速保存文档。

3.2.2　设置文字格式

主要工具如图 3-12 所示，设置文字格式之后的案例效果如图 3-13 所示。

图 3-12 "字体"组　　　　　　　　图 3-13 设置文字格式之后的案例效果

操作步骤：

（1）设置字体、字号和颜色

① 在第一段文本"通知"上按住鼠标并拖动将其选中。

② 在"字体"组中单击"字体"右侧的下三角按钮，在下拉列表中选择"楷体"选项。

③ 单击"字号"文本框右侧的下三角按钮，在下拉列表中选择"初号"选项。

④ 单击"加粗"按钮 **B**，将文本加粗。

⑤ 单击"字体颜色"右侧的下三角按钮，在下拉列表中选择红色，将文字颜色设置为红色。

⑥ 选中"关于召开 2010 年工作会议的通知"文本，设置字体格式为"小二"、"宋体"、"加粗"。然后选中其余所有的文字，设置字体格式为"小四"、"宋体"。

（2）设置字符间距

① 选中第一段文本"通知"，在"字体"组中单击"对话框启动器"按钮，弹出"字体"对话框，如图 3-14 所示。

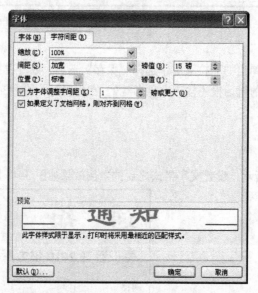

图 3-14　设置字符间距

② 选择"字符间距"选项卡，在"间距"下拉列表中选择"加宽"选项，将其右侧的"磅值"设置为"15 磅"，单击"确定"按钮。

（3）设置突出显示颜色

选中文本"2:30 准时开会"，在"字体"组中单击 按钮右侧的下三角按钮，在下拉列表中选择"黄色"。

3.2.3　设置段落格式

主要工具如图 3-15 所示，设置段落格式之后的案例效果如图 3-16 所示。

通　知

关于召开 2010 年工作会议的通知

各部门：

　　现将有关事项通知如下：

会议内容：

　　总结 2009 年工作，部署 2010 年工作。

会议时间：

　　2010 年 3 月 10 日（星期三）下午 2:00～2:20 签到，2:30 准时开会。

会议地点：

　　二楼会议厅

参会人员：

　　全体职工。

会议要求：

　　请参会人员安排好工作，准时参加会议；

　　会议期间关闭通讯工具或改为振动，不准在会场内接听电话；

　　会议结束后请将个人工作计划发电子邮件至：***@163.com。

办公室
2010 年 2 月 28 日

图 3-15　"段落"组　　　　　　　　　图 3-16　设置段落格式之后的案例效果

操作步骤：

（1）设置对齐方式

① 将鼠标指针移至第一段文本左侧，鼠标指针变为 ⤢ 形状时，单击选中此行。继续向下拖动鼠标，选中前两段。在"段落"组中单击"居中"按钮 ，将其居中显示。

② 选中最后两段，设置为"右对齐" 。

（2）设置首行缩进、段前/段后间距、行距

① 将光标置于"现将有关事项通知如下："段落中，在"段落"组中单击"对话框启动器"按钮 ，弹出"段落"对话框，如图 3-17 所示。

② 在"缩进"选项组中的"特殊格式"下拉列表中选择"首行缩进"选项，"磅值"设置为"2 字符"。

③ 在"间距"选项组中的"段前"和"段后"微调框中分别选择"0.5 行"选项。

④ 在"行距"下拉列表中选择"多倍行距"选项，"设置值"设置为 1.15。

⑤ 单击"确定"按钮。

（3）使用格式刷

① 选中文本"现将有关事项通知如下："，双击"开始"选项卡的"剪贴板"组中的"格式刷"按钮 ，此时鼠标指针变为 。

② 按住鼠标左键并在其他段落或文本上进行拖动，然后释放鼠标，这些被选中的段落或文本的格式将和此段文本的格式一样。

③ 单击按钮 ，即可停止格式复制。

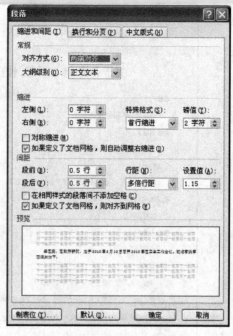

图 3-17　"段落"对话框

3.2.4　添加项目符号与编号

操作步骤：

（1）添加项目编号

① 将光标置于"会议内容"段落中，单击"段落"组的"编号"右侧的下三角按钮，在下拉列表中选择"一、二、三、"式样，如图 3-18 所示，文本将变为"一、会议内容"。

图 3-18　套用编号样式

② 将光标置于"会议时间"段落中，单击按钮 三，编号会自动增加。

③ 依此方法将编号加到相应段落中。

（2）添加项目符号

选中需要添加项目符号的所有段落，单击"项目符号"右侧的下三角按钮，在下拉列表中选择"●",选中的段落将应用此项目符号。

3.2.5 设置边框

操作步骤:

① 将光标置于第一段文字"通知"中,在"段落"组中单击 ▦ 右侧的下三角按钮,在下拉列表中选择"边框和底纹"选项,弹出"边框和底纹"对话框,如图 3-19 所示。

图 3-19 "边框和底纹"对话框

② 选择"边框"选项卡,在"样式"列表框中选择"━",在"颜色"下拉列表中选择红色,在"宽度"下拉列表中选择"2.25 磅",在"应用于"下拉列表中选择"段落"选项。

③ 在"预览"选项组中单击 ▦ 等 4 个按钮,取消原来的边框样式。然后再次单击按钮 ▦,只将段落下边框应用所设置的样式,单击"确定"按钮。

3.2.6 页面设置与打印

主要工具如图 3-20 所示。

图 3-20 "页面设置"组

操作步骤:

(1)设置页边距

在"页面布局"选项卡的"页面设置"组中单击"页边距"按钮,在下拉列表中选择适合的边距样式,如图 3-21 所示。用户也可以选择"自定义边距"选项,在"页面设置"对话框中设置页边距,如图 3-22 所示。

(2)设置纸张方向

单击"纸张方向"按钮,在下拉列表中选择"横向"或者"纵向"。

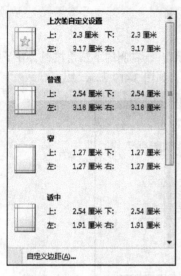

图 3-21 页边距样式

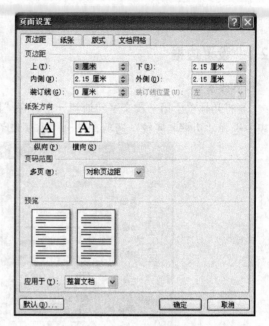

图 3-22 "页面设置"对话框

（3）设置纸张大小

在"纸张大小"下拉列表中选择适合的纸张大小，也可以在"页面设置"对话框中进行设置。

（4）打印预览

单击快速访问工具栏中的"打印预览"按钮 ，即可预览文档打印时的效果。

（5）打印

① 单击 Office 按钮，在弹出的下拉菜单中的"打印"选项，弹出"打印"对话框，如图 3-23 所示。

② 选择打印机名称。

③ 在"页面范围"选项组中选择要打印的页码。

④ 在"份数"微调框中输入要打印的份数，单击"确定"按钮。

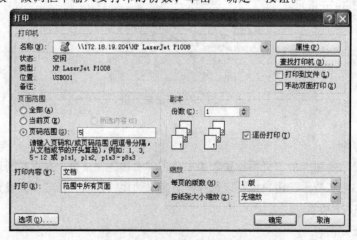

图 3-23 "打印"对话框

3.3　带有数据表格文档的制作

本节介绍如何制作一份销售统计表。通过本节的学习，用户将掌握表格的基本制作方法，如插入表格、合并与拆分单元格、绘制斜线表头、调整表格、设置表格样式等。

案例 2：制作一份销售统计表，效果如图 3-24 所示。

2009 年销售统计表

销售时间 情况 地点		第一季度			第二季度			第三季度			第四季度		
		销售量	单价	销售额	销售量	单价	销售额	销售量	单价	销售额	销售量	单价	销售额
北京		526	¥86.10	¥45288.60	550	¥83.20	¥45760.00	593	¥84.50	¥50108.50	544	¥80.80	¥43955.20
上海		530	¥83.50	¥44255.00	559	¥85.10	¥47570.90	602	¥86.30	¥51952.60	548	¥81.50	¥44662.00
广州		516	¥80.00	¥41280.00	539	¥82.80	¥44829.20	586	¥83.60	¥48989.60	535	¥78.50	¥41997.50
合计	总销售量	1572	¥83.20	¥130823.60	1648	¥83.70	¥137960.10	1781	¥84.80	¥151050.70	1627	¥80.27	¥130814.70
	平均单价												
	总销售额												
总计	总销售量	6828											
	总销售额	¥550449.10											

图 3-24　案例 2 效果

案例分析：案例中的表格是一个不规则的表格。在绘制表格时，先插入规则的表格，再通过合并和拆分单元格的方法实现表格的最终结构。填充内容之后，单元格大小会发生变化，要调整行高和列宽。最后为表格增添色彩，设置表格和文字的对齐方式，使内容清晰美观。本案例将通过以下几个阶段完成：

（1）创建空表

创建一个空表有多种途径。

① 快速插入表格。在"插入"选项卡的"表格"组中单击"表格"按钮，在弹出的下拉列表中移动鼠标指针，选择合适的行和列，最后单击即可。

② 手工绘制表格。在"插入"选项卡的"表格"组中单击"表格"按钮，在弹出的下拉列表中选择"绘制表格"选项，鼠标指针变成 ∅ 形状，即可直接绘制表格。

③ 通过输入指定行/列值来创建表格。第 3 种方法也是常用的方法，本案例将采用这种方法创建空表。

（2）合并与拆分单元格

（3）绘制斜线表头

创建的斜线表头只能在表格的第一个单元格。如果表头中的字数较多，而单元格太小，系统就会自动减少字数。为避免出现这种情况，用户应该在添加斜线表头之前适当调整第一列的列宽。

（4）调整表格

可以调整表格的位置和大小。调整表格大小的方法很多，如自动调整、鼠标拖动、精确调整等，有时也需要多种方法结合使用。

（5）设置表样式

Word 2007 中内置了许多表样式，可以直接套用，也可以通过设置单元格的边框和底纹来设置表样式。

（6）设置对齐方式及其他

这里包括设置表格在段落中的对齐方式，文字在单元格中的对齐方式以及文字的字体、颜色等。

3.3.1 创建空表

创建的空表如图 3-25 所示。

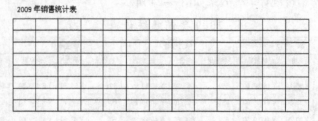

图 3-25 插入的空表格

操作步骤：

① 新建 Word 文档"3.3.docx"，在文档中输入标题"2009 年销售统计表"。

② 按【Enter】键换行，在"插入"选项卡的"表格"组中单击"表格"按钮，在弹出的下拉列表中选择"插入表格"选项，如图 3-26 所示。

③ 在弹出的"插入表格"对话框中的"列数"微调框中输入 13，"行数"微调框中输入 8，如图 3-27 所示。

图 3-26 插入表格

图 3-27 "插入表格"对话框

④ 单击"确定"按钮，在文档中出现表格。

3.3.2 合并与拆分单元格

合并与拆分单元格后的表格如图 3-28 所示。

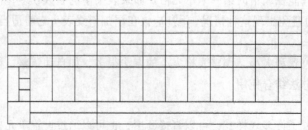

图 3-28 合并与拆分单元格后的表格

操作步骤：

（1）合并单元格

① 将鼠标指针移至表格第 1 行第 1 列单元格的左边缘，鼠标指针变成 ➧ 形状，单击选中此单元格。再按住【Shift】键的同时单击第 2 行第 1 列单元格的左边缘，同时选中这两个单元格。

② 在"表格工具"的"布局"选项卡中单击"合并"组中的"合并单元格"按钮，如图 3-29 所示。

③ 使用同样的方法反复操作，将需要合并的单元格进行合并。

（2）拆分单元格

① 选中第 6 行第 1 列单元格，在"合并"组中单击"拆分单元格"按钮，弹出"拆分单元格"对话框，如图 3-30 所示。

图 3-29　合并单元格　　　　　　　图 3-30　"拆分单元格"对话框

② 在对话框中的"列数"微调框中输入 2，"行数"微调框中输入 1，然后单击"确定"按钮，即可将该单元格拆分为 1 行 2 列。

③ 使用同样的方法，将其右侧单元格拆分为 3 行 1 列。

3.3.3　绘制斜线表头

在表格中绘制的斜线表头如图 3-31 所示。

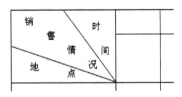

图 3-31　绘制的斜线表头

操作步骤：

① 将光标置于表格中。

② 在"表格工具"的"布局"选项卡中单击"表"组中的"绘制斜线表头"按钮，如图 3-32 所示。

图 3-32　"绘制斜线表头"按钮

③ 在弹出的"插入斜线表头"对话框中选择"表头样式"下拉列表中的"样式二"选项，在"行标题"文本框中输入"时间"，在"数据标题"文本框中输入"销售情况"，在"列标题"文本框中输入"地点"，单击"确定"按钮，如图 3-33 所示。

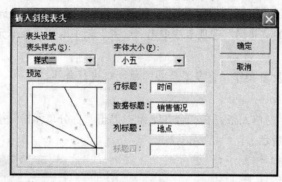

图 3-33 "插入斜线表头"对话框

3.3.4 调整表格

在表格中填充内容之后，表格大小发生变化，需要对其进行调整。调整后的表格如图 3-34 所示。

2009年销售统计表		第一季度			第二季度			第三季度			第四季度		
销售 时间 情况 地点		销售量	单价	销售额	销售量	单价	销售额	销售量	单价	销售额	销售量	单价	销售额
北京		526	￥86.10	￥45288.60	550	￥83.20	￥45760.00	593	￥84.50	￥50108.50	544	￥80.80	￥43955.20
上海		530	￥83.50	￥44255.00	559	￥85.10	￥47570.90	602	￥86.30	￥51952.60	548	￥81.50	￥44662.00
广州		516	￥80.00	￥41280.00	539	￥82.80	￥44629.20	586	￥83.60	￥48989.60	535	￥78.50	￥41997.50
合计	总销售量	1572	￥83.20	￥130823.60	1648	￥83.70	￥137960.10	1781	￥84.80	￥151050.70	1627	￥80.27	￥130614.70
	平均单价												
	总销售额												
总计	总销售量	6628											
	总销售额	￥550449.10											

图 3-34 调整后的表格

操作步骤：

（1）设置纸张方向

在"页面布局"选项卡的"页面设置"组中单击"纸张方向"按钮，将纸张方向设置为"横向"。

（2）自动调整表格大小

在"表格工具"的"布局"选项卡中单击"单元格大小"组中的"自动调整"按钮，然后在下拉列表中选择"根据内容自动调整表格"选项，如图 3-35 所示。

（3）精确调整表格行高

① 将鼠标指针移至表格第 3 行的左边缘，鼠标指针变成 ⤢ 形状，单击选中该行。再按住【Ctrl】键的同时依次单击表格第 4~6 行的左边缘，同时选中这 4 行。

图 3-35　调整单元格大小

② 在"单元格大小"组中的"表格行高度"文本框中输入"0.75 厘米"。

（4）平均分布行高

选中表格的第 7 行和第 8 行，在"单元格大小"组中单击"分布行"按钮，这两行将平均分布高度。

（5）自由调整表格列宽

将鼠标指针移至第 1 列右侧边线上，鼠标指针变成✦‖✦形状，按住鼠标左键并拖动，列宽调至合适宽度。

（6）移动表格

将鼠标指针移至表格区域，在表格左上角会出现移动控制点⊞，单击该按钮选中整个表格。然后按住鼠标左键并拖动，出现的虚线矩形框即是表格要移动到的位置。

3.3.5　设置表样式

设置表样式后的案例效果如图 3-36 所示。

2009 年销售统计表

销售时间情况地点	第一季度			第二季度			第三季度			第四季度		
	销售量	单价	销售额	销售量	单价	销售额	销售量	单价	销售额	销售量	单价	销售额
北京	526	￥86.10	￥45288.60	550	￥83.20	￥45760.00	593	￥84.50	￥50108.50	544	￥80.80	￥43955.20
上海	530	￥83.50	￥44255.00	559	￥85.10	￥47570.90	602	￥86.30	￥51952.60	548	￥81.50	￥44662.00
广州	516	￥80.00	￥41280.00	539	￥82.80	￥44629.20	586	￥83.60	￥48989.60	535	￥78.50	￥41997.50
合计	总销售量	1572	￥83.20	￥130823.60	1648	￥83.70	￥137960.10	1781	￥84.80	￥151050.70	1627	￥80.27	￥130614.70
	平均单价											
	总销售额											
总计	总销售量	6628										
	总销售额	￥550449.10										

图 3-36 设置表样式后的案例效果

操作步骤：

（1）套用表样式

在"表格工具"的"设计"选项卡中单击"表样式"组中的"其他"按钮▾，在弹出的下拉列表中选择"内置"选项组中的第 3 行第 5 列的表样式，如图 3-37 所示。

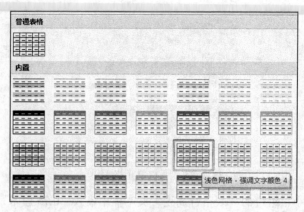

图 3-37　套用表样式

（2）修改边框

① 在"绘图边框"组中单击"笔样式"按钮，在下拉列表中选择第 7 种样式。

② 单击"笔画粗细"按钮，在下拉列表框中选择"1.5 磅"。

③ 单击"笔颜色"按钮，在下拉列表中选择紫色。

④ 单击"绘制表格"按钮，鼠标指针变成 ⌀ 形状，分别在表格四个外边框上拖动鼠标指针，将表格外边框样式更改为所选样式，如图 3-38 所示。

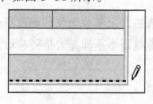

图 3-38　绘制边框

3.3.6　设置对齐方式及其他

操作步骤：

① 选中"2009 年销售统计表"文本，设置其格式为"楷体"、"小二"、"加粗"、"居中"。

② 选中表格，在"开始"选项卡的"段落"组中单击"居中"按钮。

③ 选中表格中包含数字的单元格，选择"表格工具"的"布局"选项卡，在"对齐方式"组中单击"中部两端对齐"按钮 ☰。

④ 选中表格中包含文字的单元格，在"对齐方式"组中单击"水平居中"按钮 ☰。

⑤ 选中第 5 行第 1 列"合计"所在的单元格，在"对齐方式"组中单击"文字方向"按钮，将其设置为横向，结果如图 3-24 所示。

3.4　图文混排文档的制作

本节介绍如何制作一份宣传海报。通过本节的学习，用户将掌握图片和剪贴画、艺术字、自选图形、SmartArt 图形的插入和基本的编辑方法。

案例 3：制作一份宣传海报，效果如图 3-39 所示。

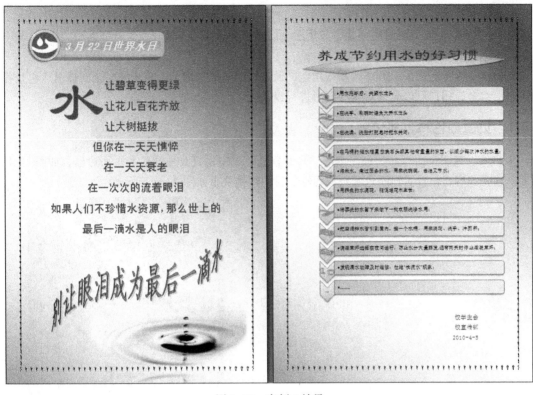

图 3-39　案例 3 效果

案例分析：在设计过程中，通常将各个元素进行简单设计并布局，基本的效果出来之后，再进行细节调整。为了内容的完整性和有序性，在本案例中将按照添加的对象来分别介绍。本案例将通过以下几个阶段完成：

（1）设置页面颜色和页面边框

默认的页面颜色是白色，通过设置可以使用渐变、纹理、图案和图片等作为背景。Word 还内置了艺术型的边框，可以作为页面边框。

（2）设置首字下沉

首字下沉是加大的文字，用于段落第一个字，可以为文档增添趣味。

（3）添加图片和剪贴画

图片和剪贴画的编辑方法基本一样，只是插入来源不同。图片一般来源于文件。对于剪贴画来说，Word 中有"剪贴画"任务窗格，可通过它搜索所需要的剪贴画。

（4）插入文本框

文本框可以放置在页面上的任意位置。根据文本框中文字方向的不同，可将其分为横排文本框和竖排文本框。使用文本框主要是为了对文本进行强调或使文本更突出。Word 2007 内置了许多文本框样式可以选择，用户也可以自行绘制。

（5）制作艺术字

艺术字是一个文字样式库，可以将艺术字添加到文档中得到装饰性效果，如带阴影的文字或镜像（反射）文字。用户可以在添加艺术字时输入要显示为艺术字的文字，也可以将现有文字转换为艺术字。

（6）绘制图形

Word 中提供了许多现成的形状，如矩形、圆、箭头、线条、流程图符号和标注。

（7）创建 SmartArt 图形

SmartArt 图形是 Office 2007 的新增功能，通过简单的操作即可创建比较复杂的插图。它是各种图形的组合，用户可以分别对这些图形进行编辑。

3.4.1 页面颜色和页面边框

用户可以在"页面布局"选项卡的"页面背景"组中设置页面颜色和页面边框，如图 3-40 所示。输入内容，设置页面颜色和页面边框之后的案例效果如图 3-41 所示。

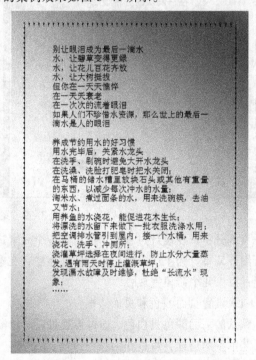

图 3-40 "页面背景"组　　　　　　　图 3-41 设置页面颜色和页面边框之后的案例效果

操作步骤：

（1）设置页面颜色

① 新建 Word 文档"3.4.docx"，在"页面布局"选项卡的"页面背景"组中单击"页面颜色"按钮，弹出下拉列表，如图 3-42 所示。

② 在下拉列表中选择"填充效果"选项，弹出"填充效果"对话框，如图 3-43 所示。

③ 选择"渐变"选项卡，在其中选中"双色"单选按钮，在其右侧出现"颜色 1"和"颜色 2"下拉框。

④ 单击"颜色 1"的下三角按钮，在弹出的下拉列表中选择"其他颜色"选项，弹出"颜色"对话框，然后在其中选择第 3 行的第 6 个颜色，单击"确定"按钮。

⑤ 单击"颜色 2"下三角按钮，在弹出的下拉列表中选择"白色，背景 1"选项。

⑥ 在"底纹样式"选项组中选中"斜下"单选按钮，在"变形"选项组中选择第 1 个样式。

⑦ 单击"确定"按钮，页面颜色设置完毕。

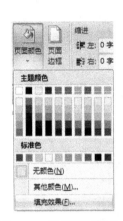

图 3-42 设置页面颜色

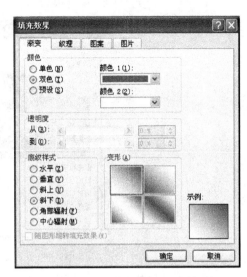

图 3-43 "填充效果"对话框

（2）设置页面边框

① 在"页面布局"选项卡的"页面背景"组中单击"页面边框"按钮，弹出"边框和底纹"对话框，如图 3-44 所示。

② 在"艺术型"下拉列表中选择一种艺术边框。

③ 在"预览"选项组中单击 等 4 个按钮，可以看到设置边框的效果。

④ 单击"确定"按钮，页面边框设置完毕。

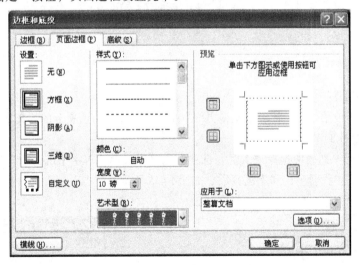

图 3-44 设置艺术型页面边框

（3）编辑内容

① 输入宣传海报的内容。

② 选中文本"水，...人的眼泪"，在"字体"对话框中设置字体为"黑体"，字号为"二号"，在"字体颜色"下拉列表中选择"其他颜色"选项，弹出"颜色"对话框，如图 3-45 所示。在"自定义"选项卡中将颜色设置为（R：0，G：100，B：200），单击"确定"按钮。在"段落"对话框中将行距设置为"固定值"，"设置值"设置为"40 磅"。

图 3-45　自定义颜色 RGB 值

③ 选中文本"但你……人的眼泪"，将其设置为居中对齐。

④ 选中文本"养成节约用水的好习惯"，设置字体为"隶书"，字号为 32，颜色为（R：110，G：50，B：160）。

3.4.2　首字下沉

首字下沉效果如图 3-46 所示。

图 3-46　首字下沉的效果

操作步骤：

（1）设置首字下沉

① 将光标置于段落"水，让碧草变得更绿"中，在"插入"选项卡的"文本"组中单击"首字下沉"按钮，如图 3-47 所示。

② 在弹出的下拉列表中选择"下沉"选项，也可以选择"首字下沉选项"选项，在弹出的"首字下沉"对话框中设置字体和下沉行数，如图 3-48 所示。

③ 将后续两个段落中的"水"字删除。

图 3-47　设置首字下沉

图 3-48　"首字下沉"对话框

（2）编辑首字下沉

① 选中首字下沉样式的"水"字，将其字体设置为"隶书"。

② 将光标置于虚线边框上，鼠标指针变为✥并单击，在边框上出现 8 个控制点，适当调整其大小。

3.4.3　添加图片和剪贴画

添加的图片和剪贴画如图 3-49 所示。

图 3-49　添加的图片和剪贴画

操作步骤：

（1）插入图片

① 将光标置于文档页首，选择"插入"选项卡，然后在"插图"组中单击"图片"按钮，弹出"插入图片"对话框，如图 3-50 所示。

② 在"查找范围"下拉列表中选择相应的文件夹，在其右侧的列表框中选中要插入的图片，然后单击"插入"，即可插入图片。

图 3-50　插入图片

（2）调整图片大小

选中图片，在"图片工具"的"格式"选项卡中的"大小"组中分别在"高度"和"宽度"微调框中输入 2cm。

（3）套用图片样式

① 选中图片，在"图片工具"的"格式"选项卡中单击图 3-51 所示的"图片样式"组中的

外观样式列表的下三角按钮，弹出下拉列表。然后在其中选择"棱台形椭圆，黑色"选项，将该样式应用到图片中。

图 3-51　设置图片样式

② 单击"图片边框"按钮，在弹出的下拉列表中选择"橄榄色，强调文字颜色 3，淡色 40%"选项。

③ 单击"图片效果"按钮，在弹出的下拉列表中选择"阴影"→"左下斜偏移"选项，即可应用该效果，如图 3-52 所示。

图 3-52　设置图片效果

（4）设置图片环绕方式

① 选中图片，在"图片工具"的"格式"选项卡中的"排列"组中单击"文字环绕"按钮。

② 在弹出的下拉列表中选择"上下型环绕"选项，如图 3-53 所示。

（5）插入剪贴画

① 将光标置于"…人的眼泪"之后，在"插入"选项卡的"插图"组中单击"剪贴画"按钮，在窗口右侧出现"剪贴画"任务窗格，如图 3-54 所示。

图 3-53　设置图片的文字环绕方式

图 3-54　插入剪贴画

② 在"剪贴画"任务窗格的"搜索"文本框中输入描述所需剪贴画的单词或词组，或输入剪贴画文件的全部或部分文件名。这里输入"水"。

③ 在"搜索范围"下拉列表中选择相应设置，可以缩小搜索的范围，从而加快搜索速度。这里选中"所有收藏集位置"复选框。

④ 在"结果类型"下拉列表中选择类型，可以限制要搜索的类型。这里选中"剪贴画"和"照片"复选框。

⑤ 单击"搜索"按钮，然后在结果列表中单击所需要的剪贴画，即可将其插入到光标所在位置。

（6）编辑剪贴画

① 适当调整其大小，将其环绕方式设置为"衬于文字下方"。

② 将其图片形状设置为"基本形状"中的"泪滴形"，如图 3-55 所示。

③ 将其图片效果设置为"柔化边缘"中的"10 磅"和"映像"中的"全映像，接触"。

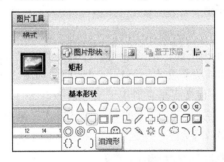

图 3-55　改变图片形状

3.4.4　插入文本框

插入的文本框如图 3-56 所示。

3 月 22 日世界水日

图 3-56　插入的文本框

操作步骤：

（1）绘制文本框

① 在"插入"选项卡的"文本"组中单击"文本框"按钮，弹出下拉列表，如图 3-57 所示。

② 选择"绘制文本框"选项，鼠标指针变为十，在要插入文本框的位置上，拖动至合适大小，然后释放鼠标，即可插入一个横排文本框。

③ 将光标定位在文本框中，然后在文本框中输入文字。

④ 选中文字，设置其格式为"黑体"、"二号"、"加粗"、"斜体"、"橙色，强调文字颜色 6，淡色 80%"、"文本右对齐"，效果如图 3-58 所示。

图 3-57 插入文本框

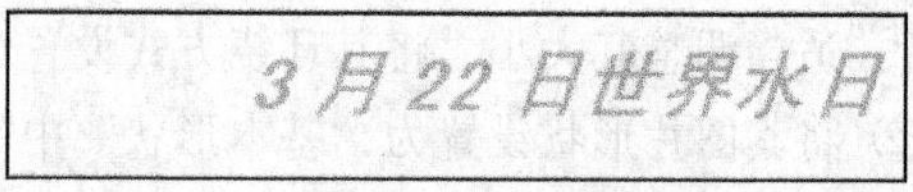

图 3-58 编辑文本框内容

（2）编辑文本框

① 选中文本框，在"文本框工具"的"格式"选项卡的"文本框样式"组中单击右下角的"对话框启动器"按钮，弹出"设置文本框格式"对话框，如图 3-59 所示。在其中选择"文本框"选项卡中的"居中"选项，使文字垂直居中于文本框中。

② 在"文本框工具"的"格式"选项卡的"文本框样式"组中选择外观样式为列表框中的第 7 行第 4 列"水平渐变–强调文字颜色 3"选项，如图 3-60 所示。

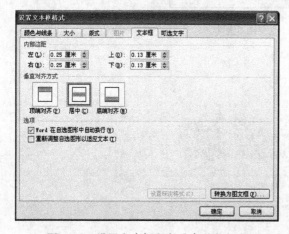

图 3-59 设置文本框文字垂直对齐方式

图 3-60 设置文本框样式

③ 在"形状轮廓"下拉列表中选择"其他轮廓颜色"选项，在弹出的对话框中的"自定义"选项卡中将颜色设置为（R：180，G：200，B：130）。

④ 选择"形状轮廓"→"粗细"→"6 磅"选项。

⑤ 单击"更改形状"按钮，在弹出的下拉列表中选择"基本形状"选项组中的"圆角矩形"选项。

⑥ 在"阴影效果"组中单击"阴影效果"按钮，在弹出的下拉列表中选择"阴影样式 3"选项。

⑦ 在"排列"组中单击"置于底层"按钮。

（3）使用绘图画布组合图片和文本框

在 Word 2007 中，用户可以将多个对象组合在一起，同时对它们进行编辑。对于文本框、艺术字和自选图形，按住【Ctrl】键的同时分别选择这些对象，将它们同时选中，在"格式"选项卡的"排列"组中选择"组合"按钮，在弹出的下拉列表中选择"组合"选项，即可将它们组合在一起。但是图片和其他对象是不能同时选中的，若要同时选中图片和其他对象，就需要借助绘图画布。

① 在"插入"选项卡的"插图"组中单击"形状"按钮，然后在下拉列表中选择"新建绘图画布"选项，如图 3-61 所示。

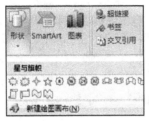

图 3 61　新建绘图画布

② 分别将图片和文本框剪切并粘贴到绘图画布上。

③ 在选中的文本框上右击，在弹出的菜单中选择"叠放次序"→"下移一层"命令，如图 3-62 所示。

④ 按住【Ctrl】键的同时选中图片和文本框，然后在其上右击，在弹出的菜单中选择"组合"→"组合"命令，如图 3-63 所示。

⑤ 将它们组合在一起后，将组合后的图片拖离绘图画布。再选中绘图画布，按【Delete】键删除绘图画布。

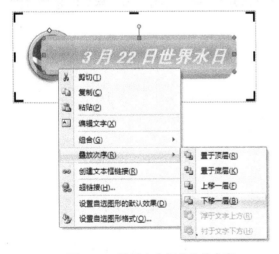

图 3-62　设置文本框的叠放次序

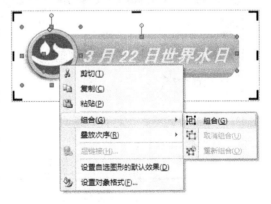

图 3-63　组合图片和文本框

3.4.5　制作艺术字

制作的艺术字如图 3-64 所示。

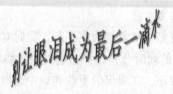

图 3-64 制作的艺术字

操作步骤：

（1）将现有文字转换为艺术字

① 选中文本"别让眼泪成为最后一滴水"，在"插入"选项卡的"文本"组中单击"艺术字"按钮，在弹出的下拉列表中选择第 3 行第 5 列"艺术字样式 17"选项，如图 3-65 所示。

图 3-65 插入艺术字

② 在弹出的"编辑艺术字文字"对话框中设置字体为"楷体"，字号为 44，然后单击"确定"按钮，如图 3-66 所示，效果如图 3-67 所示。

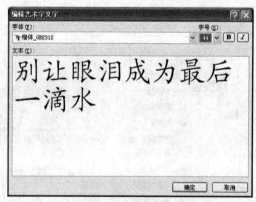

别让眼泪成为最后一滴水

图 3-66 编辑艺术字文字 　　　　　　　　　图 3-67 艺术字效果

（2）编辑艺术字

① 选中艺术字，在"艺术字工具"的"格式"选项卡中单击"排列"组中的"文字环绕"按钮，在弹出的下拉列表中选择"四周型环绕"选项。

② 将艺术字移至文本"…人的眼泪"的下方。

③ 将鼠标指针移至大小控制点上，调整艺术字大小。

④ 将鼠标指针移至旋转控制点 ♀ 上，鼠标指针变为 ↻ 形状，按住鼠标左键并沿着旋转方向旋转，将其旋转至合适角度后释放鼠标，如图 3-68 所示。

⑤ 将鼠标指针移至水平曲线调整控制点 ◇ 上，指针变为 ▷ 形状，拖动鼠标指针即可改变艺术字的曲线样式，如图 3-69 所示。

⑥ 单击"艺术字样式"组中的"形状轮廓"按钮，在下拉列表中选择"其他轮廓颜色"选项，在弹出的对话框中的"自定义"选项卡中将颜色设置为（R：110，G：50，B：160）。

图 3-68 旋转艺术字   图 3-69 调整艺术字曲线样式

3.4.6 绘制图形

绘制的图形如图 3-70 所示。

图 3-70 绘制的图形

操作步骤：

① 在"插入"选项卡的"插图"组中单击"形状"按钮，在弹出的下拉列表中选择"星与旗帜"选项组中的"波形"选项，如图 3-71 所示，此时鼠标指针变为十形状。

② 在文档中单击并拖动鼠标指针，拖动至合适的位置后释放鼠标，即可绘制出所选形状，如图 3-72 所示。

 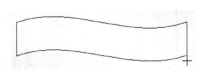

图 3-71 插入图形   图 3-72 绘制图形

③ 选中图形，在"绘图工具"的"格式"选项卡中单击"排列"组中的"文字环绕"按钮，在下拉列表中选择"衬于文字下方"选项。

④ 在"形状样式"组中单击"其他"按钮，在下拉列表中选择第 6 行第 5 列"对角渐变-强调文字颜色 4"选项。

⑤ 调整该图形的旋转角度和曲线至合适的位置。

⑥ 按照最终效果调整图形位置。

3.4.7 创建 SmartArt 图形

在案例 3 中添加的 SmartArt 图形如图 3-73 所示。

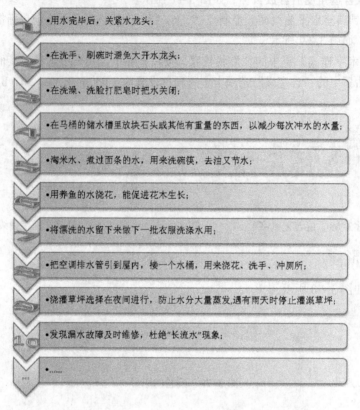

- 用水完毕后，关紧水龙头；
- 在洗手、刷碗时避免大开水龙头；
- 在洗澡、洗脸打肥皂时把水关闭；
- 在马桶的储水槽里放块石头或其他有重量的东西，以减少每次冲水的水量；
- 淘米水、煮过面条的水，用来洗碗筷，去油又节水；
- 用养鱼的水浇花，能促进花木生长；
- 将漂洗的水留下来做下一批衣服洗涤水用；
- 把空调排水管引到屋内，接一个水桶，用来浇花、洗手、冲厕所；
- 浇灌草坪选择在夜间进行，防止水分大量蒸发，遇有雨天时停止灌溉草坪；
- 发现漏水故障及时维修，杜绝"长流水"现象；
- ......

图 3-73 添加的 SmartArt 图形

操作步骤：

① 将光标置于文本"养成节约用水的好习惯"的后面，在"插入"选项卡的"插图"组中单击"SmartArt"按钮，弹出"选择 SmartArt 图形"对话框，如图 3-74 所示。

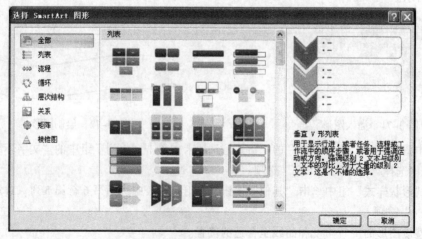

图 3-74 选择 SmartArt 图形

② 选择"列表"列表框中的第 4 行第 4 列"垂直 V 形列表"选项，然后单击"确定"按钮即可在文档中添加该样式的 SmartArt 图形。

③ 选中该图形，在"SmartArt 工具"的"设计"选项卡中单击"创建图形"组中的"添加形状"按钮，将形状扩充为 10 组。

④ 在"SmartArt 样式"组中单击"其他"按钮▽，在下拉列表中选择"细微效果"选项，如图 3-75 所示。

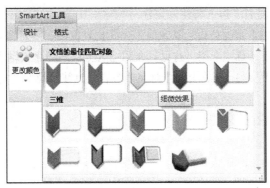

图 3-75　套用 SmartArt 样式

⑤ 单击 SmartArt 图形左边框中部的┆按钮，显示文本窗格。

⑥ 将要填充的内容插入到相应位置，如图 3-76 所示。在上行文字末尾按【Delete】键可以合并两行文字，按【Enter】键可以新建一行文字。

⑦ SmartArt 图形是由多个 V 形形状和矩形组成的，可以分别对它们进行编辑。选中所有的矩形，在"格式"选项卡的"形状样式"组中单击"其他"按钮▽，选择下拉列表中的第 4 行第 2 列"细微效果-强调颜色 1"选项。

图 3-76　在 SmartArt 图形中输入内容

⑧ 选中所有的 V 形形状，在"格式"选项卡中"艺术字样式"组中单击"其他"按钮，在下拉列表中选择"应用于形状中的所有文字"选项组中的"填充-强调文字颜色 1，塑料棱台，映像"选项。

⑨ 选中前 9 个 V 形形状，在"艺术字样式"组中的"文字效果"下拉列表中选择"转换"→"波形 1"选项。

3.5　论文文档的制作

本节介绍如何编辑和排版一篇论文。通过本节的学习，用户将掌握基本的长文档排版技术，如公式编辑、添加脚注或尾注、制作封面、设置样式、页眉和页脚、生成目录、插入批注等。这些编辑方法同样可以应用于产品使用手册、书籍等编辑和排版。

案例 4：编辑和排版一篇论文。

案例分析：对于一篇论文，尤其是科技论文，其中常包含一些公式、图表等。在内容编辑中首先介绍一下如何在文档中插入公式和图表，以及添加脚注、尾注等。在论文排版上，要考虑以下几点：所有正文、同级标题格式要一致；要有目录，目录可以自动生成；要有封面，封面不能有页码，正文前和正文的页码要有所不同；奇偶页的页眉也不同。本案例将通过以下几个阶段完成：

（1）编辑公式、插入图表、插入脚注和尾注

Word 2007 提供了比较丰富的公式工具，插入公式比较方便。图表编辑方法和在 Excel 中编辑方法相同，具体步骤将在第 4 章中介绍，这里只介绍插入方法。脚注和尾注主要用于为文档中的内容提供注释以及相关的参考资料。一般用脚注对文档内容进行注释说明，用尾注来说明引用的文献。

（2）分栏

可以将文字拆分为两栏或更多栏。

（3）制作封面

Word 2007 内置了多种封面样式，使制作封面变得简单。

（4）设置样式

样式就是一系列格式命令，一种样式中包含了如字体、字号、颜色、行间距等多种格式。对文本应用样式，就可以一次应用这些格式。

（5）生成目录

Word 2007 内置了多种样式。设置各级标题的样式之后，生成目录比较简单。

（6）分节

分节之后，用户可以分别设置或修改每个节的格式，如页边距、纸张大小或方向、打印纸张来源、页面边框、页面上文本对齐方式、页眉和页脚、页码编号、脚注和尾注。本案例中，在封面、中文摘要、英文摘要、目录之后各插入"下一页"分节符以及在每一章结尾处插入"奇数页"分节符，方便后续插入不同的页码、奇偶不同的页眉和页脚。

（7）插入页码

本案例中要用两种页码格式。

（8）插入页眉和页脚

本案例中奇数页和偶数页的页眉要设置不同的内容。

（9）插入批注

批注就是作者或审阅者为文档添加的注释。

3.5.1 编辑公式、插入图表、插入脚注和尾注

1．编辑公式

在本案例中的其中一个公式如下：

$$\Delta = \prod_{(x,y)\in U \times U} \sum \alpha(x, y)$$

操作步骤：

① 打开文档"3.5.docx"，将光标置于要插入公式的位置，在"插入"选项卡的"符号"组中

单击"公式"下三角按钮，在下拉列表中选择"插入新公式"选项，如图 3-77 所示，文档中出现 在此处键入公式。 ，并激活"公式工具"。

②　在"公式工具"的"设计"选项卡中单击"结构"组中的"大型运算符"按钮，如图 3-78 所示。然后在下拉列表中选择"乘积和副积"选项组中的第 4 个选项 ∏□。

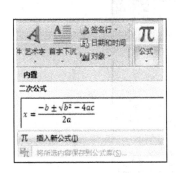

图 3-77　插入新公式

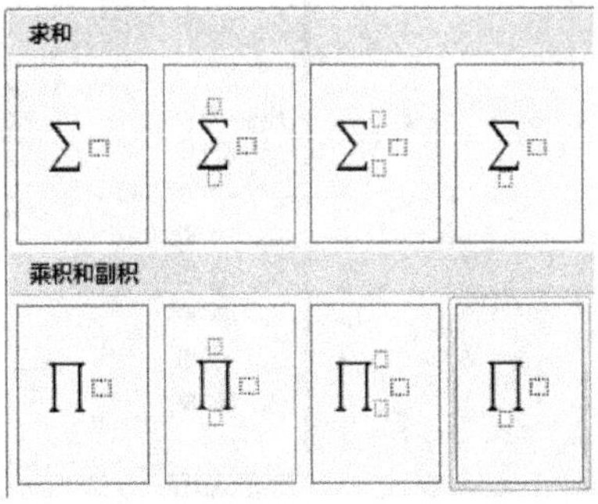

图 3-78　选择公式结构

③　公式中的小虚框 □ 是公式占位符，在占位符内单击并输入公式内容。

④　公式中的符号可以在符号列表中选择插入。在"符号"组中单击 按钮，在下拉列表中单击顶端蓝色条，选择"基础数学"选项，如图 3-79 所示，然后在其列表框中选择所需字符，完成公式内容。

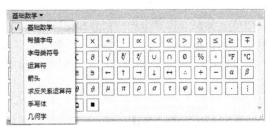

图 3-79　在公式中插入符号

2．插入图表

在本案例中的其中一个图表如图 3-80 所示。

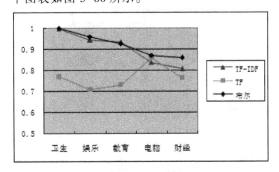

图 3-80　插入的图表

操作步骤：

①　将光标置于要插入图表的位置。

② 在"插入"选项卡的"插图"组中单击"图表"按钮,弹出"插入图表"对话框,在其中选择要插入的图表类型,如图 3-81 所示。

图 3-81 "插入图表"对话框

③ 单击"确定"按钮后,系统自动打开一个 Excel 工作簿,然后工作表中的单元格中输入相应的数据即可。

④ 选中图表,将激活"图表工具"的 3 个选项卡,从而可以对图表进行编辑。

3. 添加脚注或尾注

脚注或尾注由两个部分组成,分别为注释引用标记和相应的注释文本,如图 3-82 所示。如图 3-82 所示中标号处按顺序分别指脚注和尾注引用标记、分隔符线、脚注文本、尾注文本。在默认情况下,Word 将脚注放在每页的结尾处,而将尾注放在文档的结尾处。

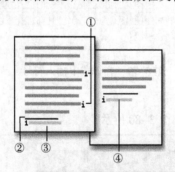

图 3-82 文档中的脚注和尾注

操作步骤:

① 在"引用"选项卡的"脚注"组中单击"插入脚注"或"插入尾注"按钮,如图 3-83 所示。

图 3-83 插入脚注

② 系统将在光标当前所在位置插入脚注或尾注编号，并将光标置于脚注文本或尾注文本编辑处，在此可输入注释内容。

③ 双击注释文本编辑处的脚注或尾注编号，可以返回到文档中的引用标记处。

④ 当删除注释时，必须删除文档窗口中的注释引用标记，而非注释中的文字。

3.5.2　分栏

分栏的效果如图 3-84 所示。

> 综述了中文文本自动分类的框架体系，以及组成该体系的相关内容：中文自动分词技术、文本表示技术、特征选取技术、分类算法及性能评估技术，阐述了它们的研究现状，讨论了它们的实现方法。重点讨论了本文的研究思路：采用有词典分词算法进行分词；采用 3 种文本表示模型对训练集进行文本表示；运用粗糙集理论进行属性约简；采用 KNN 分类模型进行分类。

> 目前国内相关研究中，分类系统选用的分类模型不尽相同，而大多都不加考证地采用 TF-IDF 这一种文本表示模型。每种分类模型的思想各不相同，因此不能确定某种文本表示模型就适合某种分类模型。基于这样的现状，本文考察了布尔、TF、TF-IDF 这 3 种文本表示模型对 KNN 分类模型的影响，得出结论：布尔表示法更适用于 KNN 分类模型。

图 3-84　分栏的效果

操作步骤：

① 选中要分栏的文字。

② 在"页面布局"选项卡的"页面设置"组中单击"分栏"按钮，弹出下拉列表，如图 3-85 所示。

③ 在其中选择"两栏"选项，选中的文字将被拆分为两栏。

图 3-85　"分栏"下拉列表

3.5.3　制作封面

在案例中制作的封面如图 3-86 所示。

图 3-86 插入的封面

操作步骤：

① 在"插入"选项卡的"页"组中单击"封面"按钮。

② 在下拉列表中选择一种适合文档风格的封面，如图 3-87 所示，单击在文档中增加该封面页，然后在其相应的位置输入内容即可。

图 3-87 插入封面

3.5.4 设置样式

在案例中对每级标题、正文等都定义了样式，如图 3-88 所示。

> **第 4 章　预处理与文本表示**
>
> 4.1 预处理
>
> 4.1.1 统一文件格式
>
> 　　要统一文件格式，我们可以采用文本格式转换软件，也可以人工处理。信息存储的文件格式一般是 TXT、DOC、HTML、PDF 等，目前的文本格式转化软件都能够处理。
>
> 4.1.2 网页的预处理
>
> 　　网页包含各种各样的标签，虽然处理有些困难，但也有章可循。我们关心的是纯文本信息，因此只要提取只包含纯文本信息的标签中的内容即可，如 <title>、<body>、<p>、<td> 等。网页设计灵活，无固定格式，因此在提取信息的时候，还要注意删除网页自身的标识符。
>
> 4.1.3 中文文本的预处理——中文分词
>
> 　　对中文文本的处理要比英文文本复杂，因为它牵涉分词的问题。分词就是将语句切分成词汇单元。由于汉字的多义性，单个汉字在不同的词中意义就可能不同，在语句中字不能表示明确的意义，只有词汇才能作为语句意义确定的最小单元。因此对于中文文本来说，只有词作为特征项组成集合才能相对正确地表示文本信息。如 "我的笔记本" 的正确切分应该是 "我"、"的"、"笔记本" 3 个词汇单元。
>
> 4.1.3.1 有词典分词法
>
> 　　有词典分词法指的是依据一个充分大的词典，按照一定的策略将待分析的汉字串与词典中的词逐一进行匹配，若匹配成功，就表示识别出一个词。按照扫描方向的不同，串匹配方法可以分为正向匹配和逆向匹配；按照不同长度的优先情

图 3-88　应用样式的效果

操作步骤：

（1）快速套用样式

① 选中要设置格式的文本。

② 在"开始"选项卡的"样式"组中单击 按钮，将鼠标指针移至列表中相应的样式上，如图 3-89 所示，在文档中可预览样式，单击即可应用。

图 3-89　应用样式

（2）修改样式

① 在"开始"选项卡的"样式"组中单击"对话框启动器"按钮，打开"样式"任务窗格。

② 在列表框中将鼠标指针移至要修改的"正文"样式，单击其右侧的下三角按钮，在下拉列表中选择"修改"选项，如图 3-90 所示，弹出"修改样式"对话框，如图 3-91 所示。

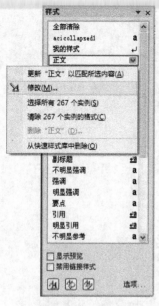

图 3-90　修改样式　　　　　　　　图 3-91　"修改样式"对话框

③　在该对话框中单击"格式"按钮，在其下拉菜单中选择相应的命令，可以设置相应的格式，如字体格式、段落格式，最后单击"确定"按钮。

3.5.5　生成目录

案例中生成的目录如图 3-92 所示。

图 3-92　目录

操作步骤：

（1）生成目录

① 在"引用"选项卡的"目录"组中单击"目录"按钮。

② 选择所需的目录样式，如图 3-93 所示。

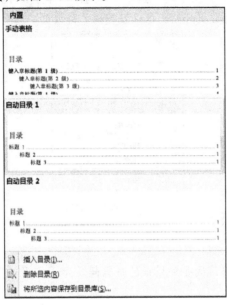

图 3-93   选择目录样式

（2）更新目录

如果正文中标题内容或页码有所变化，就要更新目录。

① 在"引用"选项卡的"目录"组中单击"更新目录"按钮，弹出"更新目录"对话框。

② 如果只有页码变化，选中"只更新页码"单选按钮，否则选中"更新整个目录"单选按钮，如图 3-94 所示。

图 3-94   "更新目录"对话框

3.5.6   分节

在窗口右下角的"视图"按钮中单击"普通视图"按钮。在普通视图中用户可以看到双虚线分节符，如图 3-95 所示。

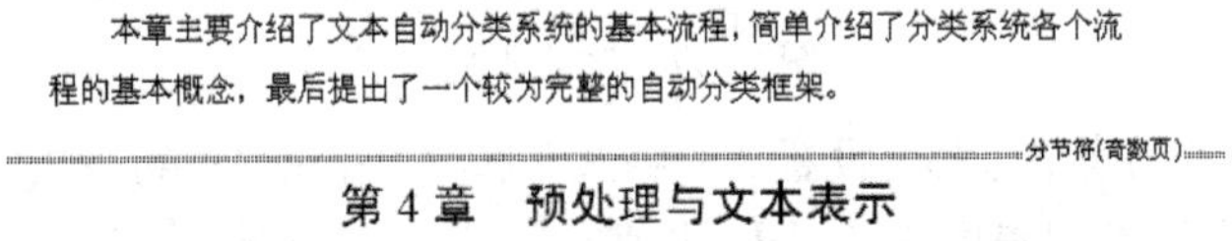

本章主要介绍了文本自动分类系统的基本流程，简单介绍了分类系统各个流程的基本概念，最后提出了一个较为完整的自动分类框架。

分节符(奇数页)

第 4 章   预处理与文本表示

图 3-95   分节符

操作步骤：

① 将光标置于要分节的内容之间，在"页面布局"选项卡的"页面设置"组中单击"分隔符"按钮。

② 在弹出的下拉列表中的"分节符"选项组中选择一种分节符。一般选择"下一页"选项，如果论文要求每一章都是从奇数页开始，那么就选择"奇数页"选项，如图 3-96 所示。

图 3-96　插入分节符

3.5.7　插入页码

本案例中，封面不设页码，摘要和目录的页码样式为"Ⅰ,Ⅱ…"编排，正文的页码样式为"1,2…"编排。

操作步骤：

① 将光标置于"摘要"页当中，在"插入"选项卡的"页眉和页脚"组中单击"页码"按钮，在弹出的下拉列表中选择"页面底端"→"普通数字 2"选项，如图 3-97 所示。

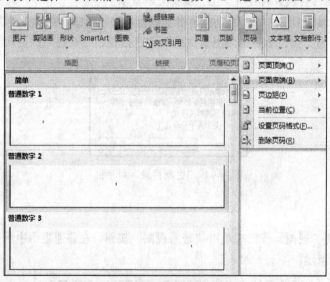

图 3-97　插入页码

② 在"页码"下拉列表中选择"设置页码格式"选项，弹出"页码格式"对话框，如图 3-98 所示。在"编码格式"下拉列表中选择"Ⅰ,Ⅱ,Ⅲ…"，选中"起始页码"单选按钮，并将其值设置为 1，然后单击"确定"按钮。

图 3-98　设置页码格式

③ 后续页码将按此编号递增。如果有错误编号，可在"页码格式"对话框中选中"续前节"单选按钮，即可纠正编号。

④ 将光标置于"第 1 章"首页中，在"页码格式"对话框中选择"1,2,3,…"的编码格式，选中"起始页码"单选按钮，并将其值设为 1。

3.5.8　插入页眉和页脚

本案例中，设置奇数页页眉为当前节的【标题 1】的内容，偶数页页眉统一为"××××大学毕业论文"，封面页眉为空，效果如图 3-99 和图 3-100 所示。

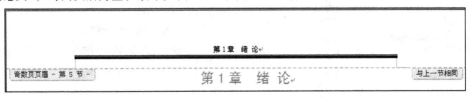

图 3-99　奇数页页眉

图 3-100　偶数页页眉

操作步骤：

（1）设置属性为"奇偶页不同"

① 在"页面布局"选项卡的"页面设置"组中单击右下角的"对话框启动器"按钮，弹出"页面设置"对话框。

② 在"版式"选项卡中的"节的起始位置"设置为"新建页"，"页眉和页脚"选项组中选中"奇偶页不同"复选框，并且取消"首页不同"复选框的选中状态。

（2）设置页眉

① 将光标置于奇数页当中，在"插入"选项卡的"页眉和页脚"组中单击"页眉"按钮。

② 在弹出的下拉列表中有许多页眉样式可供选择，选择某个样式即可应用该样式。本案例

要自定义页眉样式，所以选择"编辑页眉"选项，如图 3-101 所示，此时 Word 进入到页眉和页脚的编辑模式，并激活"页眉和页脚工具"的"设计"选项卡。

③ 光标定位在奇数页页眉中，在"设计"选项卡的"插入"组中单击"文档部件"按钮，在下拉列表中选择"域"选项，如图 3-102 所示，弹出"域"对话框，如图 3-103 所示。

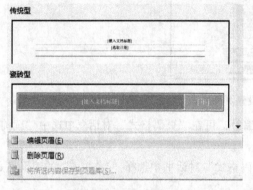

图 3-101　插入页眉　　　　　　　　　　　　　图 3-102　插入域

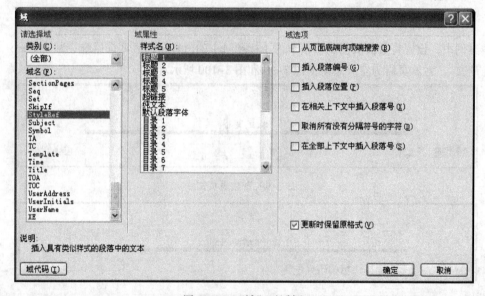

图 3-103　"域"对话框

④ 在对话框的"域名"列表框中选择 StyleRef 选项，在右侧的"样式名"列表框中选择"标题 1"选项，然后单击"确定"按钮。此时奇数页的页眉会显示当前所在节的【标题 1】的内容，而首页则无此页眉。如果修改了论文中某个【标题 1】的内容，将光标定位在页眉中此标题的内容中，然后在其上右击，在弹出的菜单中选择"更新域"命令，则此页眉的内容也会随之更新。

⑤ 双击偶数页页眉，输入"××××大学毕业论文"，所有偶数页页眉均显示此内容。

⑥ 在"设计"选项卡的"关闭"组中单击"关闭页眉和页脚"按钮，退出页眉和页脚编辑模式。

还可以为页眉设置字体、颜色、边框线等格式，方法与正文文本的格式设置方法相同。插入页脚和插入页眉的方法相同，不再赘述。

3.5.9　插入批注

案例中插入批注如图 3-104 所示。

图 3-104　在文档中加入的批注

操作步骤：

① 选择要对其进行批注的文本或其他对象。

② 在"审阅"选项卡的"批注"组中单击"新建批注"按钮，如图 3-105 所示。

图 3-105　新建批注

③ 在页面右侧出现批注框，在其中输入批注内容。

小　　结

本章以案例的形式讲述了 Word 2007 的基本操作方法。在第 1 部分 Word 2007 概述中介绍了 Word 2007 的功能、界面组成，以及如何使用 Word 2007 帮助。在第 2 部分常用文书文档的制作中，通过编辑一份会议通知，介绍了文档的输入和编辑方法，如文字格式和段落格式的设置方法，格式刷的使用方法，项目符号与编号、边框的添加等。在第 3 部分带有数据表格文档的制作中，通过制作一个统计表，介绍了表格的制作方法，包括插入表格、编辑表格的基本操作。在第 4 部分图文混排文档的制作中，通过制作一份宣传海报，介绍了页面边框、首字下沉的设置方法，图片、剪贴画、文本框、艺术字、形状和 SmartArt 图形的添加和编辑方法。在第 5 部分论文文档的制作中，主要介绍了长文档编辑的相关知识，包括公式、脚注或尾注、批注、分节、页码、页眉和页脚、分栏，以及样式、封面、目录的编辑方法。通过本章的学习，用户应该掌握 Word 2007 的文字格式、段落格式等基本文档的编辑方法，掌握表格的基本制作方法，掌握图文混排的基本技术，掌握长文档的基本排版技术。本章只讲述了 Word 2007 的基本操作，如果用户要深入学习，请参考相关网站及其他文献。

习　　题

一、填空题

1. 快速保存的快捷键是＿＿＿＿。

2. 文档视图有五种,分别是＿＿＿＿、阅读版式视图、Web 版式视图、＿＿＿＿和＿＿＿＿。

3. 设置边框和底纹的工具按钮是在＿＿＿＿选项卡。

4. 插入图片以后，会激活＿＿＿＿选项卡。

5. _____是一系列格式命令，可以一次应用多种格式。

6. 若要分别设置或修改每个节的格式，首先要进行_____。

二、简答题

1. 通过使用"Word 帮助"，了解有关"查找和替换"。

2. 简述格式刷的作用。

3. 创建表格的方法有几种？

4. 请思考如何对已经组合的对象进行单独编辑。

5. 目录是自动生成的，请思考能不能更改目录中的字体、字号等格式。

三、操作题

1. 新建一个文档，输入内容。并设置如下：

（1）设置纸张宽 20 cm、高 30 cm，上、下、左、右页边距均为 2 cm。

（2）设置样式，标题 1 格式为小三、黑体、段前段后间距为 16 磅，正文格式为宋体、小四、首行缩进 2 字符，行距为 2 倍行距。

（3）设置项目编号，样式为"一、二、三、…"，设为标题 1。

（4）为文档创建一个目录。

（5）设置页眉为文档名称，字号为五号，字体为楷体。

（6）页脚为页码、居中显示。

2. 新建一个文档，在文档中插入表格，要求如下：

（1）输入值班表内容，要求有斜线表头，内容为日期和部门。

（2）设置表格外边框为双线。

（3）设置行高 2 cm、列宽 3 cm。

3. 新建一个文档，要求如下：

（1）添加艺术字，选择艺术字样式 22，格式为隶书、32 磅、橙色、水平居中，文字环绕方式为上下型。

（2）插入自选图形（横卷形），在图形中添加竖排文字。

第 4 章 // 电子表格软件 Excel 2007

学习目标

- 了解 Excel 的基本概念。
- 掌握数据的输入方法、格式定义和数据填充。
- 掌握单元格和表格的基本操作。
- 掌握公式与函数概念及常用函数的使用方法。
- 掌握图表生成及图表编辑方法。
- 理解数据分析与数据处理。
- 了解与工作簿相关的其他操作。

本章主要介绍 Office 办公软件中的 Excel 电子表格软件。本章从案例制作入手，介绍不同类型数据的输入方法、格式设置及数据填充；单元格、表格和工作簿的格式设置及操作，工作表窗口的处理方法；公式和函数的概念及典型函数的应用方法；图表的生成及图表编辑；数据排序、筛选、分类汇总及数据透视表等数据分析与处理方法。

4.1　Excel 2007 的基本概念

本节主要介绍 Excel 2007 的界面、常用术语及常用操作。通过本节的学习，用户可以掌握电子表格的基本操作。

4.1.1　Excel 2007 的界面

Excel 2007 的界面主要由标题栏、快速访问工具栏、Office 按钮、功能区、Excel 程序窗口控制按钮、工作簿窗口控制按钮、编辑栏、工作表编辑区、工作表标签和状态栏组成，如图 4-1 所示。

标题栏：位于 Excel 2007 窗口的最顶端。标题栏上显示了当前编辑的文件名称及应用程序名称。标题栏的右侧有 3 个窗口控制按钮，用于对窗口执行最小化、最大化、还原和关闭的操作，如图 4-1 所示。

Office 按钮：位于窗口左上角的 Office 按钮 是 2007 版本特有的。单击该按钮，在弹出的下拉菜单中选择相应的命令，即可执行文件的新建、打开、保存、打印和关闭等操作，如图 4-2 左图所示。

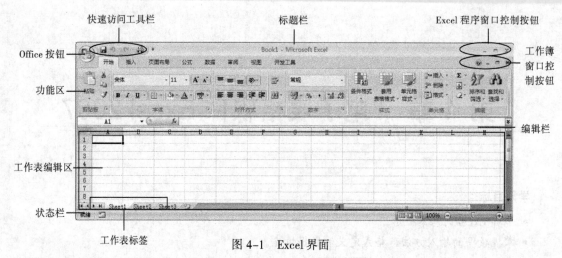

图 4-1　Excel 界面

快速访问工具栏：默认情况下，该工具栏位于 Office 按钮 的右侧，其中列出了一些使用频率较高的工具按钮，如保存、撤销和恢复，如图 4-2 左图所示。单击其右侧的下三角按钮，在弹出的下拉列表中选择显示或隐藏的工具，如图 4-2 右图所示。

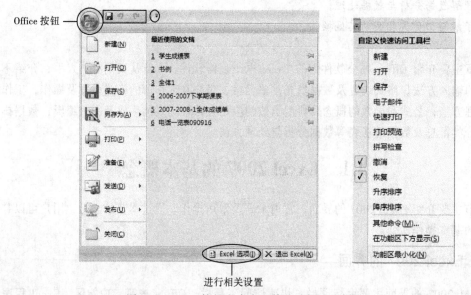

图 4-2　Office 按钮和自定义快速访问工具栏

功能区：功能区显示的是各种功能选项卡，不同的选项卡里包含了不同的功能组，不同的组里有相关的各种命令，如图 4-3 所示。有些组的右下角有一个"对话框启动器"按钮，单击该按钮可以打开相应的设置对话框。

编辑栏：编辑栏主要用于输入和修改活动单元格中的数据。编辑栏会同步显示正在输入的单元格内容。

状态栏：位于窗口的底部，用于显示当前 Excel 的工作状态，如图 4-1 所示。

工作表标签：默认状态下有 Sheet1、Sheet2、Sheet3 3 张工作表。一张工作表对应一个标签，标签可以重命名、修改颜色等。

工作簿窗口控制按钮：与其他 Office 窗口控制按钮相同，用于控制窗口的大小与关闭。

工作表编辑区：工作表编辑区占据的屏幕面积最大，是用以记录数据的区域，所有数据都将存放在这个区域中。

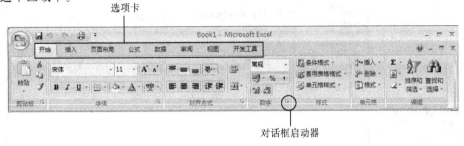

图 4-3 功能区

4.1.2 Excel 2007 的常用术语

用 Excel 制作电子表格，经常要用到工作簿、工作表、单元格。简单地说，工作簿就好像我们生活中的账本，工作表就是里面一页一页的账单，账单中每一笔数据都写在单元格里。

工作簿：在 Excel 中生成的文件叫做工作簿，一个工作簿就是一个 Excel 文件，工作簿中最多可以包含 255 张工作表。工作表由工作表标签来标识，单击不同的标签可以在工作表间进行切换。

工作表：工作表是由行和列构成的表格，是数据处理的主要场所。工作表由单元格、列标、行号、工作表标签和滚动条等组成。其中，行由上至下用数字"1，2，3……"编号，列从左到右用字母"A，B，C……"编号。工作表中最多可以包含 1 000 000 行和 16 000 列。工作表存储在工作簿中，默认状态下工作簿中有 3 张工作表，工作表的张数可以增加或减少。

单元格：单元格是 Excel 工作簿中最小的组成单位。工作表编辑区中每一个长方形的小格就是一个单元格，单元格用地址标识，如 A1 表示位于第 1 行第 A 列的单元格。

活动单元格：工作表中，被黑色方框包围的单元格称为当前单元格或活动单元格，图 4-1 中的 A1 单元格就是活动单元格。在工作簿中只能对活动单元格进行操作。

4.1.3 Excel 2007 的常用操作

Excel 2007 的常用操作包括创建 Excel 工作簿，在工作表中输入各种数据并保存工作簿，编辑表中的数据，如修改、清除、复制与移动等。本节主要介绍上述操作的操作方法。

1. 创建工作簿

新建工作簿是基本的操作。在启动 Excel 2007 时，系统会自动新建一个名为 Book1 的工作簿。通常情况下还需要创建工作簿，有下面几种创建方法。

方法 1：新建空白工作簿。

操作步骤：

① 单击 Office 按钮，在弹出的下拉菜单中选择"新建"命令，如图 4-4 左图所示。

② 在弹出的"新建工作簿"对话框中单击"空工作簿"按钮，如图 4-4 右图所示。

方法 2：根据模板新建工作簿。

Excel 2007 自带多种电子表格模板，使用这些模板可以快速地完成专业表格的创建。

操作步骤：

① 选择"新建"命令，弹出"新建工作簿"对话框。

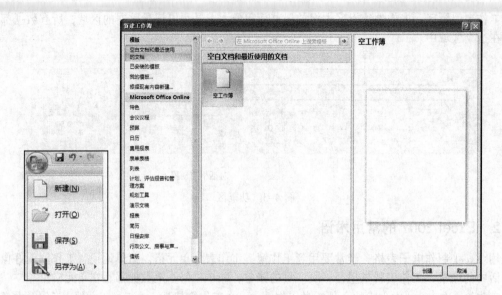

图 4-4　新建工作簿

　　② 在左侧列表中选择"已安装的模板"选项，在选项卡中选择相应的模板，如图 4-5 所示，单击"创建"按钮。

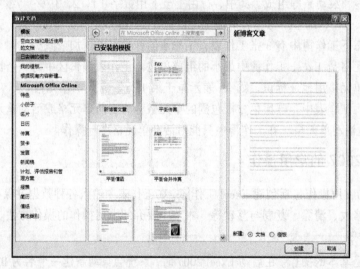

图 4-5　用模板创建工作簿

2．保存工作簿

工作簿编辑完成后，需要进行保存，以防止数据的丢失。

第 1 种情况：保存新工作簿。

操作步骤：

　　① 单击 Office 按钮，在弹出的下拉菜单中选择"保存"命令。

　　② 在弹出的"另存为"对话框中输入文件名并选择保存位置。

　　已有文件名的文件再次保存时，选择"保存"命令后不再弹出"另存为"对话框，系统将直接在原名文件下重新进行保存。

第 2 种情况：保存备份。

操作步骤：

备份工作簿文件，即将现有文件用其他文件名保存或保存在不同的位置。可以单击 Office 按钮，在弹出下拉菜单中选择"另存为"命令，以下的操作同上。

第 3 种情况：以兼容格式保存。

操作步骤：

Excel 2007 生成文件的扩展名是 .xlsx，Excel 2003 及以前版本文件的扩展名是 .xls。在 Excel 2007 中创建的文件在 Excel 2003 及以前版本的程序中不能打开，要想在以前的版本上打开，同样可以选择"另存为"命令，只要在"保存类型"下拉列表中选择 Excel 97-2003 兼容格式即可。

3. 清除与删除数据

对于一些不再需要的数据或错误数据，可以进行清除和删除操作。

清除：清除只删除单元格内的内容，单元格本身不发生变化。

删除：删除是连同整个单元格的操作，执行操作后，表中的其他单元格位置会发生变化。

例如，清除学生成绩表中 A3:B6 单元格区域中的数据。

操作步骤：

① 选择单元格区域 A3:B6，如图 4-6 左图所示。

② 在"开始"选项卡的"编辑"组中单击"清除"按钮，在弹出的下拉列表中选择"清除内容"选项，如图 4-6 右图所示。

例如，删除学生成绩表中的 A3:B6 单元格。

操作步骤：

① 选择单元格区域 A3:B6。

② 在"开始"选项卡的"单元格"组中单击"删除"按钮，在弹出的下拉列表中选择"删除单元格"选项，如图 4-7 左图所示。

③ 在弹出的"删除"对话框中选中"下方单元格上移"单选按钮，如图 4-7 右图所示。

④ 单击"确定"按钮，选定单元格下方的单元格上移。

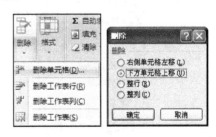

图 4-6　清除内容　　　　　　　　　　　　　　图 4-7　删除单元格

4. 选择行和列

（1）选择多个连续的行

操作步骤：

先选择该区域的第一行左侧的行号，当鼠标指针变成右箭头形状时，按住鼠标左键并拖动到所选的最后一行时释放鼠标即可。

也可以先选择第一行，按住【Shift】键的同时选中最后一行。

（2）选择不连续的行

操作步骤：

先选择第一行，按住【Ctrl】键的同时逐一单击其他要选行的行号即可。

使用同样的方法选择连续的列和不连续的列。

5．复制与移动

Excel 中的复制与移动操作分为单元格的移动与复制，单元格内数据的移动与复制，还有工作表的移动与复制。前两种情况的基本操作都用到剪切、复制和粘贴操作。

选择很重要，选择单元格即单击单元格，使单元格成为活动单元格即可。选择数据要先双击单元格，在单元格内出现插入点光标后再选择数据。

工作表的移动与复制也可以使用上述方法，关键是要选择整个表格。另外，Excel 还专门提供了"移动或复制工作表"命令，使用该命令可以在工作簿内移动或复制整个表格，也可以移动或复制到其他工作簿中。

在同一工作簿中复制工作表，只需按住【Ctrl】键的同时拖动工作表标签即可。

用"移动或复制工作表"命令可以在同一工作簿或不同工作簿中完成工作表的移动与复制。

操作步骤：

① 选择要移动的工作表标签。

② 在"开始"选项卡的"单元格"组中单击"格式"按钮，弹出下拉列表，如图 4-8 左图所示。

③ 选择"移动或复制工作表"选项，弹出如图 4-8 右图所示的对话框。

在同一个工作簿内移动，直接选择所要移动的位置即可。如果要移动到其他工作簿，则先把两个工作簿都打开，然后选择目的工作簿及相应位置。

移动或复制工作表要十分谨慎，若移动了工作表，则基于工作表数据的计算有可能会出现错误。

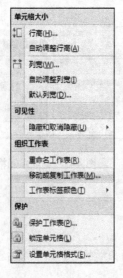

图 4-8　复制和移动

6. 选择性粘贴

上面讲的是普通意义上的粘贴，在 Excel 中的粘贴分为多种情况，单击"粘贴"按钮，在弹出的下拉列表中还有"公式"、"粘贴值"、"无边框"、"转置"和"粘贴链接"等选项。从字面意义可知选项的含义，选择相应的选项可以快速完成相应的操作。

选择"选择性粘贴"选项时，会弹出"选择性粘贴"对话框，如图 4-9 所示。这个界面和 Excel 2007 版本以前的界面格式一致。

在对话框的右下角有一个"转置"选项，选中此复选框时，可将所复制数据的列变成行，行变成列。

转置是 Excel 的特色功能，这个功能使日常一些操作变得容易。例如，将学生成绩表中 B2:F7 单元格区域中的行、列对调，用转置操作可以较快地完成。

操作步骤：

① 选择要复制的数据区域 B2:F7，如图 4-10 左图所示。

② 在"开始"选项卡的"剪贴板"组中单击"复制"按钮。

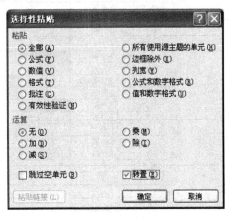

图 4-9 "选择性粘贴"对话框

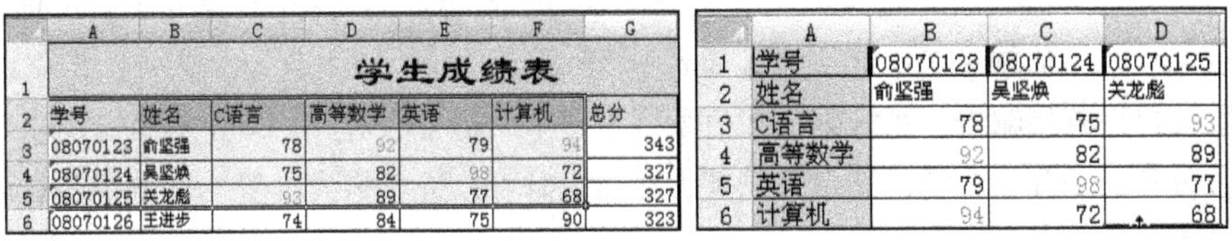

③ 选择 Sheet2 中的 A1 单元格，然后单击"粘贴"按钮，在弹出的下拉列表中选中"转置"复选框。

④ 数据复制到了 Sheet2 中，原来的行变成了现在的列，如图 4-10 右图所示。

图 4-10 转置粘贴

4.2 制作学生成绩表

本节将介绍 Excel 表格的制作方法，如创建工作簿，制作表格，不同类型的数据，数据填充，数据有效性的限定以及表格、单元格及数据的格式设置。通过本节的学习，用户可以了解 Excel 表格部分的操作，学会用 Excel 制作表格。

案例 1：制作学生成绩表，表格效果如图 4-11 所示。另外，要注明谁是学生干部。

案例分析：学生成绩表第一行是表的名称，名称居中占一行；第二行是学号、姓名、各科成绩、总分、平均分、等级等标题，说明各列的属性；其余是表中的内容。在表的制作过程中，标题及相关内容可以直接输入，总分、平均分和等级及各等级人数的数据统计要通过公式或函数计算。

Excel 2007 中数据包括文本、数值、日期和时间等，不同的数据有不同的输入方法。

文本是指可以输入的任何符号。文本在单元格中左对齐，可直接输入。本例中的标题文字可以直接输入。

	A	B	C	D	E	F	G	H	I
1				**学生成绩表**					
2	学号	姓名	C语言	高等数学	英语	计算机	总分	平均分	等级
3	08070101	张小旭	67	78	34	87	266	67	及格
4	08070102	陈家琦	78	90	87	56	311	78	良
5	08070103	蔡家根	67	46	67	78	258	65	及格
6	08070104	赵春明	84	74	94	98	350	88	优
7	08070105	吴坚强	75	82	98	72	327	82	良
8	08070106	孙皓舒	63	63	78	88	292	73	良
9	08070107	王洪	85	86	66	73	310	78	良
10	08070108	张凌宇	57	64	53	64	238	60	不及格
11	08070109	胡杨林	98	66	69	67	300	75	良
12	08070110	卞舒祺	64	25	85	87	261	65	及格
13	08070111	王乔丹	73	36	83	44	236	59	不及格
14	08070112	陈思雅	54	73	79	67	273	68	及格
15	08070113	王进步	74	84	90	90	338	85	良
16	08070114	李源	64	95	78	78	315	79	良
17	08070115	高帅玉	82	67	92	64	305	76	良
18	08070116	关龙彪	93	89	77	68	327	82	良
19	08070117	俞帅	64	99	63	0	226	57	不及格
20	08070118	张曦	80	100	98	86	364	91	优
21	总分		1322	1317	1391	1267			
22	平均分		73	73	77	70			
23									
24			优	良	及格	不及格		制表日期：	2010-1-6
25			2	9	4	3			

图 4-11　学生成绩表

　　学号、身份证号也是文本，由于这些文本本身是数字，直接输入时，系统会自动去除前面的0，因此在输入前要进行格式设置。本例以"学号"的输入介绍文本格式的设置。

　　数值包括0～9组成的字符串，还包括+、-、E、e、$、/、%以及小数点和千分位符号。如果输入的数值太长，系统就自动以科学计数法表示该数值。

　　一般数值可以直接输入，系统默认数值型数据在单元格中右对齐。对于有特殊要求的数值，例如，小数位数、千分位、货币表示形式等，在输入时可以进行格式设置。本例中各科成绩为整数，即设置小数位为0。

　　表格的下方有制表日期，系统提供了不同的日期格式，用户可根据需要设置显示格式。例如，在表中输入"10-1-6"，显示的是"2010-1-6"，这是由日期格式规定的。

　　学号是一组递增序列，有一定的规律性。Excel有自动填充的功能。使用自动填充可以快速输入其他学号。

　　输入数据时，有些数据在一定的有效范围内。若先限定数据的输入范围，则会减少输入时产生的错误。像成绩应在0～100之间，0～100就是有效范围。为了保证输入数据在有效范围内，使用"数据有效性"命令可以为单元格设置限定条件，当输入数据不在有效范围内时，系统会进行提示，从而保证了输入数据的准确性。

　　表中的文字的字号、字体及颜色需要进行设置，有些单元格的文本数据过长，单元格无法容纳这些内容，多出的部分被后面的单元格遮挡，为了让这些文本在同一单元格内显示，可以采取缩小字体或分行显示的方法。系统默认状态下没有换行功能，需要重新设置才能完成。有些数据要占用多个单元格，例如，标题行，可以利用合并单元格的方法解决这一问题。单元格的大小不合适时，需要调整其高度及宽度。当高度或宽度有具体数值时，可以输入数值来调整。还有一些情况是根据需要调整的模糊调整，可以利用鼠标拖动来调整。

默认状态下 Excel 的表格线只是灰色的标迹线，只在屏幕上显示，打印输出时没有表格线。要想输出表格线或者在屏幕上显示实线表格，需要进行线型设置。

使用条件格式可以一次对不同的成绩分别设置不同的底色、字体等。条件格式根据条件值更改单元格区域的外观，当条件为 True 时，则设置单元格区域的格式。当条件为 False 时，则单元格区域的格式保持不变。

在 Excel 2007 中，条件格式最多可以包含 64 个条件，早期版本的 Excel 最多只包含 3 个条件。

添加批注是 Excel 中的常用操作，例如，为班干部姓名单元格添加批注可以说明身份。有关计算部分在后面的小节里讲解。其他操作分下面 6 部分进行介绍。

4.2.1 输入表格内容

在这一节里介绍输入数据的基本方法。

1. 输入标题及学号

操作步骤：

① 打开 Excel 文件，选择 A1 单元格，输入"学生成绩表"，在 A2:I2 单元格区域内输入"学号"、"姓名"、"C 语言"等内容，如图 4-12 所示。

图 4-12 学生成绩表

② 选择 A3 单元格，在"开始"选项卡的"单元格"组中单击"格式"按钮，如图 4-13 所示。在弹出的下拉列表中选择"设置单元格格式"选项，弹出"设置单元格格式"对话框，如图 4-14 所示。

图 4-13 "格式"按钮

③ 在"数字"选项卡的"分类"列表框中选择"文本"选项，单击"确定"按钮，即可完成数据格式的设定。

④ 在 A3 单元格中输入学号 08070101，单元格内显示所想要的内容，同时在单元格左上角出现绿色三角，字符串左对齐。

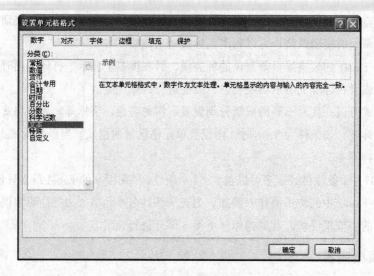

图 4-14　设置文本类型

还可以在单元格上右击，用快捷菜单打开"设置单元格格式"对话框进行设置。

简单的方法是在输入数字型字符前输入英文状态下的单引号。

这里强调了输入类型的概念，不同类型的数据有不同的输入方法，除默认情况外，数据输入时都要定义类型。

2．输入学生成绩

本例中学生各科的成绩可以直接输入，设置小数位为 0 即只保存整数。

操作步骤：

利用上述方法打开"设置单元格格式"对话框，在左侧列表框中选择"数值"选项，在右侧的"小数位数"微调框中输入 0，如图 4-15 所示。

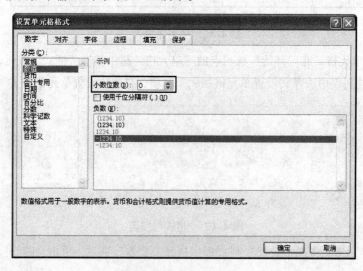

图 4-15　设置小数位

有些数值本身只能是一定范围内的数据，例如，成绩应在 0～100 之间，可以用数据有效性对所要输入内容的单元格加以限制，保证数据的准确性。

3．输入日期数据

操作步骤：

① 打开"设置单元格格式"对话框。

② 在"数字"选项卡的"分类"列表框中选择"日期"选项，在其右侧设置相应的日期格式，如图 4-16 所示。

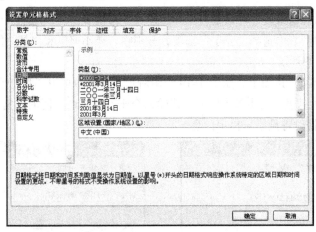

图 4-16　设置日期类型

使用同样的方法还可以设置时间等其他格式。

4.2.2　自动填充其他学号

4.2.1 节中在 A3 单元格中输入了一个学号。

操作步骤：

① 将鼠标指针移到 A3 单元格右下角的小黑点上，鼠标指针变成黑色十字，也就是要用到的"自动填充选项"按钮 。

② 按住鼠标左键并向下拖动黑色十字到最后一个学号，释放鼠标，学号即以递增序列的形式出现在 A 列单元格中，如图 4-17 所示。

图 4-17　自动填充学号

用填充柄填充时，鼠标向下拖即为列填充，向右拖即为行填充。

Excel 的系统填充功能非常强大，可填充多种类型的数据、公式等。对于数值数据，系统会根据规律计算自动填充。填充文本型数据时，填充的序列是填充序列表中的数据，有些数据如学生名单、单位名称等，用户可以通过自定义序列将它们添加到填充序列表中。

用自动填充功能填充有规律的数据较方便、快捷。常用的星期一、星期二、……，甲、乙、……，等差数列、等比数列、自定义序列等都可以用自动填充功能。

4.2.3　设置成绩区域的数据有效范围

设置成绩的有效范围为 0～100。

操作步骤：

① 选择 B3:F25 单元格区域，在"数据"选项卡的"数据工具"组中单击"数据有效性"按钮，如图 4-18 所示。

图 4-18 "数据有效性"按钮

② 在弹出的"数据有效性"对话框中选择"设置"选项卡，在"允许"下拉列表中选择"整数"，在"数据"下拉列表中选择"介于"选项，分别在"最小值"和"最大值"折叠框中输入 0 和 100，如图 4-19 左图所示。

③ 选择"输入信息"选项卡，如图 4-19 右图所示。在其中选中"选定单元格时显示输入信息"复选框，在"输入信息"文本框中输入"请输入介于 0 和 100 之间的数据"。当在设置了有效性的单元格内输入数据时将显示该提示信息。

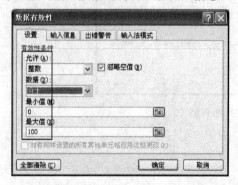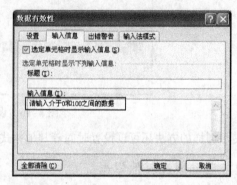

图 4-19 设置有效输入类型和输入信息

④ 选择"出错警告"选项卡，如图 4-20 左图所示。在其中选中"输入无效数据时显示出错警告"复选框，在"样式"下拉列表中选择"停止"选项，在"错误信息"文本框中输入"输入了错误数据"。单击"确定"按钮，返回 Excel 编辑窗口。

⑤ 在设置了有效性的单元格内输入数据时，将会出现设置的输入提示信息。当输入数据超出输入范围时，系统自动弹出错误对话框，如图 4-20 右图所示。

如果要清除单元格的有效性设置，只需在"数据有效性"对话框中单击"全部清除"按钮。

图 4-20 设置出错警告信息和输入错误时的显示信息

4.2.4　单元格及数据格式的设置

使用 Excel 2007 可以方便地对工作表进行编辑，设置单元格中数据的字体、字号、颜色及对齐方式，设定单元格的大小及行高、列宽等。

1．合并单元格及设置文本对齐方式

调整学生成绩表 A1 单元格的占位宽度即合并单元格，并设置数据在单元格中的位置。

操作步骤：

① 选择 A1:I1 单元格区域并右击，在弹出的快捷菜单中选择"设置单元格格式"命令，弹出对话框，如图 4-21 所示。

② 在弹出的对话框中选择"对齐"选项卡，在"文本对齐方式"选项组中的"水平对齐"下拉列表中选择"居中"选项，在"垂直对齐"下拉列表中选择"居中"选项。

③ 在"文本控制"选项组中选中"合并单元格"复选框。

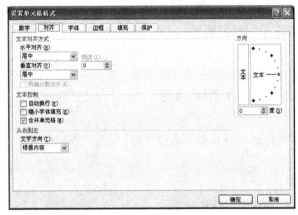

图 4-21　合并单元格

2．修饰学生成绩表表头

操作步骤：

① 选择 A1 单元格，打开"设置单元格格式"对话框，选择"字体"选项卡，将"字体"设为"隶书"，"字形"设为"常规"，"字号"设为 24，"颜色"设为"蓝色"，如图 4-22 左图所示。

② 选择"填充"选项卡，如图 4-22 右图所示。在其中设置单元格的填充颜色和效果。

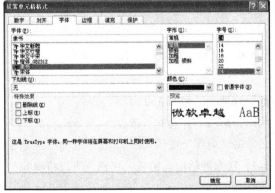

图 4-22　设置字体和填充效果

3. 设置单元格内数据自动换行

操作步骤：

① 选择要换行的单元格，打开"设置单元格格式"对话框，选择"对齐"选项卡。

② 在"文本控制"选项组中选中"自动换行"复选框，单击"确定"按钮，这时所选单元格的文本内容自动分行显示。

4. 设置单元格的行高和列宽

方法 1：自动调整行高或列宽。

操作步骤：

① 单击标题所在行的最左侧行号 1，即选中标题所在的行。

② 在"开始"选项卡的"单元格"组中单击"格式"按钮，在弹出的下拉列表中选择"自动调整行高"选项，如图 4-23 左图所示。这时第 1 行的行高自动与单元格中的文字字号相匹配。

单元格列宽的设置方法与行高的设置方法相似，不同的是要选择单元格所在的列。

方法 2：输入行高和列宽的固定值。

操作步骤：

① 选择需要修改高度的行，在"格式"下拉列表中选择"行高"选项，弹出"行高"对话框，如图 4-23 右图所示。

② 在"行高"文本框中输入行高值，单击"确定"按钮即可。

用同样的方法设置列宽。

方法 3：直接用鼠标拖动改变行高和列宽。

操作步骤：

① 将鼠标指针移到某行行号的下框线处或某列列标的右框线处，这时鼠标指针变成左右箭头或上下箭头形状。

② 按住鼠标左键并拖动，调整到适合的大小后释放鼠标即可。

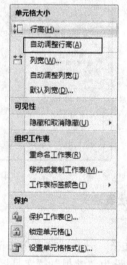

图 4-23　设置行高

5. 设置表格的边框线

操作步骤：

① 选择 A1:I26 单元格区域，在区域上右击，在弹出的快捷菜单中选择"设置单元格格式"命令。

② 在"设置单元格格式"对话框中选择"边框"选项卡，如图 4-24 所示。

③ 在左侧"样式"列表框中选择"粗实线"线形，单击"外边框"按钮。

④ 在"样式"列表框中选择"细实线"线形，单击"内部"按钮。

这时单元格中出现了粗边细线的表格，如图 4-11 所示的学生成绩表。用户还可以根据需要选择不同的位置进行设置。

设置边框线时应先选择线形和颜色，然后再选择边框线。

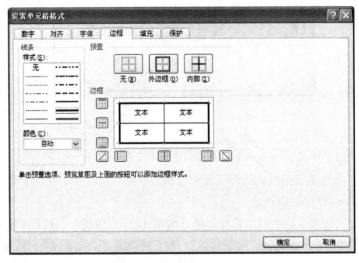

图 4-24　边框设置

4.2.5　不同范围的成绩以不同颜色显示

1．添加条件格式

将学生成绩表中各科成绩在 60 分以下的以加粗、红色填充显示，90 分以上的加粗、倾斜、绿色填充，其他成绩格式保持不变，如图 4-25 左图所示。

操作步骤：

① 选择所要设置的单元格区域 C3:F25。

② 在“开始”选项卡的“样式”组中单击“条件格式”按钮，在弹出的下拉列表中选择“突出显示单元格规则”选项，如图 4-25 右图所示。

	A	B	C	D	E	F	G	H	I
1	学生成绩表								
2	学号	姓名	C语言	高等数学	英语	计算机	总分	平均分	等及
3	08070123	俞坚强	78		79		343	86	
4	08070105	吴坚焕	75	82		72	327	82	
5	08070116	关龙彪		89	77	68	327	82	
6	08070113	王进步	74	84	75	90	323	81	
7	08070104	赵春明	84	74	66		322	81	
8	08070114	李源	64		78	78	315	79	
9	08070118	张啸	73		47	86	306	77	
10	08070115	高帅玉	82	67		64	305	76	
11	08070106	孙皓舒	63	63	78	88	292	73	
12	08070122	李彤	66	83	90	48	287	72	
13	08070119	色粉实	85	73	58	67	283	71	
14	08070107	王洪	54	86	66	73	279	70	
15	08070120	饶雪		73	69	36	276	69	
16	08070112	陈思雅	54	73	79	67	273	68	
17	08070121	高洁	76	66	70	57	269	67	
18	08070101	张小旭	67	78	34	87	266	67	
19	08070110	卞舒祺	64	25	85	87	261	65	
20	08070103	蔡家根	67	46	67	78	258	65	
21	08070102	陈家琦	78	36	87	56	257	64	
22	08070109	胡杨林		66	69	17	250	63	
23	08070108	张凌宇	57	64	53	64	238	60	
24	08070111	王乔丹	73	36	83	44	236	59	
25	08070117	俞帅	64		63	0	226	57	

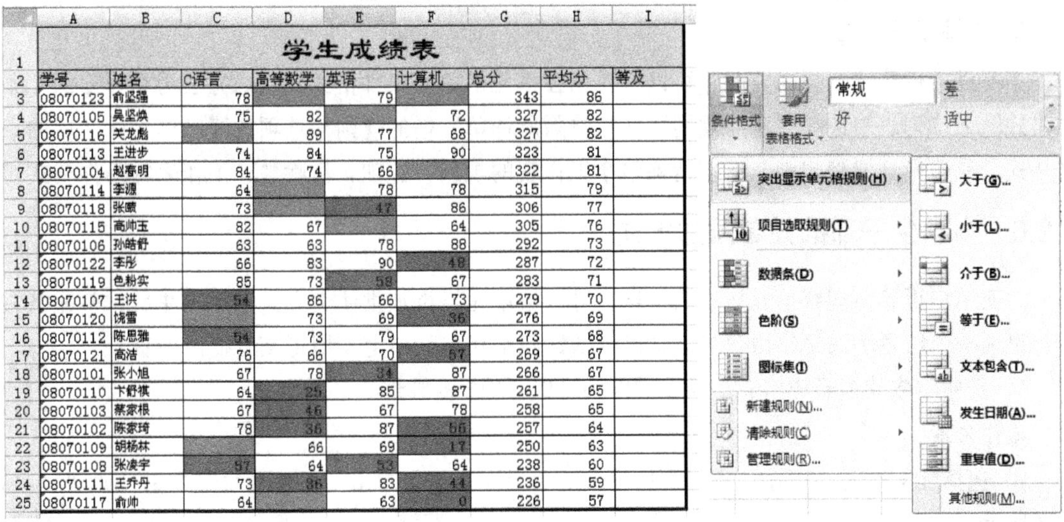

图 4-25　条件格式及操作方法

③ 选择“小于”选项，在弹出的对话框中的折叠框中输入 60，在“设置为”下拉列表中选择“自定义格式”选项，如图 4-26 所示。

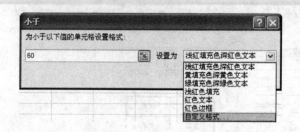

图 4-26 小于条件设置

④ 在弹出的"设置单元格格式"对话框中选择"字体"选项卡，在"字形"列表框中选择"加粗"选项，如图 4-27 左图所示。

⑤ 选择"填充"选项卡，在其中选择红色，如图 4-27 右图所示，然后单击"确定"按钮。

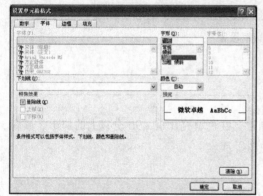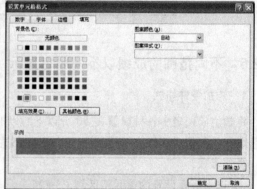

图 4-27 设置字形和填充色

⑥ 用同样的方法将成绩在 90 分以上的以加粗、倾斜，绿色填充显示。

2．清除条件格式

当所设条件格式不再需要时，可以将应用在单元格中的条件格式删除。方法为在弹出的"条件格式"下拉列表中选择"清除规则"→"清除所选单元格的规则"选项，清除单元格区域的条件格式，或选择"清除规则"→"清除整个工作表的规则"选项，清除整个工作表的条件格式。

4.2.6 为学生干部的姓名添加批注

为使用户更容易理解单元格中的信息，可以给单元格添加批注文字。添加批注后，单元格右上角出现一个红色小三角，用户只需将鼠标指针停留在单元格上，即可查看批注内容。

1．注明学生成绩表中"张小旭"同学为"080701 班班长"

操作步骤：

① 选择 B3 单元格，在"审阅"选项卡的"批注"组中单击"新建批注"按钮，如图 4-28 左图所示。

② 在出现的批注文本框中输入"080701 班班长"，如图 4-28 右图所示。

③ 选择其他任意单元格，完成批注的添加。添加批注的单元格右上角出现一个红色小三角。

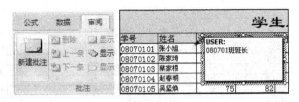

图 4-28　插入批注

2．对已经存在的批注进行编辑

操作步骤：

① 选择已插入批注的单元格，在"审阅"选项卡的"批注"组中单击"编辑批注"按钮，如图 4-29 图所示。

② 批注文本框为编辑状态，用户可以编辑已插入的批注内容。

3．显示和隐藏批注

默认状态下不显示批注，当鼠标指针指向已插入批注的单元格时，批注才显示在页面上。如图 4-29 所示，有两组按钮可以完成这个操作。

"显示所有批注"按钮：显示工作表中所有的批注，再次单击该按钮，则隐藏所有批注。

图 4-29　有关批注的操作

"显示/隐藏批注"按钮：可以显示或隐藏所选择的单元格的批注。

4．查看和删除批注

查看工作表中的批注：在"审阅"选项卡的"批注"组中单击"上一条"或"下一条"按钮。

删除工作表中批注：选择含有批注的单元格，然后单击"批注"组中的"删除"按钮。

删除批注后，单元格右上角的红色小三角消失。

4.3　学生成绩表中数据的计算及处理

公式是对工作表中数据进行计算的表达式，函数是 Excel 预先定义好的用来执行某些计算、分析功能的封装好的表达式，即只需按要求为函数指定参数，就可获得预期结果，而不必知道其内部是如何实现的。

案例 2：求出学生成绩表中学生的总分和平均分，在等级列里显示平均分成绩中 85 分以上为"优"，70～85 分为"良"，60～70 分为"及格"，60 分以下为"不及格"，并在表格下面求出优、良、及格、不及格的人数。最后的效果如图 4-30 所示。

案例分析：本例中总分和平均分是由前面输入的数据计算得到的，计算方法比较简单，可以用公式或 SUM()函数和 AVERAGE()函数完成，等级可以用嵌套的 IF()函数完成，各等级人数的计算可以用 COUNTIF()函数完成。

利用公式可以对同一工作表的各单元格，同一工作簿中不同工作表的单元格，甚至其他工作簿的工作表中单元格的数值进行加、减、乘、除、乘方等各种运算。

学生成绩表

学号	姓名	C语言	高等数学	英语	计算机	总分	平均分	等级
08070101	张小旭	67	78	34	87	266	67	及格
08070102	陈家琦	78	90	87	56	311	78	良
08070103	蔡家根	67	46	67	78	258	65	及格
08070104	赵春明	84	74	94	98	350	88	优
08070105	吴坚强	75	82	98	72	327	82	良
08070106	孙皓舒	63	63	78	88	292	73	良
08070107	王洪	85	86	66	73	310	78	良
08070108	张凌宇	57	64	53	64	238	60	不及格
08070109	胡楠林	98	66	69	67	300	75	良
08070110	卞蔚祺	64	25	85	87	261	65	及格
08070111	王乔丹	73	36	83	44	236	59	不及格
08070112	陈思雅	54	73	79	67	273	68	及格
08070113	王进步	74	84	90	90	338	85	良
08070114	李源	64	95	78	78	315	79	良
08070115	高帅玉	82	67	92	64	305	76	良
08070116	关龙彪	93	89	77	68	327	82	良
08070117	俞帅	64	99	63	0	226	57	不及格
08070118	张曦	80	100	98	86	364	91	优
总分		1322	1317	1391	1267			
平均分		73	73	77	70			

优	良	及格	不及格
2	9	4	3

图 4-30 案例 2 效果

公式必须以 "=" 开头，后面跟表达式。表达式由运算符和参与运算的操作数组成。运算符可以是算术运算符、比较运算符、文本运算符和引用运算符，操作数可以是常量、单元格地址和函数等。本例中公式的写法分析如图 4-31 所示。

图 4-31 公式写法分析

在公式操作中同样存在复制问题，在一列或一行中用相同的公式计算时，Excel 可以复制公式。在复制的过程中，公式中的地址会根据需要发生变化。本例中其他学生的总分和平均分的计算可以用复制公式完成。在 Excel 中，常用拖动填充柄的方法复制公式，与在前面讲过的填充相同。

在单元格中输入的公式如果出现错误，可以直接修改，也可以将公式删除。

Excel 将一些通用性强、使用频率高的公式转化成了函数写在函数表里，每次进行这些操作时只要调出相应的函数名给出相应的参数即可。

函数由函数名和变量组成，在表格中合理地使用函数可以实现如求和、逻辑判断、财务分析等多种操作。

Excel 2007 中提供了大量的函数，包括财务函数、时间和日期函数、数学和三角函数、统计函数、查找和引用函数、数据库函数、文本函数、逻辑函数、信息函数、工程函数、多维数据集函数等。

在公式和函数的操作中用到了不同的地址格式。地址分为相对地址、绝对地址和混合地址。不同的地址格式在复制操作时变化不同。

Excel 的帮助功能比较强大，学会使用该功能有助于用户深入学习。

4.3.1　用公式的方法求出总分及平均分

1. 创建公式

操作步骤：

① 选中 G3 单元格，然后在编辑栏中输入公式内容，如图 4-32 所示。

② 单击编辑栏中的"输入"按钮或按【Enter】键完成公式的输入，单元格中显示公式运算的结果。

③ 使用同样的方法求出平均分"=G3/4"或者"=SUM(C3:F3)/4"。

COUNTIF	▼	× ✓ *fx*	=C3+D3+E3+F3				
A	B	C	D	E	F	G	H

学生成绩表

学号	姓名	C语言	高等数学	英语	计算机	总分	平均分
08070101	张小旭	67	78	34	87	3+E3+F3	
08070102	陈家琦	78	90	87	56		
08070103	蔡家根	67	46	67	78		

图 4-32　公式输入

只要输入正确的计算公式，单元格中即可显示计算结果。当工作表中的数据发生变化时，计算结果会自动更新，从而减少了烦琐的更改操作。

2. 将确定的公式复制到其他行

操作步骤：

① 选择 G3 单元格。

② 将鼠标指针指向右下角的填充柄，按住鼠标左键并拖动到 G20 单元格，然后释放鼠标。这时 G3:G20 单元格区域中显示每人的总分成绩，如图 4-33 所示。

复制公式可以使用填充柄，也可以使用复制和粘贴命令。用复制和粘贴的方法与复制单元格内容的操作相同，会将单元格中的所有信息都粘贴到单元格中（如单元格的格式）。要想只复制公式，可以在"粘贴"下拉列表中选择"公式"选项。

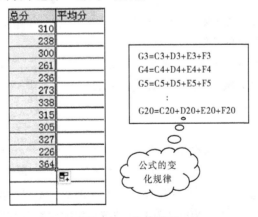

图 4-33　公式填充

为什么同一个公式复制到另一个单元格时会得出不同的计算结果？原因在于 Excel 在公式的复制过程中不是原样复制，而是智能化地复制，也就是说在复制的同时，系统根据公式的移动情况对公式内的单元地址进行了分析并做出了相应的修改。如图 4-33 右图所示，公式出现在不同的单元格时，公式中用到的单元地址随单元格变化而变化。单元格向下移动即改变行标，左右移动即改变列标，例如，单元格 G3→G4，相应的公式中的地址 C3→C4。同理横向复制时 C25→D25，相应的公式中的地址 C3→D3。例如，A3=A1+A2 复制后得到 B3=B1+B2。

3．编辑公式

修改公式：选择含有公式的单元格，然后在编辑栏中修改，修改完成后按【Enter】键。

删除公式：选择含有公式的单元格，然后按【Delete】键。

4.3.2 用函数求出所有学生的总分和平均分

1．用函数求学生成绩表中所有学生的总分和平均分

操作步骤：

① 选择 C21 单元格，在"开始"选项卡的"编辑"组中单击"自动求和"右侧的下三角按钮，在弹出的下拉列表中选择"求和"选项，如图 4-34 左图所示。

② 重新选取计算区域，如图 4-34 右图所示。

方法 1：用鼠标直接选取，按住【Ctrl】键的同时选择，可以选取不连续的数据。

方法 2：在函数的括号中输入单元地址，按【Enter】键。

③ 函数复制，选择 C21 单元格，在填充柄上按住鼠标左键并向右拖至 F21 单元格，然后释放鼠标，在 C21:F21 单元格区域中显示 4 门课程的总分。

在图 4-34 左图中还有平均值、计数、最大值、最小值等选项，它们都是一些使用频率较高的函数。本例中求学生平均分就用到了平均值函数，操作方法同求和操作方法，这里不再赘述。

2．函数的构成

所有函数都是由函数名和位于其后的一系列用括号括起来的参数组成的。

格式：函数名（参数 1，参数 2，……）

函数名代表了该函数具有的功能，参数是为操作、事件、方法、属性、函数或过程提供信息的值。例如，SUM(A1:A6)实现了将单元格区域 A1:A6 中的数值相加求和的功能。AVERAGE(A1:A6)实现了将单元格区域 A1:A6 中的数值求平均数的功能。

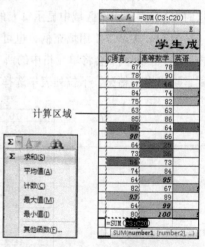

图 4-34 常用函数操作

不同类型的函数要求给定不同类型的参数，可以是数字、文本、逻辑值、数组或单元格地址等，给定的参数必须能产生有效数值，例如，SUM(A1:A6)、AVERAGE (A1:A6)要求单元格区域 A1:A6 存放的数据是数值型的数据。而 ROUND(C3,2)函数是按指定的位数对数值进行四舍五入，两项参数的含义不同，其中第一项 C3 是数值型数据，第二项参数是一个整数。该函数是按两位小数，将 C3 单元格内的数值进行四舍五入。LEN(D3)函数是返回文本字符串中的字符个数，要求参数 D3 单元格中的数据必须是文本数据，其结果为 D3 的文本长度。

4.3.3　用函数计算成绩等级及各等级的人数

在解决这个问题之前，先介绍两个函数。

IF 函数：对指定条件进行计算，根据结果，分别返回不同的值。

语法格式：IF(logical_test，value_if_true，value_if_false)

logical_test：表示计算结果为 True 或 False 的任意值或表达式。例如，A10=100 就是一个逻辑表达式。如果单元格 A10 中的值等于 100，那么表达式的计算结果为 True，否则为 False。此参数可使用任何比较运算符。

value_if_true：它是 logical_test 为 True 时的返回值。

value_if_false：它是 logical_test 为 False 时的返回值。

COUNTIF 函数：对区域中满足单个指定条件的单元格进行计数。

语法格式：COUNTIF(range，criteria)

range：要对其进行计数的一个区域，其中包括数字或名称、数组或包含数字的引用，空值和文本值将被忽略。

criteria：用于定义将对哪些单元格进行计数的数字、表达式、单元格引用或文本字符串。例如，条件可以表示为 32、>32、B4、苹果或 32。

用 IF 函数可以求出等级，用 COUNTIF 函数求出各等级的人数。

（1）用 IF 函数求出学生平均分等级

操作步骤：

① 选择 I3 单元格，如图 4-35 所示。

② 在编辑栏中输入 "=IF(H3>=85,'优',IF(H3>=70, '良'，IF(H3>=60, '及格', '不及格')))"，如图 4-35 所示，然后按【Enter】键显示结果。

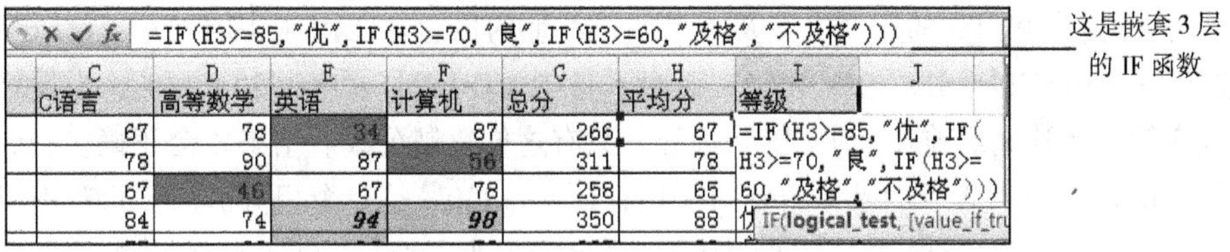

图 4-35　IF 函数的用法

③ 利用填充柄复制公式，显示所有学生的平均分等级，效果如图 4-30 所示。

（2）用 COUNTIF 函数求出各等级学生的人数

操作步骤：

① 在表格的 C24:F24 单元格区域中输入 "优"、"良" 等等级名称，如图 4-36 所示。

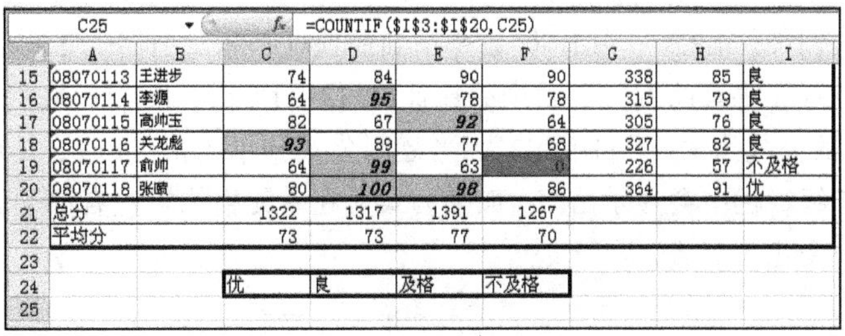

图 4-36　COUNTIF 函数的用法

② 选择 C25 单元格，在"开始"选项卡的"编辑"组中单击"自动求和"右侧的下三角按钮，在弹出的下拉列表中选择"其他函数"选项。在弹出的对话框中选择 COUNTIF 函数，单击"确定"按钮。

③ 弹出的"函数参数"对话框，如图 4-37 左图所示，单击 Range 选项后面的折叠按钮，弹出"函数参数"对话框，如图 4-37 右图所示。

④ 在工作表编辑页面中选择等级列所有的区域（或直接输入区域），这时"函数参数"对话框中显示所选地址，单击对话框右侧的折叠按钮，回到"函数参数"对话框，这时 Range 折叠框内显示区域地址。选择该区域，按【F4】键，地址前出现$符号。

⑤ 使用同样的方法在函数参数对话框中给出 Criteria 值，可以直接输入"优"、"良"等值，也可以给出单元地址。这里给出 C24 单元地址，单击"确定"按钮。在 C25 单元格内显示出得"优"的学生人数。

⑥ 向右拖动填充柄，完成其他等级的人数统计。

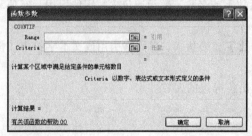

图 4-37　函数参数的输入

4.3.4　公式中地址的处理方法

前面公式和函数的案例中涉及了单元格地址的概念。在用 COUNTIF 函数时，编辑栏中的函数是"=COUNTIF（$I$3:$I$20,C25）"而不是"=COUNTIF（I3：I20,C25）"，当设置区域地址时按【F4】键，所选地址前加上了"$"符号。只有这样复制公式后结果才会正确。

"I$3:$I$20"表示的是一绝对引用，而"I3:I20"是一个相对引用。相对引用和绝对引用在复制公式时地址的变化方式不同，所限定的区域发生了变化，结果自然不同。有时需要地址变化，而有时又不需要，要想正确使用地址，首先要了解地址的引用类型及变化规律。

Excel 提供了相对引用、绝对引用和混合引用 3 种引用类型，以适应不同的应用场合。

1. 相对引用

相对引用是单元格的相对地址，其引用形式为直接用列标和行号表示单元格，如 C27。如果公式所在单元格的位置发生了变化，公式里引用的地址也随之发生变化。默认情况下，公式中的地址使用相对引用。例如，4.3.3 节中 IF 函数所用到的地址是相对引用。

在复制公式时，Excel 将自动调整公式中的地址，以便引用相对于当前公式位置的其他单元格。例如，单元格 F3 中的公式为"=C3+D3+E3"，当复制公式到单元格 F4 时，其中的公式自动改为 ="C4+D4+E4"，这在编辑栏中会显示出来。如果公式所在单元格位置左右移动时，列变行不变时，公式也会发生相应的变化。

2. 绝对引用

绝对引用是单元格的精确地址，与包含公式的单元格位置无关，其引用形式是在列标和行号

的前面都加上 "$" 符号。例如，公式中引用$E$8，不论公式复制或移动到什么位置，都不会改变。4.3.3 节中 COUNTIF 函数中的区域地址就属于绝对引用，限定了区域的范围不变。

3. 混合引用

引用中既包含绝对引用又包含相对引用称为混合引用，如 A$1 或$A1 等，用于表示列变行不变或列不变行变的引用。例如，横向复制公式时，选择列变行不变的方式；纵向复制公式时，选择行变列不变的方式。

在地址的使用过程中，只有了解了这些引用的变化方式，才能根据需要正确使用。例如，对每个学生求平均分时，要求公式里的地址随单元格的变化而变化，COUNTIF 函数、RANK 函数都有一个范围的参数，无论对哪些数字进行处理，这个范围都是固定不变的，这种情况必须使用绝对引用。

4.3.5 使用帮助

Excel 中所包含的函数很多，Excel 的帮助提供了详细的函数使用说明，方便用户了解每个函数的功能和用法。下面讲解使用帮助的方法。

操作步骤：

① 在 "插入函数" 对话框中选择所要了解的函数，单击对话框左下角的 "有关该函数的帮助" 超链接，如图 4-38 左图所示，打开 "Excel 帮助" 窗口。

② 在 "Excel 帮助" 窗口中列出了该函数的使用说明，拖动滚动条进行查看即可，如图 4-38 右图所示。

图 4-38　使用帮助

单击工作簿窗口右上角的帮助按钮，也可以打开 "Excel 帮助" 窗口。在其搜索文本框中输入函数名后，单击 "搜索" 按钮，也可以获得函数帮助。

4.4　学生成绩数据的图表化

图表以图形化方式表示工作表中的数据内容，是一种直观显示的方式。图表具有较好的视觉效果，方便用户查看数据的差异和预测趋势。使用图表可以使乏味的数据变得生动起来，更易于数据的比较。

在 Excel 中创建图表后还可以对图表进行修改并设置格式。创建图表时首先要在工作表中输入数据，然后选择该数据并在"插入"选项卡的"图表"组中选择要使用的图表类型即可。

案例 3：把学生成绩表中平均分等级的人数转化成饼图，最终效果如图 4-39 左图所示。创建并修饰学生成绩表中前 4 名学生的 4 门课程成绩及平均分成绩的簇状柱形图，图表生成在独立页上，并把学生的平均分转化成折线图，最终效果如图 4-39 右图所示。

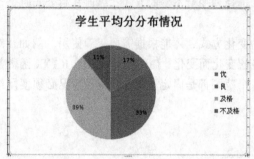 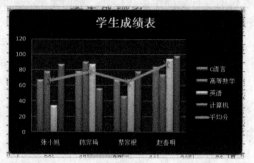

图 4-39　平均分分布情况饼图和前 4 名学生成绩的柱形图

案例分析：在 Excel 中生成图表是一件比较容易的事情，本例中的数据已在前期工作中备好，根据这些数据生成饼图和柱形图。饼图中各项可选择不同的颜色，并显示数值或占总人数的百分比等。另外还可设置图表的样式、标题、图例的格式。例如，将学生成绩柱形图中的平均分选项转化成折线图时，需要设置单个图形的图形格式，图形可以存放在指定的位置。

Excel 2007 支持多种类型的图表，帮助显示所需数据。在"插入"选项卡的"图表"组中单击"对话框启动器"按钮，在弹出的对话框中可以看到各图表类型，如图 4-40 所示。

图 4-40　图表类型

柱形图：显示一段时间内的数据变化或显示各项之间的比较情况。在柱形图中，通常沿水平轴组织类别，而沿垂直轴组织数值。

折线图：显示随时间而变化的连续数据，适用于显示在相等时间间隔下数据的趋势。在折线图中，类别数据沿水平轴均匀分布，所有值数据沿垂直轴均匀分布。

饼图：显示一个数据系列中各项的大小与各项总和的比例。饼图中的数据显示为整个饼图的百分比。

条形图：显示各个项目之间的比较情况。

面积图：强调数量随时间而变化的程度。

XY（散点图）：显示若干数据系列中各数值之间的关系，或者将两组数绘制为 XY 坐标的一个系列。

股价图：经常用来显示股价的波动。

曲面图：显示两组数据之间的最佳组合。

圆环图：像饼图一样，圆环图显示各个部分与整体之间的关系，但是它可以包含多个数据系列。

气泡图：排列在工作表列中的数据可以绘制在气泡图中。

雷达图：比较若干数据系列的聚合值。

在每个图表类型的右侧提供了各种图表的子类型，如图 4-40 所示。在生成图表时选择子类型即可。

4.4.1　将各等级的学生人数情况制成饼图

根据学生成绩表中 C24:F25 单元格区域中的数据生成饼图。

操作步骤：

① 选择数据区域 C24:F25。

② 在"插入"选项卡的"图表"组中单击"饼图"按钮，在弹出的下拉列表中选择"二维饼图"中的第一个图形，如图 4-41 左图所示。

③ 在"图表样式"组中选择图表样式，如图 4-41 右图所示。

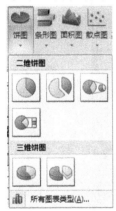

图 4-41　生成饼图的操作

④ 在"位置"组中单击"移动图表"按钮，弹出"移动图表"对话框，如图 4-42 所示。选中"新工作表"单选按钮，生成案例要求的效果图。

"新工作表"单选按钮：图表独立存放在一个工作表中。

"对象位于"单选按钮：可以给出一个存放的具体位置，图表嵌入在该位置。

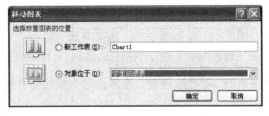

图 4-42　"移动图表"对话框

4.4.2 学生成绩表制成柱形图

根据前 4 名同学的姓名，以及 C 语言、高等数学等 4 门课程和平均分字段的数据，生成柱形图，并对图形进行相应的设置。要求其中的数据源不在一个连续的区域，注意不同区域的选择方法。

操作步骤：

① 选择单元格区域 B2:F6，按住【Ctrl】键的同时选择单元格区域 H2:H6，如图 4-43 所示。

	A	B	C	D	E	F	G	H	I
1				学生成绩表					
2	学号	姓名	C语言	高等数学	英语	计算机	总分	平均分	等级
3	08070101	张小旭	67	78	34	87	266	67	及格
4	08070102	陈家琦	78	90	87	56	311	78	良
5	08070103	蔡家根	67	46	67	78	258	65	及格
6	08070104	赵春明	84	74	94	98	350	88	优
7	08070105	吴坚强	75	82	98	72	327	82	良

图 4-43　选择数据源

② 在"插入"选项卡的"图表"组中单击"柱形图"按钮，在弹出的下拉列表中选择"簇状柱形图"选项，生成一张嵌入式图表，如图 4-44 所示。

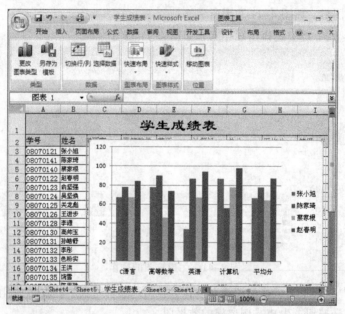

图 4-44　生成图表

③ 在"图表工具"的"设计"选项卡中单击"图表布局"组中的"其他"按钮，在弹出的下拉列表中有 11 种布局格式，如图 4-45 左图所示。选择"布局 1"选项，在图表上方出现"图表标题"字样，如图 4-45 右图所示，单击该字样，在文本框中输入"学生成绩表"。

④ 在"设计"选项卡的"数据"组中单击"切换行/列"按钮，设置图形的行列布局。

⑤ 在"图表样式"组中单击"其他"按钮，在弹出的下拉列表中选择"样式 42"选项，生成如图 4-46 所示的柱形图。

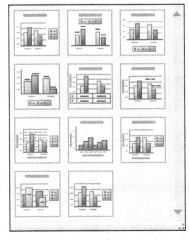

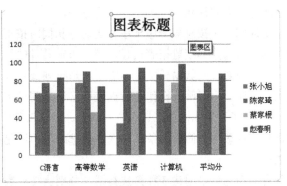

图 4-45　11 种布局格式和图表标题编辑框

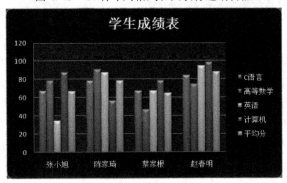

图 4-46　学生成绩柱形图

⑥ 单击平均分图形，所有淡蓝色图形的 4 个角出现 4 个小圆点，处于选中状态。在其上右击，在弹出的快捷菜单中选择"更改系列图表类型"命令，在弹出的对话框中选择"折线图"中的"带数据标记的折线图"选项，然后单击"确定"按钮，生成案例效果所示的图形。

⑦ 在"位置"组中单击"移动图表"按钮，在弹出的对话框中选中"新工作表"单选按钮，将嵌入的图表移到 Chart1 中。

4.5　学生成绩表数据分析

Excel 不仅具有简单的数据处理功能，还具有数据库管理功能，用户可以对数据进行排序、筛选、分类汇总等操作。

案例 4： 对学生成绩表的不同情况进行分析。

案例分析： 学生成绩表中有很多数据，我们可以按"学号"、"姓名"等关键字进行升序或降序排序，还可以按多关键字多重排序。

数据排序是 Excel 数据分析不可缺少的组成部分。例如，将名称列按字母顺序排序、按学生成绩高低排序、按颜色或图标排序等。数据排序有助于快速直观地显示数据，更好地分析数据，组织并查找所需数据，帮助用户做出有效的决策。

简单排序是指数据表中的单列数据按照 Excel 默认的升序或降序的方式排序。

多重排序是指要排序的某些行或列有相同的数据，这些数据要根据表中另一列或另一行的数据顺序排序。多重排序也就是通过设置多个关键字来进行排序。为了获得理想的结果，要排序的单元格区域应包含列标题。

在学生成绩表中按总分降序排序，当总分相同时按英语分数降序排序。

对数据进行筛选，使数据表仅显示满足指定条件的行，并隐藏不满足指定条件的行。筛选数据之后，对于筛选过的数据子集，不需要重新排列或移动就可以复制、查找、编辑、设置格式、制作图表和打印。进行筛选操作的数据表中必须有列标签。

Excel 提供了两种不同的筛选方式，即自动筛选和高级筛选。

自动筛选一般用于简单的条件筛选，筛选时将不满足条件的数据暂时隐藏起来，只显示符合条件的数据。

使用自动筛选可以创建 3 种筛选类型，分别为按列表值、按格式和按条件。但是，这 3 种筛选类型是互斥的，只能选择其中的一种。

高级筛选要通过复杂的条件来筛选单元格区域，首先应在选定工作表中指定区域并创建筛选条件。然后在"数据"选项卡的"排序和筛选"组中单击"高级"按钮，弹出"高级筛选"对话框。在该对话框中设置要筛选的单元格区域、筛选条件区域和保存筛选结果的目标区域。

在学校的教务管理中经常会对不同的班级进行数据汇总，数据汇总可以将某列的数据作为汇总依据，首先将该列排序，然后再按列相同的数据对汇总列求和或记数等。

数据透视表是一种对大量数据快速汇总和建立交叉列表的交互表格。数据透视表可以把一张大表化分成若干小表，方便查看。用户可以旋转其行或列以查看对数据源的不同汇总，还可以通过显示不同的行标签来筛选数据，或者显示所关注区域的明细数据，它是 Excel 数据处理能力的具体体现。

4.5.1 按学生总分排序

1. 将学生成绩表中的数据按总分从大到小排序

操作步骤：

① 选择"总分"列的任意一个单元格。

② 在"开始"选项卡的"编辑"组中单击"排序和筛选"按钮，在弹出的下拉列表中选择"降序"选项，如图 4-47 左图所示，对整个数据表重新排序。按照总分从多到少排序后的结果如图 4-47 右图所示。

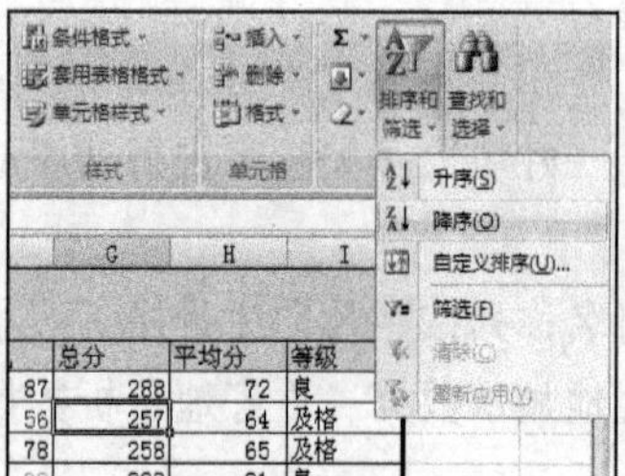

学生成绩表							
学号	姓名	思品	高数	英语	计算机	总分	平均分	等级
08070105	吴坚焕	85	83	98	95	361	90	优
08070123	俞坚强	78	92	79	94	343	86	优
08070113	王进步	74	84	75	90	323	81	良
08070104	赵奢明	84	74	66	98	322	81	良
08070118	张飘	73	100	47	86	306	77	良
08070106	孙婧舒	63	63	78	88	292	73	良
08070101	张小旭	89	78	34	87	288	72	良
08070122	李彤	66	83	90	48	287	72	良
08070119	色粉实	85	73	58	67	283	71	良
08070120	饶蕾	98	73	69	36	276	69	及格
08070121	高洁	76	66	70	57	269	67	及格
08070103	蔡家根	67	46	67	78	258	65	及格
08070102	陈家琦	78	36	87	57	257	64	及格
08070117	俞帅	64	99	63	0	226	57	不及格
总平均分		77.1	75.0	70.1	70.0			

图 4-47 数据排序

有些用户习惯选定要排序的关键列区域后单击"排序"按钮进行排序，这时系统会弹出一个提示对话框，如图 4-48 所示。这时若选中"扩展选定区域"单选按钮，则整个工作表按该列的顺序排序。若选中"以当前选定区域排序"单选按钮，则只对选定区域内的数据进行排序，其他部分的数据位置不变。

图 4-48　排序提示信息

2. 在总分相同的情况下按英语分数降序排序

操作步骤：

① 选择学生成绩表中的数据区域，在"数据"选项卡的"排序和筛选"组中单击"排序"按钮，弹出"排序"对话框，如图 4-49 所示。

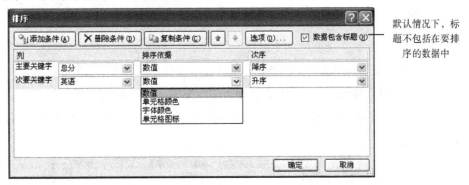

默认情况下，标题不包括在要排序的数据中

图 4-49　"排序"对话框

② 在"主要关键字"下拉列表中选择"总分"选项，在"排序依据"下拉列表中选择"数值"选项，在"次序"下拉列表中选择"升序"选项。

③ 单击"添加条件"按钮，在"次要关键字"下拉列表中选择"英语"选项，在"排序依据"下拉列表中选择"数值"，在"次序"下拉列表中选择"升序"选项，排序结果如图 4-50 所示。在总分相同的情况下按英语分数降序排序。

如图 4-49 所示，在"排序依据"下拉列表中选择"数值"选项，还可以选择"单元格颜色"、"字体颜色"或"单元格图标"选项。

若按"姓名"列排序时，通常是按音序排列。有时需要按笔画多少排序，这时可以在"排序"对话框中单击"选项"按钮，弹出如图 4-51 所示的"排序选项"对话框，在"方法"选项组中选中"笔画排序"单选按钮即可。

学生成绩表							
学号	姓名	C语言	高等数学	英语	计算机	总分	平均分	等级
08070123	俞坚强	78	92	79	94	343	86	优
08070124	吴坚焕	75	82	98	72	327	82	良
08070125	关龙彪	93	89	77	68	327	82	良
08070126	王进步	74	84	75	90	323	81	良
08070128	李源	64	95	78	78	315	79	良
08070130	高帅玉	82	67	92	64	305	76	良
08070131	孙皓舒	63	63	78	88	292	73	良
08070132	李彤	66	83	90	48	287	72	良
08070133	色粉实	85	73	58	67	283	71	良
08070134	王洪	54	86	66	73	279	70	及格
08070135	饶雪	98	73	69	36	276	69	及格
08070136	陈思雅	54	73	79	67	273	68	及格
08070137	高洁	76	66	70	57	269	67	及格
08070139	卞舒祺	64	25	85	87	261	65	及格
08070140	蔡家根	67	46	67	78	258	65	及格
08070141	陈家琦	78	36	87	56	257	64	及格
08070142	胡杨林	98	66	69	17	250	63	及格
08070144	王乔丹	73	36	83	44	236	59	不及格

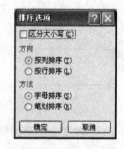

图 4-50　多关键字排序　　　　　　　　　　　　　　图 4-51　排序选项

4.5.2　筛选不同情况的学生成绩

1. 筛选总分数在 300 分以上的学生名单

操作步骤：

① 选择要进行筛选操作的工作表中的任意单元格，然后在"数据"选项卡的"排序和筛选"组中单击"筛选"按钮。在标题位置出现下三角按钮，如图 4-52 所示。

② 单击"总分"列标题中的下三角按钮，在弹出的下拉列表中选择"数字筛选"→"大于或等于"选项。

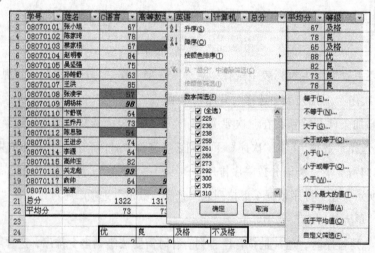

图 4-52　自动筛选

③ 在弹出的对话框中输入 300，如图 4-53 左图所示，单击"确定"按钮，即可筛选出总分大于或等于 300 分的学生名单，如图 4-53 右图所示。

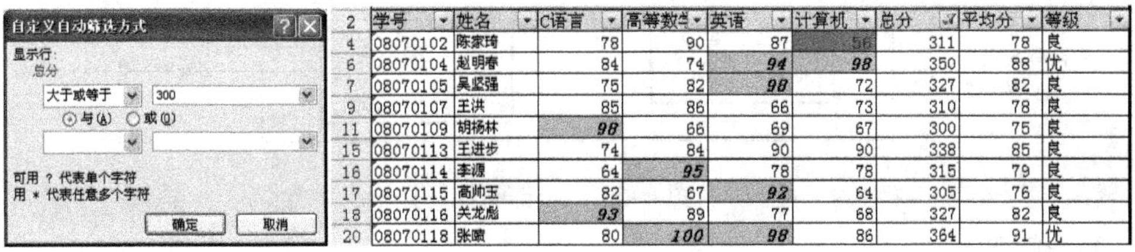

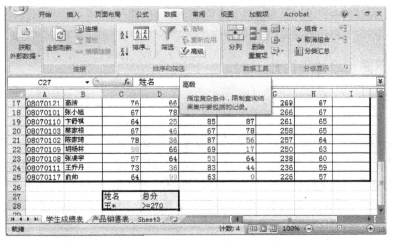

图 4-53　自动筛选对话框和筛选结果

2. 筛选总分在 270 分以上的王姓同学的数据

操作步骤：

① 输入标签与筛选条件，如图 4-54 所示。"王*"表示所有姓王的同学。

图 4-54　高级筛选

② 选择要进行筛选操作的工作表中的任意单元格，然后在"数据"选项卡的"排序和筛选"组中单击"高级"按钮。

③ 在弹出的对话框内选中"将筛选结果复制到其他位置"单选按钮，然后设置列表区域、条件区域和复制到区域，如图 4-55 左图所示。

④ 单击"确定"按钮，筛选出的数据显示在复制到区域，如图 4-55 右图所示。

输入筛选条件时，条件内容写在同一行为"且"的关系，写在不同行为"或"的关系，如图 4-56 所示。

图 4-55　高级筛选

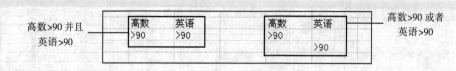

图 4-56　筛选条件

3. 取消筛选

如果要取消数据表中某一列的筛选，可以单击该列列标签单元格右侧的下三角按钮，在弹出的下拉列表中选中"全选"复选框，然后单击"确定"按钮。

如果要在数据表中取消对所有列进行的筛选，可以在"数据"选项卡的"排序和筛选"组中单击"清除"按钮。

如果要删除数据表中的下三角筛选按钮，可以在"数据"选项卡的"排序和筛选"组中单击"筛选"按钮。

4.5.3　汇总不同班级的平均分

求出学生成绩总表中各班平均分。

操作步骤：

① 在学生成绩表中按班级进行升序排序，使相同班级集中在一起。

② 在"数据"选项卡的"分级显示"组中单击"分类汇总"按钮。在弹出的"分类汇总"对话框中的"分类字段"下拉列表中选择"班级"选项，在"汇总方式"下拉列表中选择"平均值"选项，在"选定汇总项"列表框中选择各科的课程名称，其他保持默认值，如图 4-57 所示。

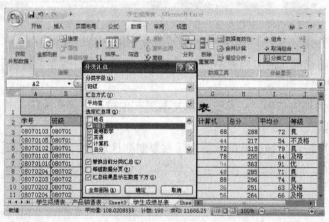

图 4-57　分类汇总

③ 单击"确定"按钮，即可得到分类汇总结果，如图 4-58 所示。

在"汇总方式"下拉列表中除了平均值以外还有计数、求和、最大值、最小值等选项，用户可以根据需要选择。

在"分类汇总"对话框中默认选中"替换当前分类汇总"和"汇总结果显示在数据下方"复选框，如果要保留先前对数据表执行的分类汇总，则必须取消选中"替换当前分类汇总"复选框。如果选中"每组数据分页"复选框，Excel 则把每类数据分页显示，这样更有利于保存和查阅。

如果要取消数据的分类汇总，可以在"分类汇总"对话框中单击"全部删除"按钮。

1 2 3		A	B	C	D	E	F	G	H	I	J
	1					学生成绩总表					
	2	学号	班级	姓名	C语言	高等数学	英语	计算机	总分	平均分	等级
	3	08070103	080701	关龙彪	54	89	77	68	288	72	良
	4	08070105	080701	王乔丹	54	36	83	44	217	54	不及格
	5	08070102	080701	吴坚强	63	82	98	72	315	79	良
	6	08070103	080701	蔡家根	64	46	67	78	255	64	及格
	7	08070101	080701	前坚强	98	92	79	94	363	91	优
	8		080701	平均值	66.6	69	80.8	71.2			
	9	08070204	080702	李小彤	64	83	90	48	285	71	良
	10	08070203	080702	孙皓君	67	63	78	88	296	74	良
	11	08070203	080702	饶小雪	73	73	69	36	251	63	及格
	12	08070204	080702	陈家琦	85	36	87	56	264	66	及格
	13		080702	平均值	72.25	63.75	81	57			
	14	08070302	080703	高帅玉	74	67	92	64	297	74	良
	15	08070304	080703	陈思雅	75	73	79	67	294	74	良
	16	08070301	080703	色粉实	76	73	67	67	274	69	及格
	17	08070302	080703	王洪	78	86	66	73	303	76	良
	18		080703	平均值	75.75	74.75	73.75	67.75			
	19	08070401	080704	李源	90	95	78	78	341	85	优
	20	08070408	080704	王进步	78	84	75	90	327	82	良
	21	08070402	080704	卞舒祺	82	25	85	87	279	70	及格
	22	08070401	080704	高洁	93	66	70	57	286	72	良
	23	08070405	080704	胡大林	98	66	17	17	250	63	及格
	24		080704	平均值	88.2	67.2	75.4	65.8			
	25			总计平均值	75.88889	68.61111	77.77778	65.77778			

图 4-58　各班学生各科平均分

4.5.4　创建与更改数据透视表

1. 创建学生成绩表的数据透视表

操作步骤：

① 选择要创建数据透视表的任意一个非空单元格，然后在"插入"选项卡的"表"组中单击"数据透视表"下三角按钮。在弹出的下拉列表中选择"数据透视表"选项，如图 4-59 左图所示，弹出"创建数据透视表"对话框，如图 4-59 右图所示。

② "在表/区域"折叠框中自动显示工作表中要创建数据透视表的数据源区域，也可以重新选择区域，并选中"新工作表"单选按钮，如图 4-59 右图所示。

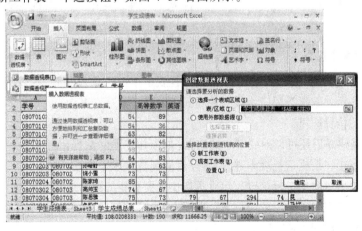

图 4-59　创建据透视表

③ 单击"确定"按钮自动插入一张新工作表，如图 4-60 所示。在"选择要添加到报表的字段"列表框中会显示原始数据区域中所有的字段名，选中"学号"复选框，右击该字段，在弹出的快捷菜单中选择"添加到报表筛选"命令。使用同样的方法选择各科成绩并选择"添加到值"命令，生成数据透视表，单击"学号"后面的下三角按钮，在弹出的下拉列表中选择任

意学号，如图 4-61 所示，在下面的表中即可显示该学生的各科成绩。

图 4-60　设置数据透视表各选项

图 4-61　生成的数据透视表

2．更改数据透视表

要更改数据透视表的版式，可以在数据透视表中单击任意一个非空单元格，显示"数据透视表字段列表"任务窗格，然后在其中重新调整字段的位置即可。

图 4-62　更改数据透视表

数据透视表建好后还可以改变其中的数据，如添加或删除数据，这些操作不能直接在数据透视表中进行，必须返回到数据源工作表。在数据源工作表中对数据进行修改，然后再切换到要更新的数据透视表，在"数据透视表工具"的"选项"选项卡的"数据"组中单击"刷新"按钮，如图 4-62 所示。

4.6　与工作簿有关的其他操作

工作簿中包含多张工作表，与工作簿有关的操作还有工作表之间的切换，插入、删除和重命名工作表，隐藏、显示工作表，窗口浏览方式，保护工作表，自定义序列等操作。

案例 5：对学生成绩表工作簿进行整理，使工作表的内容明确，提高工作表的安全性。将已有的学生名单添加到序列表中，为再次做类似表格提供方便，提高工作效率。

案例分析：整理工作簿时首先要让工作表标签内容明确，默认情况下工作表以 Sheet1、Sheet2 和 Sheet3 的方式命名，为方便管理、记忆和查找，用户需要给工作表重命名为一个能反映工作表特点的名字，本例中将 Sheet5 工作表重命名为"数据透视表"。有时为了使工作表标签更加清晰，还可以改变标签的颜色，本例中将学生成绩表标签设置为绿色。

新建工作簿时，默认情况下只有 3 张工作表。在工作簿中常用的操作是插入和删除工作表。

工作表的安全性处理，包括隐藏工作表或表中的部分内容和保护工作表。对于表中数据允许浏览不允许改动的情况，可以采用保护工作表。对于不常用的工作表，避免不必要的操作，可以隐藏工作表。在工作表中同样有出于不同原因而不需要显示的行或列，可以隐藏行或列。隐藏的工作表或行、列数据从视图中消失，但并没有从工作簿中删除，需要时可以重新显示。

工作表的默认显示方式为"普通"，屏幕上的菜单及工具占据了较大的空间。在实际操作时，经常需要在屏幕上显示比较大的表格或查看表的整体效果，可以选择"全屏显示"，这样可以使工作簿窗口上的选项卡隐藏，扩大工作区范围。默认情况下，工作表的显示比例是 100%，为了使工作表的大小适合用户编辑和查阅，可以根据需要调整工作表的显示比例。在查看大型报表时，往往因为行、列数太多，而使得数据内容与行、列标题无法对照，而默认的显示方式不能满足需要，冻结窗口、拆分窗口等操作对浏览、编辑等有很大的帮助。使用"冻结窗格"命令可以把标题行锁定在窗口上方，当滚动条向下移动时，上面的数据隐藏在标题后面，标题和下面的内容对应，解决了无法对照的问题，从而提高了工作效率。Excel 的拆分功能可以对表格进行"横向"或"纵向"分割。在拆分窗口可以同时查看分隔较远的工作表数据，根据需要把窗口拆分成两份或者四份。将工作表分为上、下或者左、右两个以便对照，也可以同时使用水平和垂直拆分框将工作表一分为四，更利于对数据的查看、编辑和比较。

自定义序列可以把常用的数据序列添加到序列表中，方便用数据填充的方法快速填充。填充文本型数据时，填充的序列是系统预先装载在填充序列表中的数据，如学生名单、单位名称等数据，用户可以用自定义序列的方法将数据添加到序列表中。

4.6.1 整理工作表标签

1. 插入新工作表

在现有工作表标签末尾直接插入工作表。

操作步骤：

单击工作表标签右侧的"插入工作表"按钮，如图 4-63 上图所示。在工作表末尾插入一张新工作表，如图 4-63 下图所示。

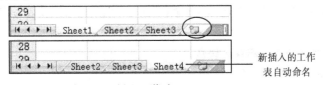

图 4-63　插入工作表

也可以利用选项卡在 Sheet4 前插入 Sheet5 工作表，具体的操作步骤如下：

① 选中 Sheet4 的工作标签，如图 4-64 上图所示。

② 在"开始"选项卡的"单元格"组中单击"插入"下三角按钮，在弹出的下拉列表中选择"插入工作表"选项，即可在 Sheet4 工作表的前面插入一张新的 Sheet5 工作表，如图 4-64 下图所示。

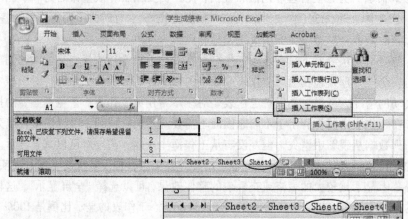

图 4-64　利用选项卡插入工作表

2．删除 Sheet5 工作表

操作步骤：

① 选中 Sheet5 工作表标签，在"开始"选项卡的"单元格"组中单击"删除"下三角按钮。

② 在弹出的下拉列表中选择"删除工作表"选项，所选 Sheet5 工作表将被删除。

注意，删除工作表将被永久删除且不能恢复，所以进行删除操作时一定要慎重。

3．将 Sheet5 工作表重命名为"数据透视表"

操作步骤：

① 双击工作表标签 Sheet5，此时该工作表标签呈高亮显示，如图 4-65 所示，处于可编辑状态，输入工作表名称"数据透视表"。

图 4-65　工作表重命名

② 单击除该标签以外工作表的任意位置或按【Enter】键即可。

也可以用快捷菜单重命名，具体的操作步骤如下：

① 选择 Sheet5 标签并右击。

② 在弹出的快捷菜单中选择"重命名"命令，然后输入工作表名称"数据透视表"，按【Enter】键即可。

4．设置学生成绩表标签为绿色

操作步骤：

① 右击"学生成绩表"标签，在弹出的快捷菜单中选择"工作表标签颜色"命令，如图 4-66 左图所示。

② 在弹出的颜色列表中选择绿色，如图 4-66 右图所示，学生成绩表标签即以绿色显示。

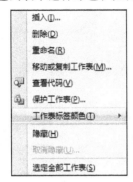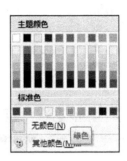

图 4-66　设置工作表标签颜色

4.6.2　隐藏和显示学生成绩表

1．隐藏学生成绩表标签

操作步骤：

右击"学生成绩表"标签，在弹出的快捷菜单中选择"隐藏"命令，如图 4-67 所示。工作表标签栏中的"学生成绩表"标签就消失了。

图 4-67　隐藏工作表标签

2．显示被隐藏的学生成绩表

操作步骤：

① 右击任意工作表标签，在弹出的快捷菜单中选择"取消隐藏"命令，如图 4-68 左图所示。

② 在弹出的"取消隐藏"对话框中选择"学生成绩表"选项，如图 4-68 右图所示，然后单击"确定"按钮即可。

注意，如果工作表已经被保护，则无法将它隐藏。

3．隐藏学生成绩表第 3 行

操作步骤：

① 选中第 3 行，在"开始"选项卡的"单元格"组中单击"格式"按钮。

② 在弹出的下拉列表中选择"隐藏和取消隐藏"→"隐藏行"选项，如图 4-69 所示。

使用同样的方法选择"隐藏列"选项可以隐藏一列或多列。

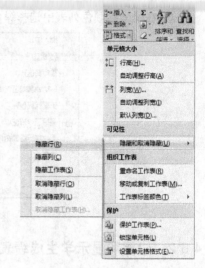

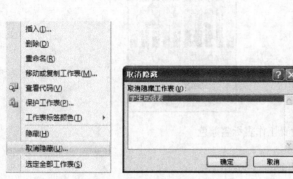

图 4-68 取消工作表的隐藏

图 4-69 隐藏行

隐藏行和列后，行号和列标不会自动重新编号，所以用户可以很容易看出工作表中有无隐藏的行和列。

4．显示被隐藏的行

操作步骤：

① 按住【Shift】键的同时选择隐藏行的上一行和下一行两行。

② 在"格式"下拉列表中选择"隐藏和取消隐藏"→"取消隐藏行"选项即可。

使用同样的方法选择相邻列的左右两列，选择"隐藏和取消隐藏"→"取消隐藏列"选项即可显示被隐藏的列。

4.6.3 保护学生成绩表

操作步骤：

① 打开学生成绩表，在"审阅"选项卡的"更改"组中单击"保护工作表"按钮，如图 4-70 左图所示。

② 在弹出的"保护工作表"对话框中输入密码，其他保持默认，单击"确定"按钮，如图 4-70 右图所示。

③ 在"确认密码"对话框中再次输入密码，单击"确定"按钮。

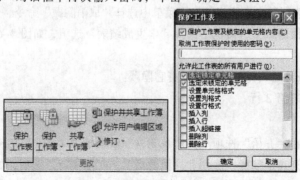

图 4-70 保护工作表

这时工作表中的数据被保护，用户只能浏览，不能进行任何编辑操作。如果进行操作，系统会弹出提示对话框，如图 4-71 所示。

图 4-71　提示对话框

若撤销工作表的保护，则在"审阅"选项卡的"更改"组中单击"撤销工作表保护"按钮。若设置了保护密码，需要输入密码才可以撤销工作表的保护。

4.6.4　工作表的窗口操作技巧

1. 全屏显示报表

操作步骤：

① 打开工作表。

② 在"视图"选项卡的"工作簿视图"组中单击"全屏显示"按钮，如图 4-72 所示，全屏显示工作表窗口。

要想还原窗口，可以单击窗口右上角的还原按钮。

图 4-72　全屏显示

2. 调整工作表的显示比例

简单的方法是拖动状态栏中的"显示比例"调整滑块来调整显示的百分比，或单击滑块左侧的缩放级别按钮，如图 4-73 左图所示，在弹出的对话框中选择合适的显示比例，如图 4-73 右图所示。

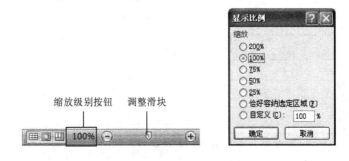

图 4-73　调整显示比例

更改显示比例不会影响打印效果。

3. 锁定学生成绩表的名称属性行

操作步骤：

① 选中第 3 行。

② 在"视图"选项卡的"窗口"组中单击"冻结窗格"按钮，在弹出的下拉列表中选择"冻结拆分窗格"选项，如图 4-74 左图所示。

被冻结的窗口部分以黑线区分，当拖动垂直滚动条向下查看时，黑线上方的内容始终显示。如图 4-74 右图所示，下面的内容向上移动时，第 1、2 行的内容始终不变。

取消窗口冻结，可以在"冻结窗格"下拉列表中选择"取消冻结窗格"选项即可。

另外，下拉列表中还有"冻结首行"和"冻结首列"两个选项，可以只锁定显示首行或首列，而其他行或列滚动。

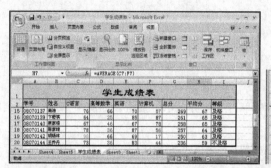

图 4-74 冻结窗格选项和冻结窗口

4. 拆分学生成绩表

（1）使用拆分框拆分窗格

拆分框分为水平拆分框和垂直拆分框两种，如图 4-75 所示。

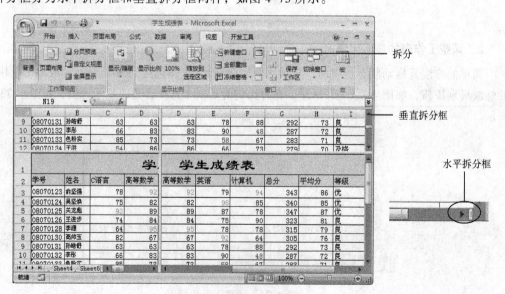

图 4-75 将窗口拆分成四份

将鼠标指针指向窗口右上角的垂直拆分框，此时鼠标指针变为拆分形状，按住鼠标左键并向下拖动至适当的位置，然后释放鼠标，将窗口拆分为上、下两部分。

将鼠标指针指向窗格右下角的水平拆分框时，可把窗口拆分成左、右两部分。

（2）使用"拆分"按钮

操作步骤：

选定表中的某一单元格，然后在"视图"选项卡的"窗口"组中单击"拆分"按钮，即可在选定单元格的上方和左侧位置将窗口拆分为 4 部分。

要取消拆分，可以双击拆分条或在"视图"选项卡的"窗口"组中单击"拆分"按钮。

4.6.5　将学生成绩表中的名单添加到序列表

将学生成绩表中的学生名单导入填充序列。

操作步骤：

① 选择学生名单所在的单元格区域 B3:B14，然后单击 Office 按钮，在弹出的下拉菜单中单击右下角的"Excel 选项"按钮。

② 在弹出的"Excel 选项"对话框的左侧选择"常用"选项，在右侧单击"编辑自定义列表"按钮，如图 4-76（a）所示，弹出"自定义序列"对话框。

③ 在"自定义序列"选项卡中的"从单元格导入序列"右侧折叠框中出现姓名列的地址，然后单击"导入"按钮，在左侧的"自定义序列"列表框中显示学生名单，如图 4-76（b）所示。

④ 依次单击"确定"按钮。自定义序列的内容就添加到系统中，以后再输入相同的内容时即可像标准序列一样填充使用。

（a）"Excel 选项"对话框

图 4-76　自定义序列

（b）"自定义序列"对话框

图 4-76　自定义序列（续）

小　结

本章介绍了电子表格软件 Excel 2007，主要通过学生成绩表的案例讲述了如何创建工作簿，工作表中数据的输入方法，数据类型的设置以及数据填充和自定义填充。通过案例的制作过程介绍了如何编辑表格及单元格，数据的复制、移动，插入批注，隐藏和保护工作表，工作表的浏览等。本章还介绍了公式和函数的概念及应用，地址的概念及用法；图表的生成与编辑；数据排序、数据筛选、分类汇总以及数据透视表等数据处理方面的知识。Excel 2007 的功能较为丰富，由于篇幅所限，在这里只介绍了常用的部分内容，旨在领用户入门。程序中的帮助工具对本程序进行了详尽的说明，在现有基础上用户可以通过帮助完成深入的学习。另外，一些网站也提供了学习方法，有兴趣的用户可以学习。

习　题

一、填空题

1．Excel 的工作簿窗口最多可包含＿＿＿＿张工作表。

2．Excel 的信息组织结构依次是：＿＿＿＿、＿＿＿＿、＿＿＿＿。

3．一张 Excel 工作表，最多可以包含＿＿＿＿行和＿＿＿＿列。

4．在 Excel 中，清除是指对选定的单元格和区域内的内容做清除，＿＿＿＿依然存在。

5．在 Excel 中，欲对单元格的数据设置对齐方式，可单击＿＿＿＿菜单，选择"单元格"命令。

6．Excel 中如果一个单元格中的信息是以"="开头，则说明该单元格中的信息是＿＿＿＿。

7．Excel 中对指定区域（C1:C5）求和的函数公式是＿＿＿＿。

8．Excel 公式中使用的引用地址 E1 是相对地址，而 \$ E \$ 1 是＿＿＿＿地址。

9．在 Excel 中，进行分类汇总时，必须先＿＿＿＿。

10．在 Excel 中，设 A1～A4 单元格的数值为 82,71,53,60,A5 单元格使用公式为

=If(Average(A$1:A$4)>=60,"及格","不及格")，则 A5 显示的值是_____。

二、简答题

1. 什么是"工作簿"？如何在工作簿中切换不同的工作表？
2. "复制"与"填充"有什么区别？都有什么方法可以实现这两种操作？
3. "复制"公式得出的数值时，需要注意操作是什么？
4. "在原工作表中嵌入图表"和"建立新图表"有什么不同？实现方法？
5. 什么是数据库的"排序"功能？"主关键字"、"次关键字"和"第三关键字"在排序中起什么作用？

三、操作题

1. 创建一个职工工资表，要求如下：

（1）第一行是表格标题，合并单元格，内容是"职工工资表"，宋体、加粗、48 磅、居中，字体颜色和背景任选，行高：自动调整。

（2）内容标题：职工号、姓名、性别、工作时间、职称、部门、薪级工资、任务工资、其它、工资总额；填充样式 12.5%灰度，其他格式任选。

（3）用填充柄填充职工号 001 到 015，输入 15 个数据，其他和工资总额除外。

（4）设置"薪级工资"项的数据范围为 800～8000，提示信息"请输入 800～5000 之间的整数!"，出错信息"输入了非法数据!"。小数位为"0"，完成工资表的输入。

（5）用条件格式设置，"薪级工资"大于等于 5000 的为红色字体，小于 1000 的为蓝色字体，其他内容格式不变。

（6）用 IF 函数求出"其他"项的值，职称为正高的为 500，副高的为 350，中级的为 300，初级的为 250。

（7）用函数或公式求出每人的工资总额=薪级工资+任务工资+其他，所有职工的"工资总额"的总和及平均工资。

（8）求出不同"职称"的人数。

（9）将职工工资情况生成柱形图，并将"工资总额"转化成折线图。

（10）用数据处理的方法查看数据情况，按部门分类，汇总各部门的工资总额。筛选出工资总额大于 5000 的女职工的情况。创建数据透视表，以部门为筛选项，姓名和工资总额为数据项。

第 5 章 演示文稿制作软件 PowerPoint 2007

学习目标

- 了解 PowerPoint 2007 的基本概念。
- 掌握 PowerPoint 2007 的基本操作。
- 掌握在幻灯片中插入多媒体元素的方法。
- 掌握版式、主题、模板、配色的设计与应用。
- 掌握幻灯片的演示技术。
- 掌握超链接及动作按钮的应用。
- 掌握母版的创建和使用方法。

本章主要介绍 Office 办公软件中的 PowerPoint 演示文稿制作软件。本章将在"作品欣赏"和"学院介绍"两个案例中重点介绍演示文稿的制作过程、修饰和修改方法，引导用户使用系统提供的版式、模板、背景和配色方案，掌握在幻灯片中添加图形、图像、声音等元素的方法，掌握在幻灯片中添加动画效果、切换效果和播放方式的方法，掌握超链接和按钮的使用方法。在演示文稿的制作过程中，采用创建和使用母版的方法，以突出演示文稿中幻灯片的个性外观。

5.1 PowerPoint 2007 概述

本节主要介绍 PowerPoint 2007 的基本概念和基本操作。通过本节的学习，用户可以掌握演示文稿的基本操作。

5.1.1 PowerPoint 2007 的基本概念

1．PowerPoint 2007 的界面

PowerPoint2007 的界面与之前的版本相比，各个工具按钮所处位置更便于操作，如图 5-1 所示。

幻灯片编辑区：它是工作界面中最大的组成部分，是制作幻灯片的主要工作区。

快捷按钮：可以快速切换幻灯片的视图模式。

显示比例滑杆：拖动滑块可以设置幻灯片在整个编辑区的视图比例。

大纲与幻灯片方式切换：可以切换大纲模式与幻灯片模式，便于使用。

图 5-1 PowerPoint 2007 的界面

2. PowerPoint 2007 的视图

PowerPoint 2007 提供了 4 种视图模式，每种视图都包含该视图下特定的操作和使用方法。了解视图的概念可以方便用户使用 PowerPoint 软件。

普通视图：包括大纲视图和幻灯片视图。其中幻灯片视图使用较多，在该视图方式下用户可以进行所有的幻灯片编辑操作，大纲视图方式方便用户组织演示文稿结构和编辑文本。

幻灯片浏览视图：使用该视图，用户可以方便地选择需要查看的幻灯片，以便对幻灯片中前后不协调的内容进行修改。

备注页：在普通视图中的幻灯片编辑区下方有一个较小的备注窗格，用户可以在此为幻灯片添加需要的备注内容，为讲演者提供参考说明，备注内容可以打印输出。

幻灯片放映视图：在该视图下，幻灯片处于真实的放映状态，幻灯片内容以全屏方式显示，幻灯片中所设置的动画、画面切换等效果也都可以显示出来。

"视图"选项卡如图 5-2 所示。

图 5-2 "视图"选项卡

3．PowerPoint 2007 的常用术语

幻灯片：组成演示文稿的每一页叫做幻灯片。

演示文稿：是用 PowerPoint 制作出来的一个文件，由幻灯片组成。演示文稿中的每张幻灯片都是既相互独立又相互联系的内容。

主题：是一组统一的设计元素，用颜色、字体和图形设置文档的外观，包括配色方案、效果和字体。

版式：幻灯片上标题和副标题文本、列表、图片、表格、图表、形状和视频等元素的排列方式。

模板：是一种以特殊格式保存的演示文稿，应用了一种模板，幻灯片的背景图形、配色方案等就已经确定，套用模板可以提高创建演示文稿的效率。

母版：是幻灯片层次结构中的顶级幻灯片，存储着演示文稿的主题和幻灯片版式的所有信息，包括背景、颜色、字体、效果、占位符大小和位置。

5.1.2　PowerPoint 2007 的基本操作

在 PowerPoint 中涉及演示文稿和幻灯片两个概念，创建演示文稿就是制作若干张连续的幻灯片。在 PowerPoint 2007 中可以使用多种方法创建演示文稿，演示文稿也有多种不同的保存方法。

1．创建演示文稿

在 PowerPoint 2007 中创建新演示文稿的方法有多种，如图 5-3 所示。例如，可以先创建空白演示文稿，再进行修饰；也可以对现有的演示文稿进行修改以生成新的演示文稿；还可以使用模板创建演示文稿。

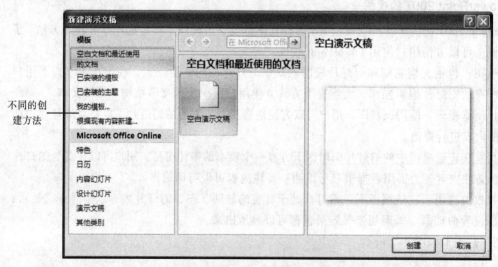

图 5-3　新建演示文稿

方法 1：创建空白演示文稿。

空白演示文稿是一种形式简单的演示文稿，没有应用模板设计、配色方案及动画方案，用户可以自由地设计。

操作步骤：

① 单击 Office 按钮，在弹出的下拉菜单中选择"新建"命令，弹出"新建演示文稿"对

话框。在"模板"选项组中选择"空白文档和最近使用的文档"选项，在其右侧的列表框中选择"空白演示文稿"选项，然后单击"创建"按钮，即可新建一个空白演示文稿，如图 5-4 所示。

② 在标题处和副标题处输入相应的内容。

③ 在"开始"选项卡的"幻灯片"组中单击"新建幻灯片"按钮，插入下一张幻灯片，在相应的位置输入内容。

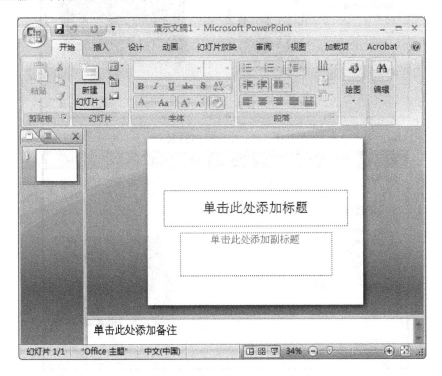

图 5-4　新建空白演示文稿

方法 2：根据现有模板创建演示文稿。

PowerPoint 2007 提供了许多设计模板，这些设计模板将演示文稿的样式、风格，包括幻灯片的背景、装饰图案、文字布局及颜色、大小等均预先定义好。用户在设计演示文稿时可以先确定演示文稿的整体风格，然后再进一步编辑。

用"PowerPoint 2007 简介"模板创建演示文稿。

操作步骤：

① 单击 Office 按钮，在弹出的下拉菜单中选择"新建"命令。在弹出的对话框中的"模板"选项组中选择"已安装的模板"选项，在其右侧的列表框中选择"PowerPoint 2007 简介"模板，单击"创建"按钮即可新建一个带模板的演示文稿，如图 5-5 所示。

② 在相应的位置输入相关内容即可。

方法 3：根据自定义模板创建演示文稿。

操作步骤：

① 新建一个演示文稿，在"模板"选项组中选择"我的模板"选项。在弹出的对话框中的"我的模板"列表框中显示了自定义模板，如图 5-6 所示。

图 5-5 已安装的模板

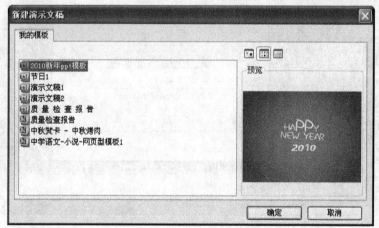

图 5-6 我的模板列表框

② 在列表框中选择该模板，单击"确定"按钮，此时，该模板应用到当前演示文稿中。
"我的模板"列表框中的模板需要事先添加到模板区中。

PowerPoint 2007 中的 Office Online 功能也提供了大量免费的模板文件，用户可以直接在"新建演示文稿"对话框中使用该功能。

2．编辑幻灯片

在 PowerPoint 中，幻灯片作为一种对象，用户可以对其进行编辑操作，例如，添加新幻灯片、选择幻灯片、复制和移动幻灯片、删除幻灯片等。在幻灯片编辑过程中，操作较为方便的视图模式是幻灯片浏览视图，小范围或少量的幻灯片操作也可以在普通视图模式下进行。

（1）添加新幻灯片及幻灯片版式

演示文稿是由幻灯片组成的，启动 PowerPoint 2007 后，程序会自动创建一张空白幻灯片，而大多数演示文稿需要多张幻灯片来表达主题，这时就需要添加幻灯片。

操作步骤：

① 在"开始"选项卡的"幻灯片"组中单击"新建幻灯片"下三角按钮，弹出如图 5-7 所示的下拉列表。

② 选择一张版式幻灯片插入，在相应的位置输入相关内容即可。

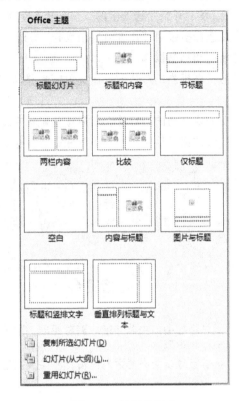

图 5-7　幻灯片版式

版式本身只定义了幻灯片上内容的位置和格式的设置信息。PowerPoint 2007 包含 5 种内置的标准版式，用户还可以自定义新的版式。

（2）选择幻灯片

在 PowerPoint 中可以一次选中一张或多张幻灯片，然后对选中的幻灯片进行操作。

选择单张幻灯片：在普通视图或者幻灯片浏览视图中单击需要的幻灯片，即可选中该张幻灯片。

选择连续的多张幻灯片：选中起始编号的幻灯片，然后按住【Shift】键的同时选中结束编号的幻灯片，即可将多张编号相连的幻灯片同时选中。

选择不连续的多张幻灯片：按住【Ctrl】键的同时依次选中需要的幻灯片，此时不连续的多张幻灯片同时被选中。按住【Ctrl】键的同时再次选择已被选中的幻灯片，则该幻灯片被取消选中。

（3）复制和移动幻灯片

PowerPoint 支持以幻灯片为对象的复制或移动操作，用户可以将整张幻灯片及其内容进行复制或移动。

操作步骤：

① 以普通视图方式显示打开的演示文稿，在左侧的"幻灯片"选项卡中选中需要复制的幻灯片。

② 在"开始"选项卡的"剪贴板"组中单击"复制"按钮。

③ 选择要插入的位置，然后在"开始"选项卡的"剪贴板"组中单击"粘贴"按钮。

在 PowerPoint 中也可以同时选择多张幻灯片进行复制操作。另外，【Ctrl+C】组合键和【Ctrl+V】组合键同样可以用于幻灯片的复制和粘贴操作。

在制作演示文稿时，如果需重新排列幻灯片的顺序，就需要移动幻灯片。可以按上述方法移动幻灯片。

也可以在普通视图中先选中需要移动的幻灯片，然后按住鼠标左键并拖动，此时，目标位置出现一条横线，如图 5-8 所示，释放鼠标后第 5 张与第 4 张幻灯片位置对调。

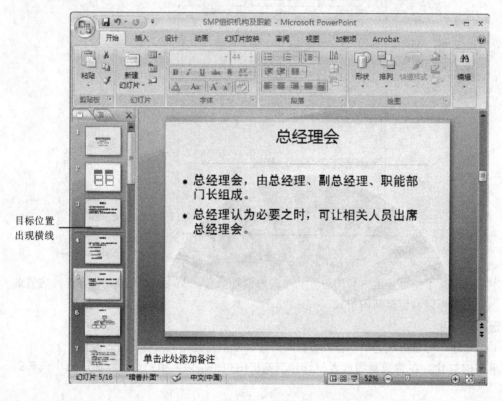

图 5-8　移动幻灯片

（4）删除幻灯片

在幻灯片制作过程中，需要对一些多余的幻灯片进行删除操作。

现将第 2 张和第 3 张幻灯片删除。

操作步骤：

① 在幻灯片选项卡中选中第 2 张幻灯片，然后按住【Ctrl】键的同时选中第 3 张幻灯片，此时选中了两张幻灯片，如图 5-9 左图所示。

② 按【Delete】键将两张幻灯片删除，如图 5-9 右图所示。

还有以下几种删除的方法：

方法 1：右击要删除的幻灯片，在弹出的快捷菜单中选择"删除幻灯片"命令。

方法 2：选择要删除的幻灯片，在"开始"选项卡的"幻灯片"组中单击"删除幻灯片"按钮。

图 5-9　删除幻灯片

3．保存演示文稿

演示文稿有常规保存和兼容方式保存两种保存方式。PowerPoint 2007 中默认的文件扩展名是.pptx，PowerPoint 2003 及以前版本的默认扩展名是.ppt。使用 PowerPoint 2003 及以前版本的用户无法打开扩展名为.pptx 的文件，要想让用旧版本软件的用户使用新版本的文件，则要改变常用的保存方法。

方法 1：PowerPoint 2007 的常规保存。

操作步骤：

① 单击 Office 按钮，在弹出的下拉菜单中选择"保存"命令。

② 文件首次保存时弹出"另存为"对话框，输入文件名并选择保存路径，单击"确定"按钮即可。

简单的保存方法是单击窗口左上方的"保存"按扭即可。

方法 2：以兼容格式保存。

要想让用 PowerPoint 2003 及以前版本的用户使用该文件，就要保存成其他兼容格式的文件。

操作步骤：

① 单击 Office 按钮，在弹出的下拉菜单中单击"另存为"右侧的三角按钮。

② 在打开的菜单中选择"PowerPoint 97–2003 演示文稿"命令，如图 5-10 所示。

在保存文件时还可以将其保存成其他格式。

图 5-10　保存文档副本

4．设置"PowerPoint 97-2003 演示文稿"为默认保存格式

将某一格式设置为默认保存格式。

操作步骤：

① 单击 Office 按钮，在弹出的下拉菜单中单击"PowerPoint 选项"按钮，弹出"PowerPoint

选项"对话框。

② 在左侧窗格中选择"保存"选项，在右侧的"将文档保存为此格式"下拉列表中选择"PowerPoint 97-2003 演示文稿"选项，如图 5-11 所示。单击"确定"按钮，默认的保存格式即为 PowerPoint 97-2003 的兼容模式。

图 5-11　更改默认保存格式

5. 设置保存的权限密码

加密保存可以防止其他用户在未授权的情况下打开或修改演示文稿，从而提高文档的安全性。

操作步骤：

① 打开演示文稿，单击 Office 按钮，在弹出的下拉菜单中选择"另存为"命令。在弹出的"另存为"对话框中设置"保存位置"、"文件名"和"保存类型"等选项后，单击左下角的"工具"按钮。在弹出的下拉菜单中选择"常规选项"命令，弹出"常规选项"对话框，如图 5-12 所示。

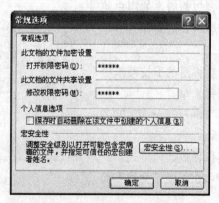

图 5-12　设置保存权限

② 在对话框中的"打开权限密码"和"修改权限密码"文本框中输入密码，单击"确定"按钮，弹出"确认密码"对话框，要求用户重新输入打开权限密码。单击"确定"按钮后再次

弹出对话框，重新输入修改权限密码，如图 5-13 所示。

图 5-13 确认密码

③ 单击"确定"按钮，返回到"另存为"对话框。单击"保存"按钮，即可将该演示文稿加密保存。

设置密码时，要注意将密码保存在安全的位置，如果密码丢失，将无法打开密码保护的文件。密码可包含字母、数字、空格和符号，最长为 15 个字符。密码区分大小写，在输入密码时大小写要一致。

再次打开该演示文稿时，系统将弹出"密码"对话框，只有当输入正确的密码时才会打开该演示文稿，如图 5-14 左图所示。

打开带密码的文件时，单击"只读"按钮，如图 5-14 右图所示，可以以只读方式打开文件。这种方式只可以浏览该演示文稿，但不能对演示文稿进行编辑。

图 5-14 打开演示文稿时的密码对话框

5.1.3 页面设置及打印

在 PowerPoint 中可以将制作好的演示文稿通过打印机打印出来。在打印输出时，演示文稿可以以不同的形式打印输出，常用的打印形式有幻灯片、讲义、备注页和大纲视图。

1. 页面设置

为了得到较好的打印效果，在打印之前可以根据需要对幻灯片进行页面设置。

操作步骤：

① 打开演示文稿，在"设计"选项卡的"页面设置"组中单击"页面设置"按钮，弹出"页面设置"对话框，如图 5-15 所示。

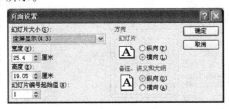

图 5-15 "页面设置"对话框

② 在弹出的"页面设置"对话框中单击"幻灯片大小"下拉列表框右侧的下三角按钮，在下拉列表中选择"A4 纸张（210×297 毫米）"选项。"宽度"和"高度"选项保持默认值。

如果要自定义幻灯片的大小，可以在下拉列表中选择"自定义"选项，在"宽度"和"高度"微调框中输入具体的数值。

③ 在"幻灯片编号起始值"微调框中输入需要进行格式设置的第 1 张幻灯片的编号。在"方向"选项组中设置幻灯片以及备注、讲义和大纲的方向，然后单击"确定"按钮即可。

2. 打印预览

在打印输出前可以预览效果。

操作步骤：

① 打开要打印的演示文稿，单击 Office 按钮，在弹出的下拉菜单中选择"打印"→"打印预览"命令，如图 5-16 左图所示。

② 如果对页面效果设置满意，可以在"打印预览"选项卡的"打印"组中单击"打印"按钮，直接打印，如图 5-16 右图所示。

图 5-16　选择"打印预览"命令和单击"打印"按钮

③ 如果要打印页眉和页脚，可以在"打印"组中单击"选项"按钮，在弹出的下拉列表中选择"页眉和页脚"选项。在弹出的对话框中对页眉和页脚进行设置。

3. 打印设置

对当前设置效果满意后，可以连接打印机打印演示文稿。对已设置好的内容还可以有不同的输出要求设置。

操作步骤：

① 单击 Office 按钮，在弹出的下拉菜单中选择"打印"命令，弹出"打印"对话框，如图 5-17 所示。

图 5-17　"打印"对话框

② 在该对话框中可以在"打印机"和"打印范围"等选项组中按实际情况进行设置，选择所安装的打印机型号及打印范围。

③ 默认情况下，"打印内容"设置为"幻灯片"，即一张幻灯片对应一张纸。选择"讲义"选项，在右侧有讲义打印的具体方式，例如，"每页幻灯片数"、"顺序"等选项，默认为每页 6 张幻灯片，在其右侧有预览效果。

④ 单击"确定"按钮，开始打印输出。

5.2　制作作品赏析演示文稿

掌握 PowerPoint 2007 的基本操作后，用户就可以制作演示文稿了。

案例 1：制作一个学校情况介绍演示文稿，演示文稿效果如图 5-18 所示。

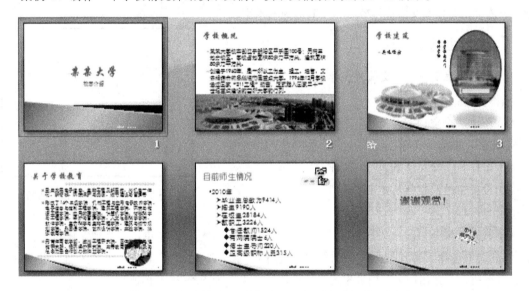

图 5-18　学校情况介绍演示文稿

案例分析：创建演示文稿，首先要设定幻灯片的界面风格，界面风格决定了幻灯片的整体效果。本例中要用到样式处理、文字处理、图片处理及艺术字处理。

PowerPoint 2007 提供了 24 种内置主题样式，并为每种设计模板提供了 25 种内置的主题颜色，以及 24 种主题效果，用户可以根据需要进行选择。主题颜色是预先设置好的协调色，自动应用于幻灯片的背景、文本线条、阴影、标题文本、填充、强调和超链接。PowerPoint 2007 的背景样式可以控制母版中的背景图片是否显示及背景颜色的显示样式。

在 PowerPoint 中不能直接在幻灯片中输入文字，只能通过占位符或文本框来添加文字。大多数幻灯片版式中都提供了占位符，在这种占位符中预设了文字的属性和样式，供用户添加标题、内容等文字。在文本的占位符中多数情况默认的是项目符号格式，通常根据需要可以重新设置符号的格式。用文本框添加文字就需要用户自己按需要设置其格式，这种方法较麻烦，但在文字设置上相对灵活，对幻灯片中文字所处位置的处理尤为突出。

幻灯片中的图片、图表和艺术字对幻灯片起到了画龙点睛的作用，图形图像的细节操作技巧性较强。

在 PowerPoint 中可以将 Microsoft Office Online 以及计算机中提供的程序、网页或文件中的图片和剪贴画插入或复制到 PowerPoint 2007 演示文稿中，还可以将图片和剪贴画用做幻灯片背景。

PowerPoint 2007 提供了绘图工具，利用该工具可以绘制各种线条、连接符、几何图形、星形以及箭头等图形。

在设计演示文稿时，用户除了在应用模板或改变主题颜色时更改幻灯片的背景外，还可以根据需要任意更改幻灯片的背景颜色和背景设计，如删除幻灯片中的设计元素，添加底纹、图案、纹理或图片等。

艺术字是一个文本样式库，将其中的文本样式添加到演示文稿中可以产生装饰效果，如阴影或镜像（反映）文本。可以对这些文本设置字号、加粗、倾斜等效果，也可以像图形对象一样为其设置边框、填充等，还可以进行调整大小、旋转或添加阴影、设置三维效果等操作。在 PowerPoint 2007 中还可以对现有文本应用效果，使其成为艺术字。

5.2.1 设置主题及配色

1. 创建作品赏析演示文稿并保存

操作步骤：

① 新建一个空白演示文稿，在幻灯片中输入标题和副标题文字，如图 5-19 所示。

② 保存为"校园介绍.pptx"文件。

2. 设置主题、颜色及文字格式

图 5-19 输入标题和副标题

操作步骤：

① 打开校园介绍演示文稿，在"设计"选项卡的"主题"组中单击"其他"按钮，在弹出的下拉列表中选择"聚合"主题，如图 5-20 左图所示。在"设计"选项卡的"主题"组中单击"颜色"按钮，在弹出的下拉列表中选择"模块"选项，如图 5-20 右图所示。

图 5-20 选择主题和颜色

② 生成如图 5-21 所示的幻灯片。

③ 选中第 1 张幻灯片中的标题占位符，在"开始"选项卡的"字体"组中单击"对话框启动器"按钮，弹出"字体"对话框，如图 5-22 所示。

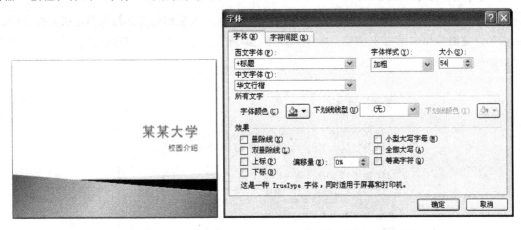

图 5-21　生成幻灯片　　　　　　　　图 5-22　文字设置

④ 在"字体"对话框中将"中文字体"设置为"华文行楷"，"字体样式"设置为"加粗"，"大小"设置为 54，其他选项保持默认。单击"确定"按钮，在段落中设置文字居中，完成标题文字的设置。

⑤ 选中副标题中的"校园介绍"，使用同样的方法将字体设置为"幼圆"、"加粗"，其他为默认，最终效果如图 5-23 所示。

图 5-23　设置后的效果

5.2.2　文字及格式设置

1．用占位符输入标题内容

在第 1 张幻灯片中用到了占位符，版式中的占位符由于系统预设了文字的属性和样式，因此只需直接输入文字即可。用户可以直接使用这些格式，也可以按需要重新设置格式。

在 PowerPoint 中既可以使用主题样式中的格式，也可以对每张幻灯片单独设置格式。在显示这些格式时，在幻灯片中单独设置的优先级大于整体设置的优先级。

2．设置项目符号与编号格式

用同样的方法新建第 2 张幻灯片，选择"两栏内容"版式的幻灯片，输入第 2 张幻灯片中相应的内容，完成操作。第 2 张幻灯片效果如图 5-24 所示，左侧是项目符号格式，项目符号的类型可以修改。

图 5-24　第 2 张幻灯片效果

操作步骤：

① 选中所有的文字，在"开始"选项卡的"段落"组中单击"项目符号"下三角按钮，在弹出的下拉列表中选择"项目符号和编号"选项，弹出"项目符号和编号"对话框。

② 在对话框中选择一组符号，单击"确定"按钮，如图 5-25 左图所示。

如果系统默认的项目符号不符合用户的要求，可以单击"自定义"按钮，弹出"符号"对话框，如图 5-25 右图所示。在该对话框中选择一种合适的符号，单击"确定"按钮，在图 5-24 左图中会出现刚选择的符号样式。

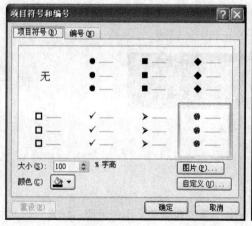 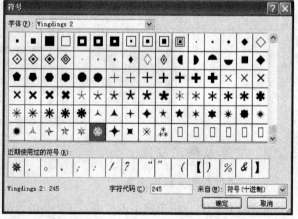

图 5-25　项目符号和编号

对项目符号可以进行大小和颜色的设置,另外也可以通过"图片"按钮插入剪贴画作为项目符号。

3.使用文本框添加文字

文本框是一种可移动、可调整大小的文字或图形容器,与占位符的特性较为相似。使用文本框可以在幻灯片中放置多个文字块,使文字按不同的方向排列,不受幻灯片版式的制约,从而实现在幻灯片中的任意位置添加文字的目的。

在第 3 张幻灯中有两幅图,与图有关的文字可以用文本框输入,如图 5-26 左图所示。

操作步骤:

① 在"插入"选项卡的"文本"组中单击"文本框"下三角按钮,在弹出的下拉列表中选择"垂直文本框"选项。

② 将鼠标指针移至幻灯片的编辑区中,当鼠标指针变为插入形状时,在幻灯片页面内按住鼠标左键并拖动。当拖动出合适大小的矩形框时,释放鼠标,如图 5-26 右图所示。

③ 光标自动定位于文本框内,在里面输入文字,然后在幻灯片中任意空白处单击,即可完成操作。设置字体格式后生成如图 5-26 左图所示的幻灯片。

图 5-26 第 3 张幻灯片及文本框的使用方法

使用文本框可以将文本放置在幻灯片的任意位置。用户还可以利用文本框在图形上插入文字。

5.2.3 在幻灯片中插入图片

1.插入来自文件的图片

在第 3 张幻灯片中插入图片。

操作步骤:

① 打开第 3 张幻灯片,在"插入"选项卡的"插图"组中单击"图片"按钮,如图 5-27 左图所示。

② 在弹出的"插入图片"对话框中选择图片,单击"插入"按钮,即可将图片添加到幻灯片中,如图 5-27 右图所示。

③ 编辑图片。在幻灯片中选择插入的图片,图片四周出现 8 个控制点,如图 5-28 所示。这时可以移动图片,拖动 4 个角上的控制点可以调整图片的大小,拖动中间的 4 个控制点可以改变图片的长度或宽度。

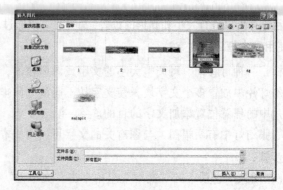

图 5-27　插入图片

图 5-28　编辑图片

④ 图片的格式设置。选择图片，在"格式"选项卡的"调整"组中单击"重新着色"按钮，在弹出的下拉列表中选择一种格式，如图 5-29 左图所示。

⑤ 在"格式"选项卡的"图片样式"组中单击"其他"按钮。在弹出的下拉列表中选择"棱台形椭圆，黑色"选项，如图 5-29 右图所示，即可将其应用到图片中。

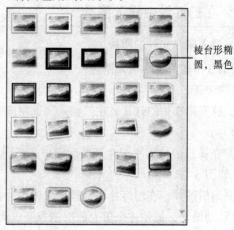

棱台形椭圆，黑色

图 5-29　图片着色和图片样式

在图片格式中，还有其他许多设置，在"格式"选项卡的"调整"组中有"压缩图片"按钮，它的功能是可以使插入图片的数据量压缩到适合播放的最小数据，使文件的数据量变小，从而减少数据允余。

2．插入来自剪贴画的图片

在第 4 张幻灯片中插入如图 5-30 左图所示的花边和小花。其操作方法和插入文件中的图片操作方法基本相同。

操作步骤：

① 在"插入"选项卡的"插图"组中单击"剪贴画"按钮。

② 在打开的"剪贴画"任务窗格中的"搜索文字"文本框中输入"花"，其他选项保持默认，然后单击"搜索"按钮，即可在该任务窗格中显示与花有关的剪贴画，如图 5-30 中图所示。

③ 双击选择的剪贴画图标（或将鼠标指针移到该图上，单击右侧的下三角按钮，在弹出的下拉列表中选择"插入"选项），即可将剪贴画添加到幻灯片中。

④ 调整剪贴画的位置、大小等。要对图片形状进行设置，可以选中图片，然后在"图片工具"的"格式"选项卡的"图片样式"组中单击"图片形状"按钮，在弹出的下拉列表中选择"椭圆"选项，如图 5-30 右图所示。

⑤ 使用同样的方法插入花边，将其移动到合适的位置。

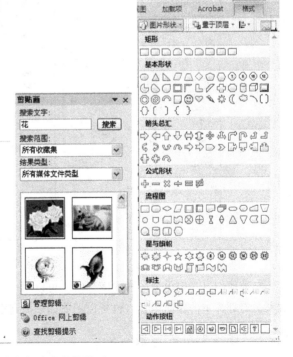

图 5-30　第 4 张幻灯片中的剪贴画

5.2.4 使用自选图形绘制图标

绘制第 5 张幻灯片右上角的图标，如图 5-31 所示。绘制剪贴画左侧的"介绍"矩形图标。

操作步骤：

① 在"开始"选项卡的"绘图"组中单击"形状"按钮，在弹出的下拉列表中选择"圆角矩形"选项，如图 5-32 左图所示。在剪贴画左侧绘制一个圆角矩形。

② 选中圆角矩形，在"格式"选项卡的"形状样式"组中单击"对话框启动器"按钮，在弹出的对话框中的左侧选择"填充"选项，在右侧选中"纯色填充"单选按钮，如图 5-32 右图所示。在右侧单击"颜色"按钮，设置填充颜色。然后在左侧选择"线条颜色"选项，在右侧选中"无线条"单选按钮。

图 5-31 使用自选图形绘制图标

③ 右击圆角矩形，在弹出的快捷菜单中选择"编辑文字"命令，在矩形框内输入"介绍"，然后选中文字，将文字设置为"隶书"、"加粗倾斜"、"红色"。

④ 右击圆角矩形，在弹出的快捷菜单中选择"置于底层"命令，圆角矩形右侧压在剪贴画下面。

⑤ 按住【Shift】键的同时选择圆角矩形和剪贴画，这时图形和剪贴画都处于选中状态，然后右击，在弹出的快捷菜单中选择"组合"命令，即可将其组合为一幅图。对该图进行移动等操作时，都是以一个图形出现的。

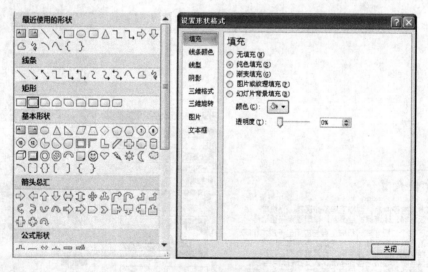

图 5-32 绘制自选图形与格式设置

在其他幻灯片中出现同样的图标时，可以用"复制"和"粘贴"的方法，将做好的图标粘贴到其他幻灯片中的相同位置，也可以把图标添加到幻灯片母版中。

5.2.5 改变幻灯片背景

在幻灯片中插入图片背景。

操作步骤：

① 打开第 6 张幻灯片，在"设计"选项卡的"背景"组中选中"隐藏背景图形"复选框，如图 5-33 左图所示。

② 单击"背景样式"右侧的下三角按钮，在弹出的下拉列表中选择"设置背景格式"选项，如图 5-33 右图所示。

图 5-33　设计背景

③ 弹出"设置背景格式"对话框，如图 5 34 左图所示。在"填充"选项组中选中"图片或纹理填充"单选按钮，生成的幻灯片如图 5-34 右图所示。

另外，如需用图片做背景时，在"插入自"选项组中单击"文件"按钮，弹出"插入图片"对话框。在其中选择所要插入的图片，单击"插入"按钮，返回"设置背景格式"对话框，然后单击"关闭"按钮，所选择的幻灯片背景即可显示插入的图片。

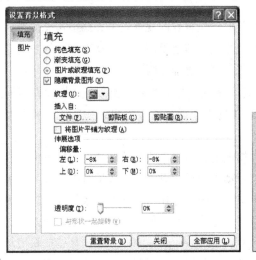

图 5-34　填充图片背景和生成的幻灯片

5.2.6　添加艺术字

在第 6 张幻灯片中插入艺术字"谢谢观赏！"。

操作步骤：

① 在"插入"选项卡的"文本"组中单击"艺术字"按钮，在弹出的下拉列表中选择渐变填充艺术字样式，在幻灯片中的艺术字占位符内输入"谢谢观赏！"。

② 编辑艺术字。在"格式"选项卡的"艺术字样式"组中单击"对话框启动器"按钮，在弹出的"设置文本效果格式"对话框中进行如图 5-35 所示的设置。

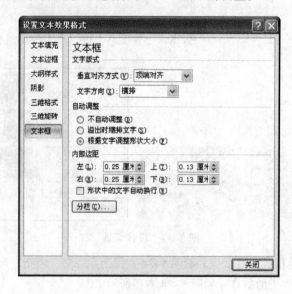

图 5-35 设置文本效果格式

5.3 增强"校园介绍"演示文稿的演示效果

添加动画效果和切换效果使幻灯片在播放时产生特殊的视觉效果，添加声音效果和媒体声音文件等使幻灯片的播放变得生动、活泼。放映方式也需要重新设置，从而符合用户的需求。有时需要在页脚处添加页码及必要的注释，使每张幻灯片更加清晰明了。

案例 2：制作"校园介绍"演示文稿，使文字和图片等按要求出现，幻灯片有不同的切换效果，放映时既可以自动循环播放也可以通过单击手动播放，添加背景音乐，在页脚添加日期、题名及页码。

案例分析：演示文稿是由静止的幻灯片构成的，为文本或其他对象添加特殊的视觉及声音效果，可以使演示文稿变得生动、活泼，这就是动画效果。设置动画效果可以使演示文稿更具感染力。幻灯片切换效果是指在幻灯片放映视图中从一张幻灯片切换到下一张幻灯片时出现的类似动画的效果。PowerPoint 2007 提供了不同类型的幻灯片切换效果，常用的有无切换效果、淡出和溶解、擦除、条纹和横纹、推进和覆盖、随机 6 类。PowerPoint 2007 中可以直接放映演示文稿，要想改变放映效果，用户需要对放映进行重新设置。常用的是幻灯片页面的演示控制，主要有幻灯片的定时放映、连续放映及循环放映。添加动画及幻灯片切换效果，设置放映方式，它们是 PowerPoint 中的常用操作。

添加声音、视频等内容可以增强演示文稿的播放效果。在 PowerPoint 2007 中可以在幻灯片中插入声音和音乐，还可以播放 CD 音乐、添加旁白。背景音乐可以通过插入媒体中的声音文件来完成，用声音预览试听效果。为了保持界面的整齐美观，可以将幻灯片中的声音图标隐藏或将其从幻灯片中移到灰色区域，这样放映时幻灯片中将不显示声音图标。

在制作幻灯片时使用页眉和页脚功能。它可以将幻灯片编号、日期和时间、公司徽标、演示文稿标题或文件名、演讲者姓名等信息添加到演示文稿中。这些信息可以添加在讲义或备注页的顶部或底部。

5.3.1　设置动画效果

1．用预设动画为第 2 张幻灯片中的文字添加"飞入"效果

PowerPoint 2007 提供了 3 种预设动画，分别为淡出、擦除和飞入。预设动画是一种快速、简便地生成动画效果的方法，其功能简单且实用。

操作步骤：

① 选择文字，在"动画"选项卡的"动画"组中单击"动画"右侧的下三角按钮，在弹出的下拉列表中选择"飞入"选项组中的"整批发送"选项，如图 5-36 所示。

② 在"预览"组中单击"预览"按钮可以预览动画效果。

图 5-36　选择"整批发送"选项

2．用自定义动画为第 3 张幻灯片添加"淡出式回旋"效果

使用自定义动画可以更加灵活地控制幻灯片中的对象，不但可以控制对象的整体动画效果，而且可以控制对象出现的顺序、声音等。

操作步骤：

① 选择文字，在"动画"选项卡的"动画"组中单击"自定义动画"按钮，打开"自定义动画"任务窗格。

② 在"自定义动画"任务窗格中单击"添加效果"按钮，在弹出的下拉列表中选择"进入"→"淡出式回旋"选项，如图 5-37 左图所示。

在子选项中显示的效果不能满足需要，可以选择"其他效果"选项，弹出"添加进入效果"对话框。用户可以在该对话框中选择需要的进入效果，如图 5-37 右图所示。

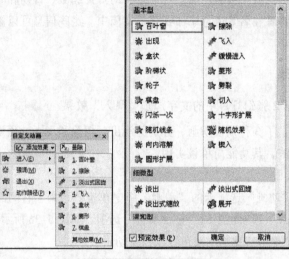

图 5-37　设置"进入"动画和"添加进入效果"对话框

③ 在"自定义动画"任务窗格中单击"开始"右侧的下三角按钮，在弹出的下拉列表中选择"之前"选项，如图 5-38 左图所示。

另外还可根据需要设置"方向"和"速度"两个选项，改变动画运动方向和运行速度。

④ 单击动画列表右侧的下三角按钮，在弹出的下拉列表中选择"效果选项"选项，弹出动画效果对话框，如图 5-38 右图所示。在"增强"选项组中可以设置动画播放时的声音、状态和动画文本的发送方式等。

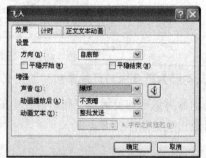

图 5-38　自定义动画设置

3．设置动作路径

除了为对象设置"进入"、"强调"和"退出"动画效果之外，还可以为对象添加"动作路径"，使对象按照指定的路线进行移动。PowerPoint 2007 提供了多种预设的动作路径，如曲线、直线、对角线等。另外，在"添加动作路径"对话框中还有很多不同的图形路径可以选择。

操作步骤：

① 选择要设置动作路径的对象，在"动画"选项卡的"动画"组中单击"自定义动画"按钮，打开"自定义动画"任务窗格。

② 在"自定义动画"任务窗格中单击"添加效果"按钮，在弹出的下拉列表中选择"动作路径" → "其他动作路径"选项，如图 5-39 左图所示。

③ 在弹出的"添加动作路径"对话框中选择要添加的动作路径，单击"确定"按钮，如图 5-39 右图所示。

图 5-39　添加动作路径

④ 如果要移动或调整动作路径，选择该动作路径，将鼠标指针置于控制点上并拖动，即可更改动作路径，如图 5-40 所示。

⑤ 设置完成后，单击"播放"按钮即可观看其效果。

4．更改动画效果

如果用户对幻灯片中已设置的动画效果不满意，可以更改设置的动画效果。

操作步骤：

① 在"动画"选项卡的"动画"组中单击"自定义动画"按钮，打开"自定义动画"任务窗格。

② 在"自定义动画"任务窗格中单击"更改"按钮，在弹出的下拉列表中重新选择即可。单击"删除"按钮可以删除选中的动画效果。

5．调整动画播放顺序

当幻灯片中添加了多个动画效果时，添加效果时的顺序即幻灯片放映时的播放顺序。当幻灯片中对象较多时，有时需要调整动画播放的顺序。

在"自定义动画"任务窗格的列表中选择需要移动的动画效果，当鼠标指针变成上下箭头时，按住鼠标左键并拖动，将动画效果移到横线所在的位置，释放鼠标即可，如图 5-41 所示。

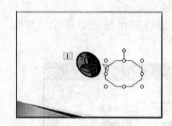

图 5-40　更改动作路径

图 5-41　更改动画效果

5.3.2　实现幻灯片间的切换

1. 为"校园介绍"演示文稿添加幻灯片切换效果

操作步骤：

① 以普通视图的方式打开演示文稿，选择左侧"幻灯片"选项卡中需要添加切换效果的幻灯片。

② 在"动画"选项卡的"切换到此幻灯片"组中单击"其他"按钮，在弹出的下拉列表中选择切换效果，如图 5-42 所示。

③ 在"切换到此幻灯片"组中单击"切换声音"右侧的下三角按钮，在弹出的下拉列表中选择切换声音，如图 5-43 所示。

④ 设置"切换速度"选项。

⑤ 自定义幻灯片播放时间，在"切换到此幻灯片"组中的"切换方式"中选中"在此之后自动设置动画效果"复选框，在其微调框中输入幻灯片播放的具体时间。

⑥ 单击"切换到此幻灯片"组中的"全部应用"按钮，可以将设置的切换效果应用到所有的幻灯片。

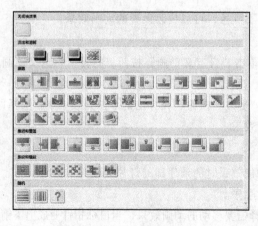

图 5-42　切换效果

图 5-43　设置切换声音

2．删除切换效果

如果对幻灯片的切换效果不满意，可以删除该效果。

选择要删除切换效果的幻灯片，在"动画"选项卡的"切换到此幻灯片"组中单击"其他"按钮，在弹出的下拉列表中选择"无切换效果"选项，如图 5-44 所示。

图 5-44　删除切换效果

5.3.3　添加声音文件

1．为"校园介绍"演示文稿添加背景音乐

为防止可能出现的超链接问题，将声音文件在添加到演示文稿之前复制到演示文稿所在的文件夹。

操作步骤：

① 选择第 1 张幻灯片，在"插入"选项卡的"媒体剪辑"组中单击"声音"下三角按钮，如图 5-45 左图所示。

② 在下拉列表中选择"文件中的声音"选项，在弹出的对话框中双击要添加的声音文件。

③ 弹出 Microsoft Office PowerPoint 对话框，如图 5-45 右图所示。单击"自动"按钮选择自动播放方式，这时幻灯片中出现小喇叭图标。

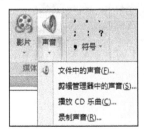 

图 5-45　选择文件中的声音

自动：放映该幻灯片时，如果没有其他媒体效果，则会自动播放该声音文件。如果有其他效果（如动画），则在该效果完成后播放该声音文件。

在单击时：放映幻灯片时，需要通过单击声音图标手动播放。

插入声音时，会添加一种播放触发器效果。该设置之所以称为触发器，是因为必须单击某一特定区域（与只需单击幻灯片不同）才能播放声音。

一般格式的声音文件只能链接在幻灯片中，需要和演示文稿文件放在同一个文件夹中。WAV 格式的声音文件可以嵌入到演示文稿中，如果声音文件数据大，可以增加嵌入文件的默认值，最高可达到 50 000 KB，如图 5-46 所示。可以通过双击声音图标，在"声音工具"的"选项"选项卡中进行设置。如果提高此限制值就会增加整个演示文稿的大小，并可能减慢演示文稿的演示速度。

图 5-46　设置声音文件的大小

2．幻灯片中的声音设置

（1）预览声音的操作方法

方法 1：在幻灯片中双击声音图标 ，可以听到插入的声音。

方法 2：单击声音图标，在"声音工具"的"选项"选项卡的"播放"组中单击"预览"按钮。

（2）设置在放映期间连续播放声音

操作步骤：

单击声音图标，在"声音工具"的"选项"选项卡的"声音选项"组中选中"循环播放，直到停止"复选框。

选择循环播放时，声音将连续播放，直到下一张幻灯片为止。

（3）设置该声音在整个演示文稿演示过程中始终播放

操作步骤：

① 在"动画"选项卡的"动画"组中单击"自定义动画"按钮。

② 在"自定义动画"任务窗格中单击列表中所选声音右侧的下三角按钮，在弹出的下拉列表中选择"效果选项"选项，如图 5-47 左图所示。

③ 在"播放声音"对话框中的"效果"选项卡的"停止播放"选项组中选中"在…张幻灯片后"单选按钮，然后设置应在其上播放该文件的幻灯片总数，本例输入 6，如图 5-47 右图所示。

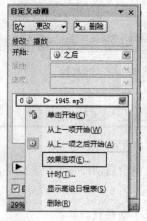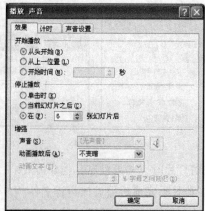

图 5-47　跨多张幻灯片播放声音

如果需要精确计算声音文件的长度，为幻灯片指定显示时间，用户可以在"声音设置"选项卡中的"信息"下查看声音文件的长度。

（4）设置放映时隐藏声音图标

操作步骤：

单击声音图标，在"声音工具"的"选项"选项卡的"声音选项"组中选中"放映时隐藏"复选框。

5.3.4　设置放映方式

1．定时放映幻灯片

用户在设置幻灯片切换效果时，可以设置每张幻灯片在放映时停留的时间，当到设定的时间时，幻灯片将自动向下放映。

"动画"选项卡的"切换到此幻灯片"组中的"换片方式"选项组如图 5-48 所示。

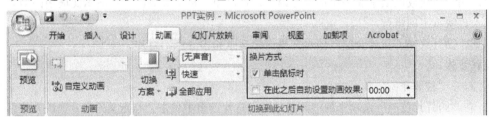

图 5-48　定时和连续放映

该选项组中包括以下两个选项：

单击鼠标时：用户单击或按【Enter】键和空格键时，放映的演示文稿将切换到下一张幻灯片。

在此之后自动设置动画效果：在其右侧的微调框中输入时间值，放映的幻灯片到设定的时间后，将自动切换到下一张幻灯片。

2．连续放映幻灯片

在"切换到此幻灯片"组中选中"在此之后自动设置动画效果"复选框，设置切换时间，然后单击"全部应用"按钮，为演示文稿中的每张幻灯片设定了相同的切换时间，这样就可以实现幻灯片的连续自动放映。

由于每张幻灯片的内容不同，需要的放映时间不同，因此用户通过"排练计时"功能也可以根据每张幻灯片的内容，为每张幻灯片设定需要的时间。

3．循环放映幻灯片

在展览会的展台上，人们会看到有些产品介绍的幻灯片自动循环放映，这是因为事先将幻灯片设置为循环放映方式。

在"幻灯片放映"选项卡的"设置"组中单击"设置幻灯片放映"按钮，弹出"设置放映方式"对话框，如图 5-49 所示。在"放映选项"选项组中选中"循环放映，按 Esc 键终止"复选框，即可在播放完最后一张幻灯片时自动跳转到第一张幻灯片，循环放映，直到用户按【Esc】键才退出放映状态。

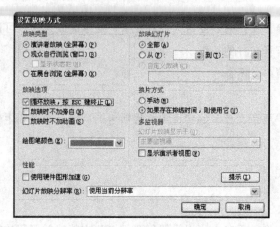

图 5-49　设置放映方式

4．自定义放映任意幻灯片

有时用户只要放映演示文稿中的部分内容，可以用"自定义放映"将演示文稿中的幻灯片进行分组，放映特定的张数。

例如，循环放映"校园介绍"演示文稿中第 2 张和第 3 张幻灯片。

操作步骤：

① 打开"校园介绍"演示文稿。

② 在"幻灯片放映"选项卡的"开始放映幻灯片"组中单击"自定义幻灯片放映"按钮，在弹出的下拉列表中选择"自定义放映"选项，弹出"自定义放映"对话框，如图 5-50 左图所示。

③ 在"自定义放映"对话框中单击"新建"按钮，弹出"定义自定义放映"对话框，如图 5-50 右图所示。在"幻灯片放映名称"文本框中输入新建放映的名称，默认的是"自定义放映 1"。在左侧的幻灯片列表框中选择第 2 张和第 3 张幻灯片，单击"添加"按钮，将选中的两张幻灯片添加到右侧列表框中，单击"确定"按钮，回到如图 5-50 左图所示的对话框，在"自定义放映"列表框中显示"自定义放映 1"选项。这时可以单击"放映"按钮直接放映，也可以单击"关闭"按钮关闭"自定义放映"对话框。

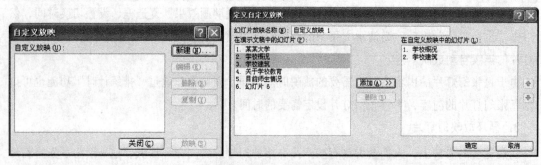

图 5-50　自定义幻灯片放映

④ 放映已定义的放映文件，在"幻灯片放映"选项卡的"设置"组中单击"设置幻灯片放映"按钮，弹出"设置放映方式"对话框。在"放映幻灯片"选项组中选中"自定义放映"单选按钮，然后在其下方的下拉列表中选择刚定义的"自定义放映 1"选项。再设置相应的播放方式，单击"确定"按钮。

⑤ 单击播放按钮，将自动播放自定义放映的幻灯片。

也可以直接单击"自定义幻灯片放映"按钮，在其下拉列表中选择自定义文件后播放。

5.3.5　设置幻灯片的页眉和页脚

为作品赏析幻灯片的页脚添加文字"校园介绍"、日期和页码。

操作步骤：

① 在"插入"选项卡的"文本"组中单击"页眉和页脚"按钮，弹出"页眉和页脚"对话框，如图 5-51 左图所示。

② 在该对话框中的"幻灯片"选项卡中选中"页脚"复选框，然后输入"诗歌欣赏"。

③ 选中"日期和时间"复选框，然后选中"固定"单选按钮。

该选项中包括以下两个单选按钮：

自动更新：当用户使用幻灯片时显示当时的日期。

固定：无论何时打开幻灯片，幻灯片上显示的日期都固定不变。

④ 选中"幻灯片编号"复选框，即可插入幻灯片页码。选中"标题幻灯片中不显示"复选框，即第 1 张幻灯片上不显示编号。

⑤ 单击"全部应用"按钮，在除标题幻灯片以外的所有幻灯片上显示所设定的页脚信息，如图 5-51 右图所示。如果单击"应用"按钮，则只在所选幻灯片上显示页脚信息，在其他幻灯片上不显示。

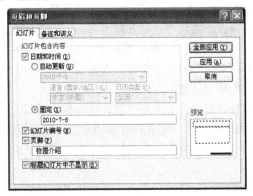

图 5-51　添加页眉和页脚

"页眉和页脚"对话框中的"预览"框中有将要显示在幻灯片、讲义或备注页上的位置信息。

5.4　制作介绍型的演示文稿

介绍型演示文稿强调随意性，也就是用户可以根据自己的需要查看其中的某一部分，而不需要全部浏览，突出方便的链接操作。本节以制作某计算机学院介绍型演示文稿为案例，介绍相关的操作方法，以及 SmartArt 图形和嵌入图表的操作方法。

案例 3：创建一个某学院介绍演示文稿，主要内容包括学院简介、系所介绍、教师情况和学生情况。介绍内容时用到图形及图表等，放映幻灯片时，用户可以根据需要查看相应内容，查看后可以返回原位。案例效果如图 5-52 所示。

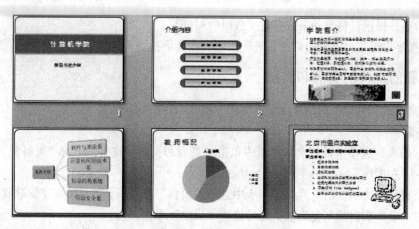

图 5-52 案例 3 效果

案例分析：学院介绍演示文稿包括总体介绍和各部分介绍。为了使内容清楚、直观，除使用文字外，还用到了图形、图表以及嵌入文件等。由于不同的观众对介绍的内容了解意向不同，因此根据案例的要求，用超链接及动作按钮完成跳跃浏览。

SmartArt 图形是一种事先设计好的图形元件。用户可以快速、轻松地将其添加到演示文稿中，从而为数据增添表现效果。选择不同的图形布局（如循环、列表、进程、层次结构、矩阵等）来有效地表现数据信息，使文本变得生动。

PowerPoint 2007 中包含很多不同类型的图表和图形，图表可以嵌入演示文稿中，在嵌入图表中输入数据，这些数据可以在 Excel 2007 中进行编辑，而且所用到的 Excel 工作表将随 PowerPoint 文件一起保存。不过使用系统中的图表功能的前提条件是系统中必须安装了 Excel 2007 软件。

在 PowerPoint 2007 中，超链接可以从一张幻灯片链接到同一演示文稿中的另一张幻灯片，也可以链接到不同的演示文稿，还可以链接到电子邮件地址、网页或文件。大多数情况下用幻灯片中的文本或对象（如图片、图形、形状或艺术字）创建超链接。

动作按钮是 PowerPoint 中预先设置好的一组带有特定动作的图形按钮，这些按钮被预先设置为指向"前一张"、"后一张"、"第一张"、"最后一张幻灯片"、"播放声音及播放电影"等超链接。除使用这些规定动作外，用户也可以重新设置动作。通过设置应用预置按钮，可以在放映幻灯片时跳转到相关位置。

动作与超链接有很多相似之处，包括了超链接可以指向的所有位置，动作还可以设置其他属性，如设置当鼠标移过某一对象上方时的动作。设置动作与设置超链接是相互联系的，在"设置动作"对话框中进行相应的设置，可以在"编辑超链接"对话框中表现出来。

通过添加超链接或动作按钮，将演示文稿的结构变得复杂。有时希望被链接的幻灯片在顺序浏览时不显示，只能通过超链接显示，这种情况下可以将幻灯片隐藏。

下面主要介绍 SmartArt 图形元素的用法、插入其他文件的方法、超链接及动作按钮的使用方法等。

5.4.1 制作学院组织结构图

1. 用列表图描述组织结构

操作步骤：

① 选择要插入循环图的幻灯片，在"插入"选项卡的"插图"组中单击 SmartArt 按钮，如图 5-53 左图所示。

② 弹出"选择 SmartArt 图形"对话框，在左侧窗格中选择"层次结构"选项，在中间列表框中选择"水平层次结构"选项，如图 5-53 右图所示，然后在幻灯片上创建层次结构图。

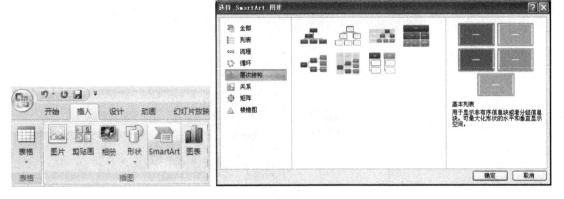

图 5-53　插入 SmartArt 图形

③ 选择刚创建的层次结构图，单击"文本窗格"按钮，打开"在此处键入文字"窗格，如图 5-54 所示，在文本框内输入系所介绍等内容。形状图形不够时，可以在文本框最后一行按【Enter】键添加形状，其他多余的形状可以在"在此处键入文字"窗格中直接删除。图 5-54 中右图即为删除后的效果。

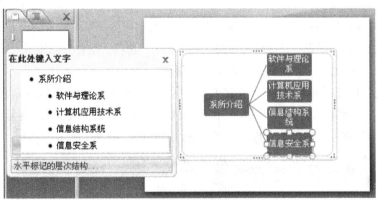

图 5-54　用 SmartArt 图形输入文本

2．对 SmartArt 图形进行适当的修饰

用户可以根据需要对插入的 SmartArt 图形进行适当的编辑，包括以下操作：

更改布局：选择刚创建的层次结构图，在如图 5-55 所示的"SmartArt 工具"的"设计"选项卡的"布局"组中单击"其他"按钮，在弹出的下拉列表中选择需要的布局即可。

图 5-55　更改布局

更改样式：单击"SmartArt 样式"组中的"其他"按钮，在弹出的下拉列表中选择需要的样式即可。

更改颜色：单击"SmartArt 样式"组中的"更改颜色"按钮，在弹出的下拉列表中选择需要的颜色即可。

设置后的 SmartArt 图形效果如图 5-56 所示。

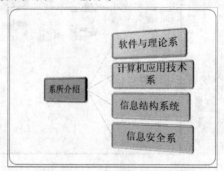

图 5-56　设置后的效果

5.4.2　制作学院教师情况分析图

1．在演示文稿中嵌入图表

操作步骤：

① 选择要嵌入图表的占位符，在"插入"选项卡的"插图"组中单击"图表"按钮。

② 在弹出的"插入图表"对话框的左侧选择"饼图"选项，在右侧选择图表子类，单击"确定"按钮，如图 5-57 所示，即可在幻灯片中生成饼图。

在另一个窗口中打开 Excel 2007，并在工作表中显示示例数据，如图 5-58 所示。

③ 在 Excel 中更换示例数据，选中工作表中的单元格，然后输入数据。更换 A 列中的示例轴标签以及 B2 单元格中的图例项名称，如图 5-58 右图所示。

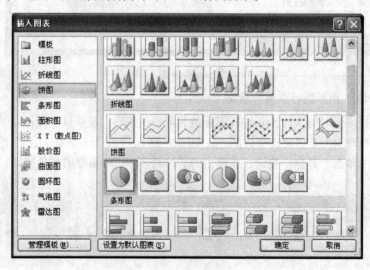

图 5-57　插入图表图标和插入图表对话框

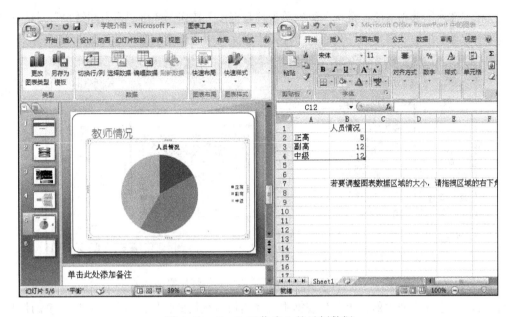

图 5-58　Excel 工作表上的示例数据

更新工作表之后，PowerPoint 中的图表数据自动更新。

2．编辑与修饰图表

操作步骤：

① 选择嵌入图表，在"图表工具"的"设计"选项卡的"类型"组中单击"更改图表类型"按钮，设置图表为柱形或其他类型。

② 在"数据"组中单击"编辑数据"按钮，可以修改 Excel 工作表中的数据值。

③ 在"图表布局"组中可以选择在图块上显示百分比等信息，在"图表样式"组中可以选择不同的样式，如图 5-59 所示。

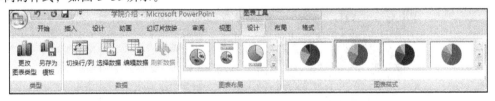

图 5-59　编辑与修饰图表

除了使用这种方法嵌入图表以外，另一种方法是在 Excel 2007 中复制图表并将其粘贴到演示文稿中，图表中的数据链接到 Excel 工作表。如果要更改图表中的数据，则必须在被链接的 Excel 2007 工作表中进行更改。该 Excel 工作表是一个单独的文件，并且不随 PowerPoint 文件一起保存。

5.4.3　链接到相关的幻灯片

将第 2 张幻灯片中的各项内容分别链接到内容相关的幻灯片。

操作步骤：

① 选择要用做超链接的图文框。

② 在"插入"选项卡的"链接"组中单击"超链接"按钮，弹出"插入超链接"对话框。

③ 在对话框中的"链接到"列表框中选择"本文档中的位置"选项，如图 5-60 所示。

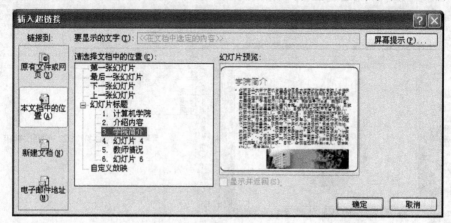

图 5-60 链接到相同演示文稿中的幻灯片的超链接

④ 在"请选择文档中的位置"列表框中选择用做超链接的目标幻灯片，这时右侧幻灯片预览框中显示目标幻灯片，单击"确定"按钮。

使用同样的方法链接其他选项。

如果要与不同演示文稿中的幻灯片创建超链接，要在"链接到"列表框中选择"原有文件或网页"选项。与电子邮件地址创建超链接，在"链接到"列表框中选择"电子邮件地址"选项即可。

5.4.4 添加返回按钮

操作步骤：

① 选择第 3 张幻灯片，在"插入"选项卡的"插图"组中单击"形状"按钮，弹出下拉列表。

② 在"动作按钮"选项组中选择要添加的返回按钮，如图 5-61 所示。

图 5-61 播入动作按钮

③ 在要插入按钮的位置拖出该按钮形状，同时弹出"动作设置"对话框。

④ 在"动作设置"对话框中选择"单击鼠标"选项卡，在其中选中"超链接到"单选按钮，如图 5-62 左图所示。单击"确定"按钮，即可单击该按钮返回到浏览这张幻灯片之前的幻灯片。

默认值可以修改，重新设置返回位置，方法是在"超链接到"下拉列表中选择"幻灯片"选项，弹出"超链接到幻灯片"对话框，如图 5-62 右图所示。在其中选择第 2 张幻灯片，这样当单击该按钮时就会返回到第 2 张幻灯片。

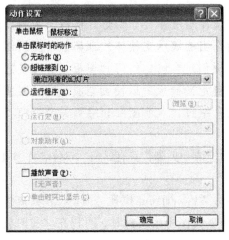

图 5-62　设置动作超链接

5.4.5　隐藏幻灯片

操作步骤：

① 在"幻灯片"选项卡中选中要隐藏的幻灯片，如图 5-63 左图所示。

② 在"幻灯片放映"选项卡的"设置"组中单击"隐藏幻灯片"按钮。

被隐藏的幻灯片编号上将显示一个带有斜线的灰色小方框，如图 5-63 右图所示，该张幻灯片在正常放映时将不显示，只有当用户单击指向它的超链接或动作按钮时才会显示。

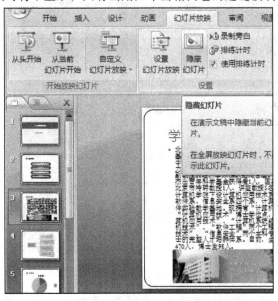

图 5-63　隐藏幻灯片

如果取消隐藏幻灯片，只需选中该幻灯片，然后在"幻灯片放映"选项卡的"设置"组中单击"隐藏幻灯片"按钮即可。

5.5 制作教学课件统一模板

用户可以使用 PowerPoint 提供的预设格式设计幻灯片，如幻灯片模板、主题样式和背景等，从而轻松地制作出幻灯片。不过这样制作出的演示文稿样式都类似。要想创建具有个性的演示文稿，可以通过母版设计幻灯片模板创建自己的幻灯片模板，也可以把已有的演示文稿保存成模板进行加工，再把其保存在自定义模板中以便创建演示文稿时使用。幻灯片模板、主题样式和背景的操作在前面已经介绍过，本节主要介绍有关母版和转化成自定义模板的方法。

案例 4：制作一个教学课件的模板，要求界面整洁，页脚位置有日期、单位名称和页码，效果如图 5-64 所示。

案例分析：用户可以将已有的演示文稿保存为"PowerPoint 模板"类型，使其成为自定义模板并保存在"我的模板"中。当创建演示文稿需要使用该模板时，可以在"我的模板"列表框中进行调用。

母版是幻灯片层次结构中的顶级幻灯片，它存储了有关演示文稿的主题和幻灯片版式的所有信息，包括背景、颜色、字体、效果、占位符的大小和位置。每个演示文稿至少包含一个幻灯片母版。用户重新设置幻灯片母版，即可对演示文稿中的幻灯片进行统一样式的设置。使用幻灯片母版可以节省时间，因为相同的信息可以统一进行修改。当演示文稿包括大量幻灯片时，幻灯片母版尤为重要。

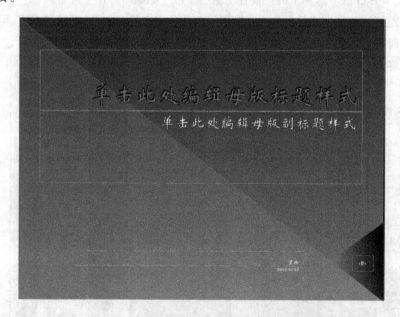

图 5-64 案例 4 的效果

制作模板用到幻灯片母版，母版设计包括版式设计、主题样式及颜色、字体、效果等，添加图标设置幻灯片的个性标志及添加页脚内容。最后将制作好的母版保存成模板，将其添加到自定义模板中，此时用户就可以使用了。

5.5.1　创建幻灯片母版

1．设置母版版式

操作步骤：

① 在"视图"选项卡的"演示文稿视图"组中单击"幻灯片母版"按钮，如图 5-65 所示，进入幻灯片母版视图。

图 5-65　新建幻灯片母版

② 在幻灯片母版视图左侧的窗格中有 12 种幻灯片的母版样式，选择"标题和内容"幻灯片母版样式，如图 5-66 所示。

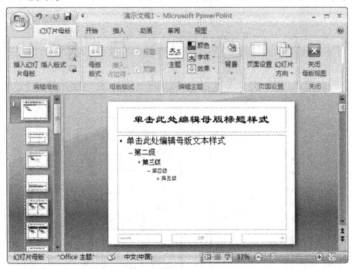

图 5-66　"标题和内容"幻灯片母版样式

母版中已有占位符，如果想重新设置占位符，先要删除不需要的默认占位符，方法有如下两种：

① 单击标题占位符的边框，然后按【Delete】键。

② 在"幻灯片母版"选项卡的"母版版式"组中单击"母版版式"按钮，在弹出的"母版版式"对话框中进行占位符设置。

本例中不需要改变版式，这里不再详细介绍。

2．编辑母版主题

在幻灯片母版中用户可以应用幻灯片主题，应用后母版的所有关联版式都会发生变化。

操作步骤：

① 进入幻灯片母版视图，在"幻灯片母版"选项卡的"编辑主题"组中单击"主题"按钮，在弹出的下拉列表中选择"活力"主题样式，如图 5-67 左图所示。

② 编辑主题颜色。在"编辑主题"组中单击"颜色"按钮，在弹出的下拉列表中选择"流

畅"选项，如图 5-67 右图所示。

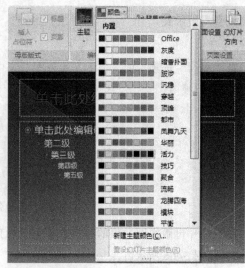

图 5-67　应用主题和编辑主题颜色

③ 编辑主题字体。单击"字体"按钮，在弹出的下拉列表中选择"华文新魏"选项，如图 5-68 左图所示。

④ 编辑主题效果。单击"效果"按钮，在弹出的下拉列表中选择"活力"选项，如图 5-68 右图所示。

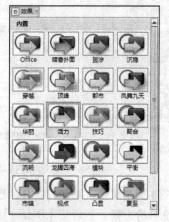

图 5-68　编辑主题字体和效果

⑤ 单击"关闭"组中的"关闭母版视图"按钮，回到普通视图。

3. 保存母版

一般情况下，幻灯片母版设置好了直接应用于幻灯片，未进行保存。要想在以后使用设计好的母版，可以把它保存成模板。

操作步骤：

① 单击 Office 按钮，在弹出的下拉菜单中选择"另存为"命令。

② 在弹出的"另存为"对话框中的"文件名"组合框中输入文件名，在"保存类型"下拉列表中选择"PowerPoint 模板"选项，然后单击"保存"按钮。这时创建的母版就以模板的形式

保存在 Templates 文件夹中，用户以后可以调用该模板创建演示文稿。

最好在构建幻灯片之前创建幻灯片母版。如果先创建了幻灯片母版，则添加到演示文稿中的所有幻灯片都会在该幻灯片母版和相关联的版式中完成。

5.5.2　将已有的演示文稿保存成模板

1．将已有的演示文稿保存成模板

操作步骤：

① 打开已有的演示文稿，单击 Office 按钮，在弹出的下拉菜单中选择"另存为"命令。

② 在弹出的"另存为"对话框中的"文件名"组合框中输入文件名，在"保存类型"下拉列表中选择"PowerPoint 模板"选项，然后单击"保存"按钮。这时文稿就以模板的形式保存在 Templates 文件夹中。

2．将现有的自定义模板或在网上下载的模板保存到"我的模板"列表框中

操作步骤：

① 打开自定义模板，单击 Office 按钮，在弹出的下拉菜单中选择"另存为"命令，弹出"另存为"对话框，如图 5-69 所示。

② 在"保存类型"下拉列表中选择"PowerPoint 模板"选项。

③ 单击"确定"按钮，将模板保存到 PowerPoint 默认的 Templates 文件夹中。

④ 关闭打开的模板文件。

图 5-69　"另存为"对话框

小　　结

本章讲述了 PowerPoint 2007 演示文稿的创建、保存，在幻灯片中插入多媒体元素以及动画效果、切换效果、超链接等方法。本章介绍了演示文稿的制作流程，从简单的创建到技巧性的艺术加工，从主题色彩的使用到创建母版，使用户学会了创建多姿多彩的个性幻灯片的方法。可以设置放映方式改变放映的固有模式，从而满足不同用户的要求。使用 PowerPoint 2007 还可以制作贺

卡、相册等。有兴趣的用户可以通过系统中提供的帮助工具以及通过网络进行深入学习。

习　题

一、填空题

1. PowerPoint 的各种视图中，显示单个幻灯片以进行文本编辑的视图是_____。

2. PowerPoint 2007 文件的扩展名是_____。

3. PowerPoint 中，在浏览视图下，按住【Ctrl】键并拖动某幻灯片，可以完成_____幻灯片操作。

4. 对于演示文稿中不准备放映的幻灯片可以用_____选项卡中的"隐藏幻灯片"命令隐藏。

5. 用 PowerPoint 制作的幻灯片在放映时，要是每两张幻灯片之间的切换采用向右擦除的方式，可在 PowerPoint 的_____选项卡中设置.（动画）

6. 在 PowerPoint 放映幻灯片时，若中途要退出播放状态，应按的功能键是_____。

7. 在 PowerPoint 中，对幻灯片进行移动、删除、添加、复制、设置动画效果，但不能编辑幻灯片中具体内容的视图是_____。

8. 在 PowerPoint 中，_____是幻灯片层次结构中的顶级幻灯片，它存储有关演示文稿的主题和幻灯片版式的所有信息，包括背景、颜色、字体、效果、占位符的大小和位置。

9. 在 PowerPoint 中，具有交互功能的演示文稿具有_____功能。

10. 在 PowerPoint 演示文稿中，如果要在放映第五张幻灯片时，单击幻灯片上的某对象后，跳转到第八张幻灯片上，选择"插入"菜单中_____命令可进行设置。

二、简答题

1. 请说出幻灯片 4 种视图的名称及它们的用途。

2. "主题"与"版式"的概念是什么？在一个演示文稿中可以选择不同的"主题"和多种"版式"吗？

3. 在制作一张幻灯片时，可以用"插入对象"的方法插入图表，也可以直接复制 Excel 中的图表，两者的区别是什么？

4. 如何利用超链接功能自由组织幻灯片的浏览顺序？

5. 如何设置演示文稿的自动播放效果？

三、操作题

1. 设计制作一个以自我介绍为题材的演示文稿。要求：

（1）创建演示文稿，各张幻灯片中分别用到"标题幻灯片"、"标题和内容"、"空白"等版式幻灯片。

（2）通过主题样式，使其对样式中的颜色、字体和效果的设定使幻灯片具有自己的风格，用到幻灯片母版，在母版中添加标志图标等，保存成模板文件，以便在以后的操作中使用。

（3）幻灯片中要有"图片"、"自选图形"、"SmartArt"等内容。

（4）幻灯片中要有动画效果，不同的切换方式及适当的超链接，用到幻灯片隐藏。

（5）为幻灯片设置适当的声音文件或背景音乐。

（6）将演示文稿中的部分内容设置循环放映。

（7）将演示文稿以每页 9 张幻灯片的格式打印输出。

第 6 章 // Access 数据库

学习目标

- 掌握数据库的基本概念。
- 熟悉 Access 表的概念和操作。
- 熟悉 Access 查询的应用。
- 熟悉 Access 窗体和报表的应用。

Access 是常用的小型关系数据库管理系统，是 Office 的一个组件。本章主要介绍 Access 数据库的功能、特点、基本操作、数据库对象以及 Access 数据库应用系统的开发过程和实现。

6.1 Access 数据库的基本概念

数据库（database，DB）就是数据的集合，是按一定组织结构来存储数据的。数据库中的数据具有整体性。数据库系统用于存储和产生所需要的有用信息。

6.1.1 数据库系统

数据库系统用来管理数据，因此数据是重要的组成部分。此外，没有硬件的支持数据无法保存，没有软件的支持数据也无法管理，当然这一切都离不开人的作用，人员在数据库系统中扮演了不同的角色，所以数据库系统是由数据、硬件、软件和人员共同构成的。

1. 数据

数据是计算机程序加工的"原料"，用于承载信息的物理符号。例如，一个程序中使用的编码是字符串，描述商品的数量是整数，这些待加工的内容都是数据。计算机可以处理文字、数值、符号、图形、图像以及声音等数据。这些数据以一种约定俗成的字符和定义表现出来，并以符号化的形式存于计算机中。

数据是有"型"和"值"之分的。数据的"型"是指数据的结构，即数据的内部构成和对外联系，数据的"值"就是真正的取值。例如，要描述一个教师的数据由姓名、性别、年龄、学位和职称构成，这是数据的"型"，其中教师为数据名，姓名、性别、年龄、学位和职称为属性名。数据的表现形式就是教师（姓名，性别，年龄，学位，职称），而符号化的（张三，男，38，博士，副教授）就是一个具体的值。此外，数据受数据类型和取值的约束，类型直接影响数据的表示方式、存储和运算等。

2. 硬件

硬件位于整个系统的最内层，要求有足够大的内存来存放操作系统、数据库管理系统的核心模块、数据缓冲区和应用程序，还要有足够大的磁盘和高速的数据传输功能。

3. 软件

软件位于硬件和用户之间，包括多层次的软件支持。位于软件的最里层，紧邻硬件的是操作系统，位于操作系统和其他软件中间的是数据库管理系统。数据库管理系统是一种系统软件，它负责数据库中的数据组织、数据操纵、数据维护、控制及保护和数据服务等，是数据库建立、使用和维护的支撑，是数据库的核心。虽然存放数据的数据库物理上存放在磁盘中，但是其逻辑结构是在这个层次中管理的。

此外，还有用于开发应用程序的程序设计语言，是数据库系统的开发和应用系统的开发工具与环境。位于软件最外层的是为最终用户直接提供服务的应用程序及为特定应用环境而开发的数据库应用系统。

4. 人员

数据库系统中的人员根据分工不同分别扮演着不同的角色，在系统中服务于不同层次的软件。

数据库管理员（database administrator，DBA）负责全面管理和控制数据库系统，其具体职责包括决定数据库中的信息内容和结构、决定数据库的存储结构和存/取策略、定义数据的安全性要求和完整性约束条件、监控数据库的使用和运行以及负责数据库的改进和重组工作。

系统分析员负责应用系统的需求分析和规范说明工作，负责和用户以及 DBA 相互沟通，确定系统的硬件和软件配置，并参与数据库系统的概要设计。

数据库设计员负责数据库中数据的确定、数据库各级模式的设计。数据库设计人员必须参加用户需求调查和系统分析，然后进行数据库设计。

应用程序员负责设计和编写数据库应用系统的程序模块，并进行安装和调试。

最终用户通过数据库应用系统的用户界面使用数据库。

如图 6-1 所示为数据库系统部分组成层次的示意图。

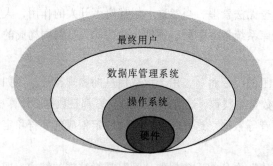

图 6-1　数据库系统部分组成层次示意图

6.1.2　Access 数据库

Access 是常用的桌面数据库管理系统。1992 年 11 月，Microsoft Access 1.0 版本发布。此后发布了 Access 95、Access 97、Access 2000 和 Access 2003。2007 年随着 Office 2007 的发布出现了 Access 2007 版本。这一版本比之前版本新增了许多功能。以下各节中介绍的 Access 都指 2007 版。

Access 数据库管理系统（以下简称 Access）适用于小型业务活动，用来存储和管理业务活动所需要的数据。它不仅具有完善的数据管理功能，还可以方便地利用各种数据源生成窗体、查询、报表等数据库对象和应用程序等。主要特点如下：

（1）存储方式单一

管理多种对象，包括表、查询、窗体、报表、宏和模块。所有对象都存放在一个数据库文件中，便于用户的操作和管理。

（2）面向对象

Access 是一个面向对象的开发工具，利用面向对象的方式将数据库系统中的各种功能对象化，将数据库管理的各种功能封装在对应的对象中。一个应用系统由一系列对象组成，每个对象都定义一组方法和属性，用户还可以按需要给对象扩展方法和属性。通过对象的方法、属性完成数据库的操作和管理，极大地简化了用户的开发工作。同时，这种基于面向对象的开发方式使得应用程序开发更为简便。

（3）界面友好，易操作

Access 是一个可视化工具，通过拖动就可以轻松生成对象。系统还提供了表生成器、查询生成器、报表设计器以及数据库向导、各类对象的向导等工具，使得操作简便，容易掌握。

（4）集成环境，处理多种数据信息

基于 Windows 操作系统下的集成开发环境，该环境集成了各种向导和生成器工具，极大地提高了开发人员的工作效率，使创建数据库、创建表、设计用户界面、设计数据查询、打印报表等工作可以方便有序地进行。

（5）Access 支持开放数据库互连

开放数据库互连（open database connectivity，ODBC）即在一个数据库表中嵌入位图、声音、Excel 表格、Word 文档等，还可以创建动态的数据库报表和窗体，或将程序应用与网络中的动态数据相连接。

6.1.3 Access 数据库对象

Access 可以在一个数据库文件（.accdb）中管理所有的用户信息，还可以向数据库中添加新数据。所有的操作都是通过 6 个数据库对象完成的，这 6 个数据库对象分别为表、查询、窗体、报表、宏和模块。Access 通过数据库对象管理数据，实现信息管理和数据共享。

1. 表

表（table）是包含特定主题（如学生表或教师表）数据的对象。数据库中的表以行和列的形式存储数据。数据存储在数据库中的组织方式与存储在电子表格中的方式是不同的，不过可以很容易地将电子表格中的数据导入到数据库表中。

表中的每一行称为一条记录（record）。记录用来存储各条信息。每一条记录包含一个或多个字段（field），字段对应表中的列。如图 6-2 所示，学生表存储学生的基本信息，其中每一条记录（行）都包含不同学生的基本信息，每一个字段（列）都包含不同类型的信息（如学号、姓名、性别和出生日期等）。最上面一行说明字段的属性称为字段名，其余各行都是字段的具体值，每一个字段必须指定为某一种数据类型，该数据类型可以是文本、日期、时间、数字或其他类型。每个字段的取值范围称为字段的值域。

学生

学号	姓名	性别	出生日期	籍贯	政治面貌	专业
01092104	胡古月	男	1983-3-15	江苏南京	团员	电子技术
01092105	高翔	男	1982-5-25	广州市	团员	电子技术
01092106	石小磊	男	1982-12-11	北京市	群众	电子技术
01092107	张晴	女	1983-12-31	广州市	团员	电子技术
01103101	夏斯雷	男	1982-8-19	广东佛山	团员	企业管理
01103102	冯春雨	男	1982-3-15	湖北宜昌	团员	企业管理
01103103	赵敏	男	1983-2-26	武汉市	群众	企业管理
01103104	李书会	男	1983-12-1	江苏无锡	团员	企业管理
01103105	丁秋莎	女	1983-9-21	重庆市	团员	企业管理
01103106	林大林	男	1984-2-9	江苏南京	团员	企业管理
01124101	雷铭	男	1983-11-11	广东韶关	团员	水务工程
01124102	李菁	男	1982-11-18	湖南长沙	团员	水务工程
01124103	陈静	女	1983-3-24	天津市	团员	水务工程
01124104	王亚南	男	1982-9-25	河南洛阳	团员	水务工程
01124105	钟山	男	1983-3-15	江苏南京	团员	水务工程
01124106	卢茗华	女	1982-5-25	北京海淀	团员	水务工程
01124107	金津	男	1982-12-11	北京市	团员	水务工程
01124108	李会	男	1983-12-31	山东烟台	团员	水务工程
01124109	吴楠	女	1984-12-19	山东济南	群众	水务工程
01124110	何亦伟	男	1983-11-9	河北邢台	团员	水务工程

图 6-2　学生表

为了使数据库具有更大的灵活性，需要将数据按照特定的结构组织到表中，这样就可以减少数据冗余（redundancy）的发生。例如，在存储有关学生的基本信息时，每个学生的信息只需在学生表中输入一次，存储一条记录。而有关选修课程和成绩的数据存储在另外专用的学生选课表中，有关课程的数据存储在另一个课程表中。将数据分类存放，减少冗余的过程称为规范化（normalization）。表与表之间不是孤立的，而是通过关系（relationship）将表联系起来。

2. 查询

查询（query）是数据库中应用较多的对象，可执行很多不同的功能。常用的功能是从表中检索特定的数据。如果要查看的数据分布在多个表中，通过查询就可以在一个数据表中查看这些数据。如果不需要一次看到所有记录，还可以使用查询添加一些条件将数据“筛选”成所需要的记录。查询通常可作为窗体和报表对象的数据源，或称记录源。

有些查询是可更新的，即可以通过查询数据表来编辑基础表中的数据。如果使用的是可更新的查询，对数据的更改并不是在查询数据表中完成，而是在基本表中完成的。

查询有选择查询和动作查询两种基本类型。选择查询仅仅检索数据以供使用，可以在屏幕中查看查询结果、将结果打印出来或者将其复制到剪贴板中，也可以将查询结果作为窗体或报表的记录源。动作查询可以对数据执行一项任务，使基本表中的数据有所改变。动作查询可以用来创建新表、向现有表中添加数据、更新数据或删除数据。

3. 窗体

窗体（form）有时称为数据输入屏幕。图 6-3 所示为用户登录窗体。窗体是用户用来处理数据的窗口，通常包含一些可执行各种命令的按钮，起到控制流程的作用。虽然可以直接在数据表中编辑数据，但是对最终用户而言，使用窗体才能更方便地查看、输入和编辑表中的数据。

窗体提供了一种简单易用的处理数据的格式，用户还可以向窗体中添加一些功能元素。例如，对命令按钮进行编程来确定在窗体中显示的数据范围，打开另一个窗体，打开报表或者执行其他各种任务。

使用窗体还可以控制其他用户与数据库数据之间的交互方式。例如，可以创建一个只显示特定字段且只允许执行特定操作的窗体，这样有助于保护数据并确保输入数据的正确性。

图 6-3　用户登录窗体

4．报表

报表（report）用来汇总和显示表中的数据。一个报表通常可以回答一个特定问题，例如，本班每个学生各门课程的考试分数是多少或者教师的授课情况如何。用户可以为每个报表设置格式，从而使显示的信息更容易阅读。

报表可以在任何时候运行，而且始终反映数据库中的当前数据。通常将报表设置为适合打印的格式，不过报表也可以在屏幕上进行查看、导出到其他程序或者以电子邮件的形式发送。

5．宏

宏（macro）在 Access 中可被看做一种简化的编程语言，用于向数据库中添加功能。例如，可将一个宏附加到窗体中的某一个命令按钮，这样每次单击该按钮时，所附加的宏就会运行。宏包括可执行任务的操作，例如，打开报表、运行查询或者关闭数据库等。大多数手动执行的数据库操作都可以利用宏自动执行，因此宏是非常省时的方法。

6．模块

模块与宏一样，是用来向数据库中添加功能的对象。用户可以通过在宏操作列表中进行选择创建 Access 中的宏，同时也可以用 VBA（visual basic for application）编程语言编写模块。

6.1.4　数据库应用设计过程

创建数据库应用系统必须进行数据库的设计，所谓数据库设计（database design），是指根据用户的需求，在某一具体的数据库管理系统中设计数据库的结构和创建数据库的过程。也就是一个根据业务需求规划和结构化数据库中的数据对象以及这些数据对象之间关系的过程。

一般，数据库的设计过程大致可分为 6 个步骤，分别为需求分析、概念结构设计、逻辑结构设计、物理结构设计、数据库的创建与实施和数据库的运行与维护。其中，需求分析和概念结构设计可以独立于任何数据库管理系统，而逻辑结构设计和物理结构设计与选择的 DBMS 密切相关。

对于一个高等学校的小型教务管理系统，涉及学生、课程、授课教师、成绩等信息，经常使用的操作有学生选课、查看开课教师、查看各门课程的成绩、教师录入学生成绩等，还需要查看教师、学生的基本信息等。为此以 Access 为开发平台，采用常用的数据库设计方法，实践数据库应用系统的开发。

需求分析这一阶段是整个设计过程的基础,是复杂和耗时的阶段,需求分析的工作做得不好,直接影响整个数据库的质量,甚至造成全部返工。

经过反复沟通、讨论,将系统需要记录处理的事实、信息整理归纳,形成一系列简明、准确的业务规则,逐条描述如下:

- 学生通过选课参与课堂学习,一个学生可选多门课程,每门课程可由多名学生选修。
- 一个教师可以讲授多门课程,每门课程只由一个教师讲授。
- 学生由学号、姓名、性别、出生日期、籍贯、政治面貌、专业、家庭住址、邮政编码、电话号码等属性描述,并附照片。
- 课程由课程号、课程名、学时、学分和课程类型等属性描述。
- 教师由职工号、姓名、性别、出生日期、文化程度、职称、联系地址、邮政编码、联系电话、电子信箱和所属部门等属性描述。
- 每个学生的每门课程需要记录平时成绩和期末成绩。

根据以上归纳的需求进行概念结构设计,即概念模型设计,通常在进行数据库概念结构设计时,采用画 E-R 图的方法,有关 E-R 图的知识可阅读相关参考文献。然后进行逻辑结构设计,将概念模型转换成关系模式,关系模式是用名称及其相关属性的组合来描述关系的方式。其中,有一个属性(或属性组)能够唯一标识其他记录,这个属性称为主键,连接两个关系的特殊属性称为外键。转换后的关系模式描述如下:

学生(学号,姓名,性别,出生日期,籍贯,政治面貌,专业,家庭住址,邮政编码,电话号码,照片),其中主键:学号

课程(课程号,课程名,学时,学分,课程类型,职工号),其中主键:课程号,外键:职工号

学生选课(学号,课程号,平时成绩,考试成绩),其中主键:学号+课程号,外键:学号,课程号

教师(职工号,姓名,性别,出生日期,文化程度,职称,联系地址,邮政编码,联系电话,电子信箱,所属部门),其中主键:职工号

使用 Access 数据库在大多数情况下无需进行复杂的物理结构设计,可由系统自身完成。接着就可以进行数据库的创建与实施和数据库的运行与维护。数据库系统创建后还需要验证,创建和运行一些典型的应用来验证数据库设计的正确性和合理性,还要测试系统的性能,分析是否达到设计目标。一般,一个数据库的设计过程往往需要经过多次循环反复。当设计过程中发现问题时,需要返回到前面进行修改。因此,在进行上述数据库设计时就应考虑到今后修改设计的可能性和方便性。

6.2 教学管理系统中的表及表间关系

Access 数据库中的表是以行和列形式存储数据的二维表。所有数据都是存储在表里的,因此表是其他对象的基础。表与表之间存在关联关系。使用 Access 开发数据库应用系统,首先必须创建应用数据库。

6.2.1　数据库的创建

在 Access 中创建应用数据库时，可以通过模板创建新数据库，也可以先创建空数据库，然后根据用户的应用需要再创建相应的各个对象。

案例 1：创建一个空的教学管理数据库。

案例分析：应用系统中的所有对象都存储在数据库中，因此要对教学管理系统中的表进行管理，首先要创建教学管理数据库。

操作步骤：

① 通过"开始"菜单或快捷方式启动 Access 程序，打开"开始使用 Microsoft Office Access"页面。

② 在"开始使用 Microsoft Office Access"页面中的"新建空白数据库"选项组中选择"空白数据库"选项，如图 6-4 所示。

图 6-4　创建教学管理空数据库

③ 在"文件名"文本框中输入"教学管理"，然后单击"创建"按钮，弹出图 6-5 所示的界面，完成教学管理空数据库的创建，并且在数据表视图中打开一个新的表。

④ 关闭数据库。

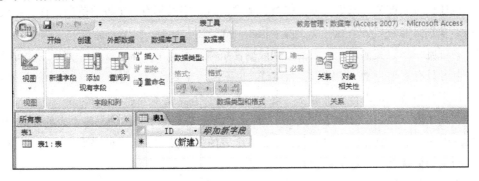

图 6-5　创建新数据库

6.2.2　表的创建

创建教学管理数据库后，用户就可以创建表了。表是由行和列组成的基于主题的列表。Access 中的表是唯一存储数据的对象。表中包含有关特定主题（如学生或课程）的数据。表中的每条记录包含关于某个项目的信息。

学生表存储学生的基本信息，如图 6-6 所示，表中的每一行称为一条记录，包含不同学生的基本信息。每一条记录包含一个或多个字段。字段对应表中的列，每一个字段（列）都包含不同类型的信息，学生表有"学号"、"姓名"、"性别"、"出生日期"和"籍贯"等字段，分别按列存储学生的相关特征。最上面一行说明字段的属性，称为字段名，其余各行都是字段的具体值，每一个字段必须指定某一种确定的数据类型，该数据类型可以是文本、日期、数字或其他类型。字段的取值范围称为字段的值域。

学号	姓名	性别	出生日期	籍贯
01092104	胡古月	男	1983-3-15	江苏南京
01092105	高翔	男	1982-5-25	广州市
01092106	石小磊	男	1982-12-11	北京市
01092107	张晴	女	1983-12-31	广州市
01103101	夏斯雷	男	1982-8-19	广东佛山
01103102	冯春雨	男	1982-3-15	湖北宜昌
01103103	赵敏	男	1983-2-26	武汉市
01103104	李书会	男	1983-12-1	江苏无锡
01103105	丁秋莎	女	1983-9-21	重庆市
01103106	林大林	男	1984-2-9	江苏南京
01124101	雷铭	男	1983-11-11	广东韶关
01124102	李菁	男	1982-11-18	湖南长沙
01124103	陈静	女	1983-3-24	天津市
01124104	王亚南	男	1982-9-25	河南洛阳

图 6-6 学生表

这里介绍的表必须是一个二维表，所谓的二维表要满足如下要求：

- 表中的每一列都必须是不可再分的基本属性，又称字段的原子性。
- 表中的每一列的数据类型是固定的，即每一列中是同类型的数据，来自相同的值域。
- 不同列的数据可以取自相同的值域，每一列称为一个字段，每个字段有不同的字段名。
- 关系表中行、列的顺序不重要。
- 表中的记录不能重复。

二维表中记录的每个对应字段称为记录的一个分量，分量具有原子性，即每个分量都是不可再分的基本数据项。其必须属于某种元素类型，如数字型或文本型，而不能是记录、集合、列表、数组或其他任何可以被分解成更小分量的组合类型。每个字段都有一个取值范围，称为字段的值域，例如，性别只能是"男"和"女"两个值。

在表中可唯一标识其他每个记录的属性或属性组称为主键（primary key），或称主关键字，或主码。一个表只有一个主键。主键不能为空值，也不能为重复的值。例如，学生表中的学号字段，就能唯一标识其他值，可以作为主键。主键可以由一个字段或多个字段组成。

如果公共关键字在一个表中是主关键字，那么这个公共关键字被称为另一个表的外键（foreign key）。外键用来表示两个表之间的关系。以另一个表的外键做主关键字的表称为主表，具有此外键的表称为主表的从表。外键又称做外关键字或外码。

数据库可以包含许多个表，每个表用于存储有关不同主题的信息。每个表可以包含许多不同类型的字段，其中包括文本、数字、日期和图片等。

案例 2：在教学管理数据库中创建学生表。

案例分析：设计数据库时，表是所有数据库对象中最先创建的。创建新的空白数据库时，系统会自动插入一个新的空表，用户可以输入数据并定义字段。

系统在创建教学管理数据库时，会自动创建名为"表1"的新表并在数据表视图中打开它，如图 6-7 所示。

操作步骤：

① 在 ID 的位置输入"学号"，然后在"数据表"选项卡的"数据类型和格式"组中的"数据类型"下拉列表中选择"文本"选项。

② 双击"添加新字段"，然后输入"姓名"。

③ 双击"添加新字段"，然后依次输入"性别"等，如图 6-7 所示。

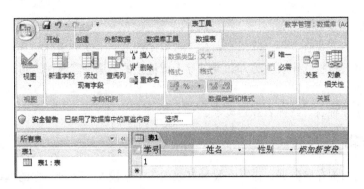

图 6-7　向学生表中添加字段

④ 向表中添加字段后，在字段名称的相应列中添加具体值，如图 6-8 所示。

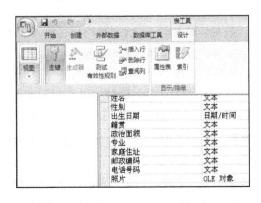

图 6-8　向表中添加学生信息

⑤ 在"数据表"选项卡的"视图"组中的"视图"下拉列表中选择"设计视图"选项，选中"学号"字段，单击"工具"组中的"主键"按钮（见图 6-9），即可将"学号"字段设置成主键。

⑥ 单击 Office 按钮 ，然后选择"保存"命令，在弹出的如图 6-10 所示的对话框中的"表名称"文本框中输入"学生"，然后单击"确定"按钮。

图 6-9　为学生表设置主键　　　　　　　　　　图 6-10　保存学生表

⑦ 完成学生表的创建。

常用的创建表的方式有 3 种，除了在新建空数据库的基础上新建表外，还可以在现有数据库中创建新表或根据表模板创建表。另外，通过导入或链接的方法创建表时，可以在创建表的同时包含表中数据。

用户自行创建课程表、教师表和选课表。

6.2.3 表的编辑

要按照一定的结构存储数据，需要在设计好表的各个字段及各字段属性的基础上创建表的结构，然后再将数据输入到表中。

字段除了包括有实际意义的字段名称和适当的数据类型，以及相关的字段大小外，还包括许多用来保证数据的易用性和完整性的属性。这些属性有格式、输入掩码、标题、默认值、有效性规则、有效性文本、必填字段、允许空字符串和索引等。

为保证数据的完整性，字段可以设置相关属性，不同的属性可以得到不同的效果，例如，输入掩码是一组字面字符和掩码字符，控制在字段中输入哪些内容，这样可以避免错误数据被输入到数据库中。设定有效性规则的目的是限制或控制用户在表字段中输入特定的内容。

有效性规则中可以使用表达式执行计算、操作字符或测试数据。在创建有效性规则时，主要使用表达式来测试数据。如果在字段的默认值属性中添加具体的值，那么在输入新记录时会自动含有输入值。使用字段有效性规则可在离开某个字段时检查在该字段中输入的值。这是保证数据库中数据完整性的有效方法之一。

用户可以设置默认值的数据类型为文本、备注、数字、日期/时间、货币、是/否和超链接。如果没有具体的值，字段将保持为 Null（空），直到输入值。定义默认值后，Access 会将该值应用于添加的任何新记录，不同的数据类型可以输入不同的值。

数据库中的每个表都应该有一个字段或字段组，用来唯一标识该表中存储的每条记录。这个字段或字段组称为主键。Access 可以使用主键字段将多个表中的数据关联起来，并以一种有意义的方式将这些数据组合在一起。

案例 3：在现有学生表的基础上为"邮政编码"字段设置输入掩码，"性别"字段设置有效性规则只能接受"男"或"女"两个值，"政治面貌"字段添加默认值共青团员，"学号"字段改为主键。

案例分析：数据库中的表是由不同的字段构成的。输入掩码的设置使用户在输入或者修改学生的"邮政编码"字段数据时，如果输入非数字字符，或者输入少于 6 位的数字字符，系统都会提示掩码测试失败，直到输入 6 个数字字符后，掩码测试成功才能有效存盘退出。使用字段有效性规则可在离开某个字段时检查在该字段中输入的值。对于学生表的"性别"字段只能接受"男"或"女"两个值，即在性别字段的"有效性规则"中输入"'男'or'女'"，然后在"有效性文本"中输入"请输入'男'or'女'"。使用字段的"有效性规则"属性要求输入特定的值，使用"有效性文本"属性来提醒用户存在错误。为"政治面貌"字段添加默认值"共青团员"，这样，当用户在数据库中创建新记录时，共青团员就会自动出现在"政治面貌"字段中。学生表中每个学生都有一个唯一的学号。将"学号"字段设置为主键，作为主键的字段必须唯一标识每一行，且不包含空值。

操作步骤：

（1）为学生表中的"邮政编码"字段设置输入掩码，只能输入 6 位数字

设置的方法如下：

① 在导航窗格中右击学生表，然后在弹出的菜单中选择"设计视图"命令。

② 选中学生表中的"邮政编码"字段。

③ 在"常规"选项卡中单击"输入掩码"属性框右侧的按钮，弹出"输入掩码向导"对话框，如图 6-11 所示。

④ 选择"邮政编码"选项后，单击"下一步"按钮，弹出新的对话框，如图 6-12 所示。

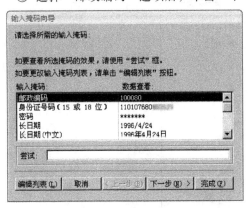
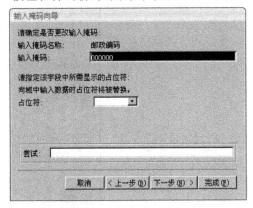

图 6-11　"输入掩码向导"对话框 1　　　　图 6-12　"输入掩码向导"对话框 2

⑤ 单击"完成"按钮，完成"邮政编码"字段的输入掩码设置。学生表的邮政编码字段中输入掩码属性框中的内容如图 6-13 所示。

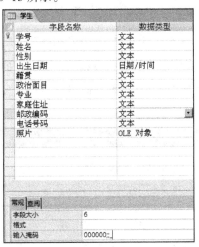

图 6-13　"邮政编码"字段的输入掩码设置

⑥ 单击"保存"按钮后，切换到数据表视图，如图 6-14 所示。

学号	姓名	性别	出生日期	籍贯	政治面目	专业	家庭住址	邮政编码
01092104	胡古月	男	1983-3-15	江苏南京	团员	电子技术	北京市海淀区学院南路40号	100081
01092105	高翔	男	1982-5-25	广州市	团员	电子技术	北京市朝阳区平乐园55号	100124
01092106	石小磊	男	1982-12-11	北京市	群众	电子技术	北京市朝阳区劲松东里37号	

图 6-14　"邮政编码"字段的输入掩码测试

（2）为"性别"字段设置有效性规则只能接受"男"或"女"两个值

设置的方法如下：

① 在导航窗格中右击学生表，然后在弹出的菜单中选择"设计视图"命令。

② 选择"性别"字段。

③ 在"常规"选项卡中的"有效性规则"属性框中输入"'男'"or"'女'"。

④ 在"有效性文本"属性框中输入"请输入'男'or'女'!"，如图 6-15 所示。

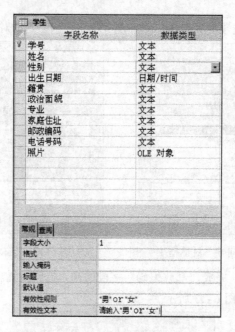

图 6-15　设定"性别"字段的有效性规则

⑤ 保存所进行的更改。打开学生表的数据表视图，输入新的学生数据。当用户在"性别"字段中输入数据或者修改学生的性别时，如果输入的内容不是男或女，则系统会自动弹出提示框，如图 6-16 所示。

图 6-16　提示框

（3）为"政治面貌"字段添加默认值"共青团员"

当用户在数据库中创建新记录时，"共青团员"会自动出现在政治面貌字段上。设置的方法如下：

① 在导航窗格中右击学生表，然后在弹出的菜单中选择"设计视图"命令。

② 选择"政治面貌"字段。

③ 在"常规"选项卡中的"默认值"属性框中输入"共青团员"，如图 6-17 所示。

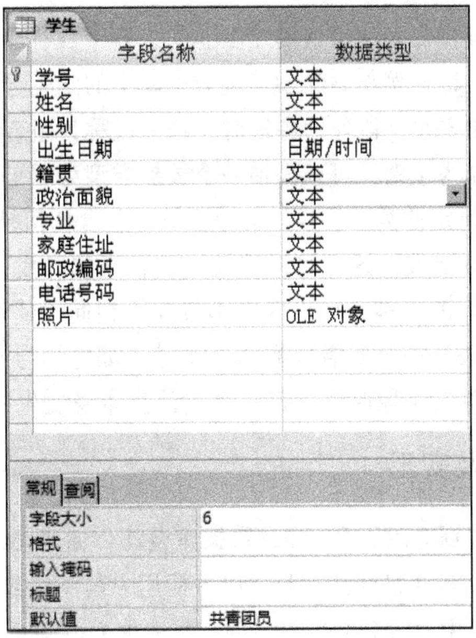

图 6-17　设置"政治面貌"字段的默认值

④ 保存所进行的更改。打开学生表的数据表视图，当用户输入新的学生数据时，政治面貌字段会自动添加"共青团员"，如图 6-18 所示。如果需要其他值，就删除现有"共青团员"，然后直接输入其他值。

图 6-18　测试"政治面貌"字段的默认值

（4）将"学号"字段设置成主键

该操作需要在学生表的设计视图下完成，设置的方法如下：

① 在导航窗格中右击要设置主键的学生表，然后在弹出的菜单中选择"设计视图"命令。

② 选择要作为主键的"学号"字段。

③ 在"设计"选项卡的"工具"组中单击"主键"按钮，如图 6-19 所示，则主键指示图标添加到指定为主键的字段的左侧。

图 6-19　选项卡中的主键

④ 完成主键的设置。

一个好的主键具有唯一标识每一行、不能为空值和没有重复值的特征。用户最好选择不会改变的字段作为主键，例如，姓名和电话可能会有变化，因此它们不是好的主键。如果要更改表的主键，可以先删除现有的主键，再设置新的主键。

每个表都需要指定一个主键，这样可以确保每条记录的主键字段中都有一个值，并且该值始终是唯一的，这有助于加快查询和其他操作的速度。如果表中没有适合的主键字段，需要使用两个或多个字段一起作为表的主键。例如，教学管理数据库中的学生选课表，主键中使用"学号"和"课程号"两个字段。使用多个字段作为主键时，该主键称为组合主键或复合主键。如果没有合适的一个字段或多个字段作为主键，可以添加一个数据类型为"自动编号"的字段。自动编号是 Access 专门为设置主键所设定的类型。这样的标识符不包含任何描述所代表的行的真实信息，不包含事实数据的标识符不会更改，这样可以避免真实信息本身发生的变化。数据类型为"自动编号"的列通常是一个较好的主键，可以确保编号互不相同。使用这种标识符作为主键是一种好的做法。而类似包含有关某一行的事实数据的主键（如电话号码或姓名）也是极可能发生变化的，用户在选择作为主键的字段时，要避免真实信息本身发生的变化。

6.2.4 表间关系的概念及实现

在数据库中为应用规范数据去除冗余，经过数据库设计后创建表，根据表输入相关数据值后，还需要将不同表中的这些信息重新组合到一起，以方便用户的浏览或查询。在 Access 中实现该操作的具体方法是在相关的表中放置公共字段，并定义表之间的关系。然后可以创建查询、窗体和报表，达到同时显示几个表中信息的要求。

在数据库中，表和表之间的关联关系称为关系（relationship）。表的关系分一对一关系（1:1）、一对多关系（1:M）和多对多关系（M:N）3 种类型。

1. 一对一关系

这种关系的第一个表中的每条记录在第二个表中只有一条匹配记录，而第二个表中的每条记录在第一个表中也只有一条匹配记录。这种关系并不常见，因为大多数情况下用户会将一对一关系中的两个表的信息转化成一个表来进行储存。有时出于安全因素而隔离表中的部分数据，或存储只应用于主表的子集信息时，可以使用一对一关系将一个表分成许多组字段，然后将其分别放在不同的表中。标识这类关系时，这两个表必须共享一个公共字段。

2. 一对多关系

在教学管理数据库中，一个教师可以讲授多门课程，每门课程可由一个教师讲授，这就是一个"一对多"的关系。要在数据库设计中表示一对多关系，需要获取"一"方关系的主键，然后将其作为额外字段添加到"多"方关系的表中作为外键。在教学管理数据库中，教师表中的主键是"职工号"，建立教师表与课程表的一对多关系时，则将"职工号"作为外键添加到课程表中。

3. 多对多关系

在教学管理数据库中，一个学生可选多门课程，每门课程有多个学生参与，这就是一个"多对多"的关系。要在数据库设计中表示多对多关系，需要一个学生选课表像搭桥一样连接两个表，中间的这个表就称为桥接表，通过桥接表将一个多对多关系转化成两个一对多关系。具体方法是分别将学生表和课程表的主键"学号"和"课程号"，放在学生选课表中共同作为主键（组合主键），然后添加"平时成绩"和"期末成绩"两个字段构成学生选课表，同时将"学号"和"课程号"作为外键分别与学生表和课程表连接。这样学生和课程之间的多对多关系就转化成了学生与学生选课之间的一对多关系和课程与学生选课之间的一对多关系。

用户需要根据以上设计修改课程表和学生选课表的结构。

因为表关系可为查询、窗体和报表设计提供信息，所以用户应该在创建所需对象之前创建表关系，以保证在数据库对象中使用表。

在设计数据库时，为最大限度地降低数据冗余，需要将信息拆分为多个表，然后通过在相关表中放置公共字段来使数据重新组合到一起。例如，为表示一对多关系，可以从"一方"表中获得主键，然后将其作为额外字段添加到"多方"表中。如果要将数据重新组合到一起，可以用"多方"表中的值在"一方"表中查阅相应的值。通过"多方"表中的值参照"一方"表中相应的值这种方法称为参照完整性。

在设计数据库时，可以将信息拆分为多个表，每个表都有一个主键，然后向相关表中添加参照这些主键的外键。这些外键和与之参照的主键构成了表间关系。用户可以将表关系作为基础来实施参照完整性，这样有助于防止数据库中出现孤立记录。孤立记录是指那些参照的其他记录不存在的记录。

在教学管理系统中，教师和课程存在一对多关系。如果要删除一个教师的记录，而该教师在课程表中承担课程，那么删除该教师后，这些课程就成为了孤立记录。因为这些课程中包含着"职工号"，而此时相关的"职工号"记录在参照的教师表里已经不存在，所以参照已不再有效。参照完整性的目的是防止出现孤立记录并使参照保持同步，以使上述情况不会发生。

用户可以通过为表关系启用参照完整性来实施参照完整性。实施参照完整性后，系统会拒绝执行违反表关系参照完整性的操作。这意味着既会拒绝更新参照目标，也会拒绝删除参照目标。在更新主键时，如果让系统自动更新参照主键的所有字段，这种操作称为级联，用户可以通过支持"级联更新相关字段"选项，来解决更新造成的数据库处于不一致状态的问题。同样，如果实施了参照完整性并选择了"级联删除相关记录"选项，则删除包含主键的记录时，系统会自动删除参照该主键的所有记录。如果选择实施参照完整性的同时选择了级联更新和级联删除，则系统会在保持参照完整性的基础上，同时将主表和相关表的数据进行更新或删除操作，以避免出现孤立记录。

创建表关系时，两个公共字段（通常为主键字段和外键字段）都必须具有唯一索引，即这些字段的"索引"属性设置为"是（不允许重复）"。如果两个字段都具有唯一索引，那么创建的表关系为一对一关系。创建一对多关系时，关系"一方"的字段（通常为主键）必须具有唯一索引，即此字段的"索引"属性设置为"是（不允许重复）"，"多方"的字段没有唯一索引，如果有索引，就必须允许重复，即此字段的"索引"属性设置为"否"或"是（允许重复）"。当一个字段具有唯一索引，而其他字段没有唯一索引时，创建的表关系为一对多关系。

案例 4： 创建教师表和课程表之间的关系，然后对该关系实施参照完整性并创建级联更新相关字段和级联删除相关记录。

案例分析： 表关系的操作主要包括关系的创建、删除和编辑等。用户可以使用关系窗口或从"字段列表"窗格向数据表中拖动字段来实现表关系的创建。在创建表关系时，公共字段的名称可以不同，但字段必须具有相同的数据类型且两个字段的"字段大小"要相同。实施参照完整性后，就可以适用以下规则：

① 主表中主键字段中不存在的值不能在相关表的外键字段中输入。

② 如果主表中的记录在相关表中有匹配记录，则不能从主表中删除它，但通过选中"级联删除相关记录"复选框便可以一次性删除主记录及所有的相关记录。

③ 如果更改主表中的主键值会造成相关表中出现的孤立记录，则不能执行此操作。例如，在教师表中为某教师更改职工号会影响课程表的相关记录，则操作不能执行。通过选中"级联更新相关字段"复选框可以选择在一次操作的同时更新主记录及所有的相关记录。

操作步骤：

① 单击 Office 按钮，然后在下拉菜单中选择"打开"命令。

② 在"打开"对话框中选择教学管理数据库。

③ 在"数据库工具"选项卡的"显示/隐藏"组中单击"关系"按钮。

④ 在"设计"选项卡的"关系"组中单击"所有关系"按钮。

⑤ 如果从未定义过任何关系，则会自动弹出"显示表"对话框。该对话框中会显示数据库中的所有表和查询。

⑥ 选择一个或多个表，然后单击"添加"按钮。将表添加到"关系"窗口后，单击"关闭"按钮。

⑦ 将"职工号"字段（通常为主键）从教师表中拖至课程表中的公共字段"职工号"（外键）上，并且同时弹出图 6-20 所示的对话框。

⑧ 验证显示的字段名称是否为关系的公共字段。如果字段名称不正确，那么从下拉列表中选择新字段。

⑨ 单击"创建"按钮，完成表关系的创建。

⑩ 双击教师表和课程表中间的关系线即可弹出"编辑关系"对话框。

⑪ 在对话框中选中"实施参照完整性"复选框、"级联更新相关字段"复选框和"级联删除相关记录"复选框，如图 6-21 所示。

⑫ 单击"确定"按钮，完成对教师表的和课程表的关系的编辑。

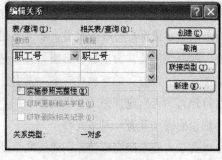

图 6-20　创建关系

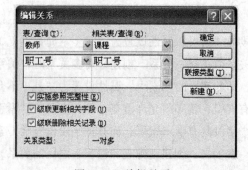

图 6-21　编辑关系

表关系由关系窗口中表之间的关系线表示。没有实施参照完整性的关系，会在该关系的公共字段之间显示细线。选中关系线时，这条线会变粗。如果对此关系实施参照完整性，则该线的两端都变粗。此外，在关系线其中一端较粗的部分上会显示数字 1，而在另一端线条较粗的部分上会显示∞符号。

用户需要将课程表与学生选课表及学生表与学生选课表分别创建关系，并实施参照完整性且建立级联更新相关字段和级联删除相关记录。操作方法是在"设计"选项卡的"关系"组中单击"所有关系"按钮，此时会显示数据库中所有已定义的关系，如图 6-22 所示。

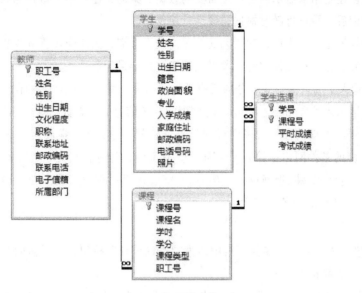

图 6-22   教学管理的关系

6.3   教学管理系统中的查询

用户可以采用多种方式来查看 Access 中的表中的数据，其中查询是一种重要的查看数据的方式。所谓查询就是系统根据用户的要求从数据库中收集有用字段的操作。用户可以将查询看成是一个移动的窗口，通过查询可以看到需要的数据。数据可以来自一个表中的某些行或某些列，也可以来自多个表里的某些行或某些列。用户也可以将查询理解为原始数据库中的数据的一种变换，数据可以从一个或多个实际表中获得。这些用于产生查询的表叫做该查询的数据源。一个查询也可以从另一个查询中产生。

查询的功能主要是浏览数据和更新数据，除此之外，查询可以作为窗体和报表的数据源。查询有多种类型，每种类型都具有不同的用途。例如，选择查询是常见的查询类型。查询可以从一个或多个表、现有查询或者表和查询的组合中获取数据。获取查询所需的数据的表或查询称为该查询的记录源。动作查询可以更改其基表中的数据或创建新表。参数查询在运行时提示用户提供条件。

查询对象有 5 种视图，其中设计视图主要用于创建和编辑查询的结构；SQL 视图提供与该查询等价的 SQL 语句，用户也可以在此视图中输入 SQL 语句创建查询；数据表视图用于显示该查询的结果；数据透视表视图和数据透视图分别提供查询的数据透视表或数据透视图。

要使用多个表中的记录，需要创建连接这些表的查询。查询可以将多个表中的内容显示在一个表里，实现的方法是将第一个表的主键字段中的值与第二个表的外键字段中的值进行匹配。例如，要在一个表中显示所有教师的授课情况，就需要创建一个查询，此查询要用职工号字段将教师表与课程表连接起来。如果已经定义了表间的关系，Access 会将现有表关系作为默认连接。

6.3.1 选择查询

采用多视角查看数据库中的数据、充分利用数据库中的数据是用户的要求，也是 Access 的特点。选择查询的创建是用来显示满足特定需要的数据子集的，还可用来做其他数据库对象的数据源。创建选择查询后，用户可随时根据需要运行使用。

无论使用向导还是直接用设计视图创建简单的选择查询，其操作步骤基本相同。用户需要选择要使用的记录源、包含在查询中的字段以及用于优化结果的条件。

案例 5：查看入学成绩高于 650 分的所有学生的学号、姓名、专业和入学成绩。

案例分析：显示入学成绩高于 650 分的学生的相关信息，这是数据库中学生信息的一部分。创建查询时，需要在查询的设计视图中添加学号、姓名、专业和入学成绩 4 个字段，并在"入学成绩"字段对应的条件网格中输入">650"。查询的设计过程只能完成查询结构的定义，要经过运行才能显示查询结果。查询设计完毕后，系统会在相应的 SQL 视图中自动生成等价的 SQL 语句在，可在相应的 SQL 视图中查看。

操作步骤：

① 在"创建"选项卡的"其他"组中单击"查询设计"按钮，在弹出的对话框中显示可作为查询的数据源，如图 6-23 所示。

② 选中学生表后单击"添加"按钮，将学生表作为查询的数据源后关闭对话框，如图 6-24 所示。

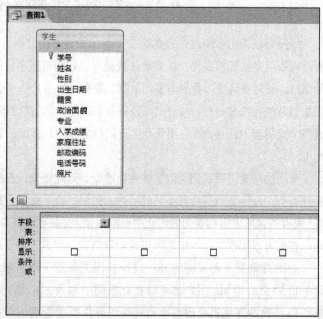

图 6-23 为查询添加数据源   图 6-24 将学生表作为查询的数据源

③ 单击网格中字段对应的下三角按钮，将"学号"、"姓名"、"专业"和"入学成绩"添加到网格中，如图 6-25 所示。

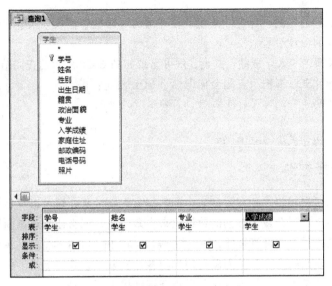

图 6-25　添加查询的 4 个字段

④ 在“入学成绩”字段下方的“条件”网格中输入“>650”，如图 6-26 所示。

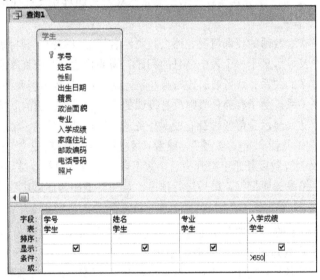

图 6-26　输入查询条件

⑤ 在“设计”选项卡的“结果”组中单击“运行”按钮，如图 6-27 所示，显示如图 6-28 所示的查询结果。

图 6-27　运行查询

学号	姓名	专业	入学成绩
01092105	高翔	电子技术	668
01092106	石小磊	电子技术	673.5
01103101	夏斯雷	企业管理	667
01103104	李书会	企业管理	675.5
01103105	丁秋莎	企业管理	678.5
01103106	林大林	企业管理	698
01124104	王亚南	水务工程	657
01124105	钟山	水务工程	674.5

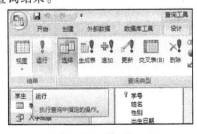

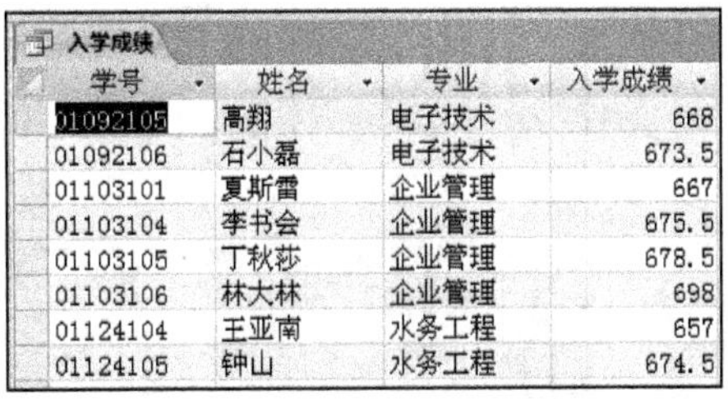

图 6-28　显示入学成绩>650 的学生信息

单击快速访问工具栏中的"保存"按钮,在弹出的对话框中输入"入学成绩"后,单击"确定"按钮,完成查询的设计过程。

根据需要,如果双击"入学成绩"查询,就可出现如图 6-28 所示的查询结果。如果右击"入学成绩"查询,选择"SQL 视图",则会出现如下 SQL 语句:

```
SELECT 学生.学号, 学生.姓名, 学生.专业, 学生.入学成绩
FROM 学生
WHERE (((学生.入学成绩)>650));
```

6.3.2 复杂的选择查询

Access 中的查询可以根据需要将不同表中的数据显示在一起,还可以只显示满足某些条件的记录。如果查询条件比较复杂或者查询的数据源来自多个表,那么便称该查询为复杂查询。查询的条件除了支持关系符号、逻辑符号外,还支持 Between、In、Like 等常用的关键字。利用这些符号和关键字可以构造复杂的查询,从而满足用户的各种需要。系统还提供了很多支持构造查询的函数。如果需要显示的结果具有规则,还可以将查询结果进行排序。

案例 6: 显示所有具有教授或副教授职称的教师的情况及他们的授课情况,要求显示教师的姓名、职称、课程名、学时、学分和课程类型。显示结果按照职称从高到低排序,当职称相同时再按照学时数从高到低排序。

案例分析: 如果要查看教师的授课情况,那么教师姓名等信息来源于教师表,课程名称等信息来源于课程表,这就涉及显示多于一个表中信息的问题,需要构造复杂查询来实现。如果教师表和课程表已经建立了一对多的关系,则当添加数据源(记录源)时,将教师表和课程表都添加进来时,这样便可以默认使用该关系。由于有部分教师没有授课的信息,采用普通的联接方式会使这部分教师信息显示不出来,因此要显示全部教师及有授课任务的教师的授课信息,就需要修改联接类型。在"职称"字段输入"'副教授'"or"'教授'",或者"'教授'"or"'副教授'",也可以输入查询条件"Like '*教授'",其含义为查找以任意字符开头、个数不限,且以"教授"结尾的所有字符串。"*"是一个表示任意长度字符串的通配符。最后进行排序,从高到低的排序顺序称为降序。

操作步骤:

① 在"创建"选项卡的"其他"组中单击"查询设计"按钮,在弹出的对话框中显示可作为查询的数据源,然后将教师表和课程表都添加进来。

② 将需要显示的"姓名"、"职称"、"课程名"、"学时"、"学分"和"课程类型"字段添加到网格中,如图 6-29 所示。

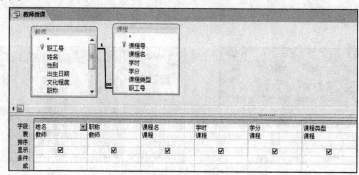

图 6-29 教师授课查询的设计视图

③ 双击关系线，弹出"联接属性"对话框，选中"2：包括'教师'的所有记录和'课程'中联接字段相等的那些记录"单选按钮，如图 6-30 所示。

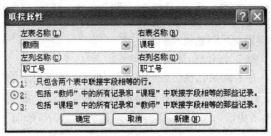

图 6-30　编辑教师表和课程表的联接属性

④ 单击"确定"按钮，教师表和课程表之间的关系线在课程表一侧变成了箭头，如图 6-31 所示。

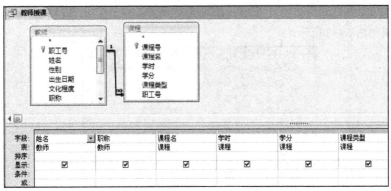

图 6-31　修改联接类型后的设计视图

⑤ 在职称字段的条件网格中输入"'副教授' or '教授'"，或者"'教授' or '副教授'"，或者"Like '*教授'"。

⑥ 在"职称"字段对应的"排序"网格中选择"降序"选项，在"学时"字段对应的"排序"网格中选择"降序"选项。

⑦ 在"设计"选项卡的"结果"组中单击"运行"按钮，得到查询结果，如图 6-32 所示。

姓名	职称	课程名	学时	学分	课程类型
刘毅	教授	CAD设计基础	48	3	必选课
刘毅	教授	工程图学	32	2	必修课
韦清宇	教授				
李晓华	副教授	数据库原理	48	3	专业选修课
王静	副教授	C语言程序设计	48	3	必选课
李晓华	副教授	会计学	32	2	必修课
李晓华	副教授	物流学	32	2	必修课
王静	副教授	Access数据库应用	32	2	必修课
张晓军	副教授				
苏晖	副教授				
陈文昌	副教授				

图 6-32　案例 6 的查询结果

与之等价的 SQL 语句如下：

```
SELECT 教师.姓名, 教师.职称, 课程.课程名, 课程.学时, 课程.学分, 课程.课程类型
FROM 教师 LEFT JOIN 课程 ON 教师.职工号 = 课程.职工号
WHERE (((教师.职称)="教授") or ((教师.职称)="副教授"));
```

ORDER BY 教师.职称 DESC , 课程.学时 DESC;

或者为：

SELECT 教师.姓名, 教师.职称, 课程.课程名, 课程.学时, 课程.学分, 课程.课程类型
FROM 教师 LEFT JOIN 课程 ON 教师.职工号 = 课程.职工号
WHERE (((教师.职称) Like "*教授"))
ORDER BY 教师.职称 DESC , 课程.学时 DESC;

在进行表结构设计时，为了减少冗余，表中不会存储可以计算出来的字段。用户可以创建一个计算并显示相关值的查询，这样做的好处是如果基础数据发生更改，那么在每次运行该查询时，都会执行计算，计算结果也随之更改。用户可以在查询中进行汇总，如添加、统计或计算其他聚合值，并在数据表视图中的星号行下的特殊行（称为汇总行）中显示这些值。用户可以对每一列使用不同的函数，字段支持"合计"、"平均值"、"计数"、"最大值"、"最小值"、"标准偏差"和"方差"等函数，不同类型的字段支持的函数不同，用户也可以选择不对应列进行汇总。

案例 7： 创建查询，显示学生的学号、姓名、出生日期和年龄，并在下方显示汇总信息，其中"姓名"列汇总显示学生人数，"出生日期"列汇总显示最大日期，"年龄"列汇总显示平均年龄，显示结果如图 6-33 所示。

学号	姓名	出生日期	年龄
01092104	胡古月	1983-3-15	27
01092105	高翔	1982-5-25	28
01092106	石小磊	1982-12-11	28
01092107	张晴	1983-12-31	27
01103101	夏斯雷	1982-8-19	28
01103102	冯春雨	1982-3-15	28
01103103	赵敏	1983-2-26	27
01103104	李书会	1983-12-1	27
01103105	丁秋莎	1983-9-21	27
01103106	林大林	1984-2-9	26
01124101	雷铭	1983-11-11	27
01124102	李菁	1982-11-18	28
01124103	陈静	1983-3-24	27
01124104	王亚南	1982-9-25	28
01124105	钟山	1983-3-15	27
01124106	卢茗华	1982-5-25	28
01124107	金津	1982-12-11	28
01124108	李会	1983-12-31	27
01124109	吴楠	1984-12-19	26
01124110	何亦伟	1983-11-9	27
汇总	20	1984-12-19	27.3

图 6-33 带汇总的查询结果

案例分析： 学生表中存储每个学生的出生日期，因此不会存储当前年龄。用户可以通过当天的日期和学生的出生日期，经过简单计算得到学生的当前年龄。由于"年龄"是计算字段所使用的名称，因此需要在表达式中明确。使用 DateDiff 函数计算任意两个日期之间的间隔，然后用指定格式返回间隔。格式 yyyy 以年为单位返回间隔，表达式的 [出生日期] 和 Date() 元素提供两个日期值。Date 是一个返回当前日期的函数，[出生日期] 引用基础表中的出生日期字段。在"姓名"字段的汇总行选择"计数"，在"出生日期"字段的汇总行选择"最大值"，在"年龄"字段的汇总行选择"平均值"。

操作步骤：

① 在设计视图中建立查询以学生表作为数据源。

② 在学生表窗口中将"学号"、"姓名"和"出生日期"字段拖到设计网格的空列中。

③ 在下一列的"字段"行中输入计算年龄的表达式，即年龄: DateDiff ("yyyy", [出生日期], Date())。

④ 在"开始"选项卡的"记录"组中单击"Σ合计"按钮，显示汇总行。

⑤ 在"姓名"列中选中汇总行，在下拉列表中选择"计数"选项。

⑥ 系统自动计算学生人数，在汇总行中将显示数字 20。

⑦ 在"出生日期"字段的汇总行的下拉列表中选择"最大值"选项，在汇总行中将显示日期 1984-12-19。

⑧ 在年龄字段的汇总行的下拉列表中选择"平均值"选项，在汇总行中显示平均年龄 27.3。

6.3.3　动作查询

动作查询的主要目的是方便更新表中的数据，用户可以在数据库中进行复杂的数据管理操作，能够通过一次操作完成对多个记录的修改。动作查询又称操作查询，与选择查询的本质区别在于运行查询后，表中数据是否产生变化。动作查询包括追加查询、删除查询、更新查询和生成表查询。

追加查询是将一组记录从一个或多个表添加到一个或多个目标表中。一般基表和目标表位于同一数据库中。追加查询还可用于根据条件追加字段。追加查询只添加匹配字段中的数据，并忽略其他不匹配的字段。

创建追加查询的基本步骤是先创建选择查询，将选择查询转换为追加查询，再为追加查询中的每一列选择目标字段，然后运行该查询即可。

案例 8：将电子技术专业的学生信息追加到毕业生表中。

案例分析：已知毕业生表的字段的类型与学生表的相关字段相同，且数据在学生表中存在，为了避免手动输入这些数据时出现错误，用户可以通过执行追加查询的操作将这些数据从学生表中追加到数据库中相应的毕业生表中。

操作步骤：

① 打开教学管理数据库。

② 在"创建"选项卡的"其他"组中单击"查询设计"按钮，打开查询设计器，并弹出"显示表"对话框。

③ 选择包含要追加记录的表或查询的任意组合，单击"添加"按钮，如图 6-34 所示，然后单击"关闭"按钮。

图 6-34　"显示表"对话框

④ 学生表在查询设计网格的上半部显示为一个窗口。这个窗口列出了学生表中的所有字段。

⑤ 双击要追加的字段，所选字段显示在查询网格的"字段"行中。若要快速添加表中的所有字段，可以双击表字段列表顶部的星号，然后在"专业"字段相应的条件网格中输入"电子技术"，如图 6-35 所示。

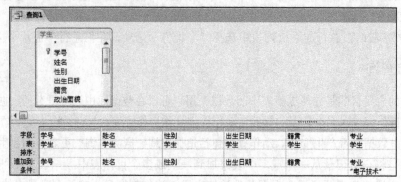

图 6-35 添加要追加的字段

⑥ 在"设计"选项卡的"查询类型"组中单击"追加"按钮，弹出"追加"对话框，如图 6-36 所示。

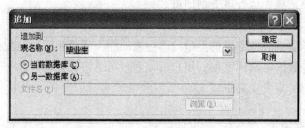

图 6-36 "追加"对话框

⑦ 在该对话框中选中"当前数据库"单选按钮，然后在"表名称"下拉列表中选择目标表"毕业生"后，单击"确定"按钮。

⑧ 在"设计"选项卡的"结果"组中单击"运行"按钮完成追加这些记录的操作。

该操作对应的等价的 SQL 语句如下：

```
INSERT INTO 毕业生（学号，姓名，性别，出生日期，籍贯，专业）
SELECT 学生.学号，学生.姓名，学生.性别，学生.出生日期，学生.籍贯，学生.专业
FROM 学生
WHERE （（（学生.专业）="电子技术"））
```

操作完成之后，可以查看毕业生表中记录，如图 6-37 所示。

学号	姓名	性别	出生日期	籍贯	专业
01092104	胡古月	男	1983-3-15	江苏南京	电子技术
01092105	高翔	男	1982-5-25	广州市	电子技术
01092106	石小磊	男	1982-12-11	北京市	电子技术
01092107	张晴	女	1983-12-31	广州市	电子技术

图 6-37 成功追加记录后的毕业生表

删除查询是将符合删除条件的整条记录删除。删除查询可以删除一个表内的记录，如果表间

建立了关系，且具有参照完整性约束和级联删除选项，则可以在多个表内利用表间关系删除相互关联的其他表中的相关记录。

案例 9：将"石小磊"从学生表中删除。

案例分析：用户可以在 SQL 视图中输入如下等价的 SQL 语句。

```
DELETE 学生.姓名
FROM 学生
WHERE (((学生.姓名)="石小磊"));
```

也可以采用设计视图完成。

操作步骤：

① 创建数据源为学生表的选择查询，查询中包含"姓名"字段，在"姓名"字段对应的条件网格中输入"石小磊"。

② 在"设计"选项卡的"查询类型"组中单击"删除"按钮。

③ 在"设计"选项卡的"结果"组中单击"运行"按钮即可完成删除操作。

更新查询是对一个或者多个数据表中的一组记录进行更改，这样用户就可以通过添加某些特定的条件来批量更新数据库中的记录。由于更新查询的操作是不可逆的，因此使用更新查询的可靠方法是先创建一个可测试选择条件的选择查询，在确定该查询返回正确的记录后，再将其转换为更新查询，输入更新条件，然后运行查询更改选定值。

案例 10：将课程表中专业选修课的学时减少 4 学时。

案例分析：用户可以在 SQL 视图中输入如下等价的 SQL 语句。

```
UPDATE 课程 SET 课程.学时=[学时]-4
WHERE (((课程.课程类型)="专业选修课"));
```

也可以采用设计视图完成。

操作步骤：

① 创建课程表为数据源的选择查询，查询中包含课程类型字段和学时字段，在课程类型字段对应的条件网格中输入"专业选修课"。

② 使用查询的数据表视图，测试条件是否正确。如果正确，进入下一步。

③ 在"设计"选项卡的"查询类型"组中单击"更新"按钮。

④ 在学时字段对应的更新到网格中输入[学时]-4。

⑤ 在"设计"选项卡的"结果"组中单击"运行"按钮完成更新这些记录的操作。

6.4　教学管理系统中的窗体和报表

在前面各节中介绍了通过数据表视图来浏览、新增、修改和删除数据记录的方法。除了数据表视图外，Access 还提供了主要的人机交互界面——窗体。事实上，在 Access 应用程序中，所有操作都是在各种各样的窗体内进行的，因此，窗体设计的好坏直接影响 Access 应用程序的友好性和可操作性。

窗体也是一个数据库对象，可以用来输入、编辑或者显示表或查询中的数据。用户可以使用窗体来控制对数据的访问，如显示哪些字段或数据行。用户还可以将窗体看成窗口，并通过它查看和访问数据库。

报表对象不能对数据库中的数据输入或编辑，只是为了将数据输出而设计的，与窗体不同的是更适合打印输出。报表的操作与窗体的操作较为类似。

6.4.1 窗体和报表的概念

窗体的视图包括窗体视图、布局视图和设计视图。布局视图是用于修改窗体的外观的视图，也可用于在 Access 中对窗体进行大多数需要的更改。在布局视图中，窗体实际上正在运行，因此看到的数据与它们在窗体视图中的显示外观较相似。用户还可以在此视图中对窗体设计进行更改。布局视图可用于设置控件大小或执行影响窗体外观和可用性的任务。

设计视图提供了窗体结构更详细的视图。用户可以看到窗体的页眉、主体和页脚部分，如图 6-38 所示。窗体在设计视图中不处于运行状态，因此在进行设计方面的更改时，无法看到基础数据。用户可以通过设计视图向窗体添加更多类型的控件，如标签、图像、线条和矩形，还可以直接在文本框中编辑文本框控件来源，调整窗体节（如窗体页眉或主体节）的大小或更改窗体的属性等。

图 6-38 用户表窗体的设计视图

在 Access 中，报表是按节来设计的，共分为报表页眉、页面页眉、组页眉、主体、组页脚、页面页脚和报表页脚 7 个节。用户可以在设计视图中查看报表，从而查看报表的各个节。下面简单说明节的类型及其用法。

报表页眉仅在报表开头显示。使用报表页眉可以放置通常可能出现在封面上的信息，如徽标、标题或日期。如果将使用 SUM 聚合函数的计算控件放在报表页眉中，则计算后的总和是针对整个报表的。报表页眉显示在页面页眉之前。

页面页眉显示在每一页的顶部。例如，使用页面页眉可以在每一页上重复报表标题。

组页眉显示在每个新记录组的开头。使用组页眉可以显示组名称。如果将使用 SUM 聚合函数的计算控件放在组页眉中，则总计是针对当前组的。

主体对于记录源中的每一行只显示一次。该节是构成报表主要部分的控件所在的位置。

组页脚显示在每一页的结尾。使用组页脚可以显示组的汇总信息。

页面页脚显示在每一页的结尾。使用页面页脚可以显示页码或每一页的特定信息。

报表页脚仅在报表结尾显示。使用报表页脚可以显示针对整个报表的报表汇总或其他汇总信息。

6.4.2 窗体的创建

用户除可以使用窗体工具创建窗体外，还可以使用分割工具创建分割窗体，使用多项目工具创建显示多个记录的窗体，利用空白工具创建窗体，同样还可以利用向导创建或者用设计视图创建窗体。另外还可以使用工具创建窗体后，在布局视图或设计视图中修改窗体，以更好地满足需要。

案例 11：使用窗体工具创建教师窗体。

案例分析：利用窗体工具可以直接创建窗体。使用此工具时，基础数据源的所有字段都将放在窗体中。

操作步骤：

① 在导航窗格中选择教师表。

② 在"创建"选项卡的"窗体"组中单击"窗体"按钮，完成教师窗体的创建，如图 6-39 所示。

图 6-39 教师窗体

③ 保存后可以直接使用或切换到设计视图进行编辑后再使用。

6.4.3 报表的创建

报表的创建方法与窗体的创建方法比较类似。

案例 12：使用报表工具创建学生报表。

案例分析：利用报表工具可以直接创建报表。

操作步骤：

① 在导航窗格中选择学生表。

② 在"创建"选项卡的"报表"组中单击"报表"按钮，完成学生报表的创建，如图 6-40 所示。

图 6-40　学生报表

③ 保存后可以直接使用或切换到设计视图进行编辑后再使用。

知识拓展：窗体和报表的控件

窗体和报表的美化等可以通过在设计视图中添加适当的控件来完成。控件是用于显示数据和执行操作的对象，用户可以通过它来查看和处理能改善用户界面的信息，如标签和图像。控件包括文本框、标签、复选框和子窗体控件/子报表控件等，其中文本框是常用的控件。

控件分为绑定控件、未绑定控件和计算控件 3 类。

绑定控件的数据源为表或查询中的字段。使用绑定控件可以显示数据库中字段的值。这些值可以是文本、日期、数字、是/否值、图片或图形，例如，窗体中显示学生姓名的文本框可以从学生表中的姓名字段获得信息。

未绑定控件是无数据源（如字段或表达式）的控件。使用未绑定控件可以显示信息、线条、矩形和图片，例如，显示窗体标题的标签就是未绑定控件。

计算控件的数据源是表达式，而不是字段。用户可以通过定义表达式来指定要用做控件的数据源的值。表达式可以是运算符、控件名称、字段名称、返回单个值的函数以及常量值的组合。

某些控件是自动创建的，例如，将字段从"字段列表"窗格添加到窗体时会创建绑定控件。通过在设计视图中使用"设计"选项卡的"控件"组中的工具（见图 6-41），可以创建很多其他控件。

图 6-41　窗体和报表的控件

使用控件时可借助向导创建命令按钮、列表框、子窗体、组合框和选项组。在"设计"选项卡的"控件"组中单击"使用控件向导"按钮，从而将该按钮选中（如果尚未选中）。如果希望在不借助向导的情况下创建控件，可以单击"使用控件向导"按钮使它不处于选中状态。使用"控件"组中的工具创建控件的步骤如下：

① 选择要添加的控件类型所对应的工具，例如，若要创建复选框，就选择"复选框"工具。

② 单击窗体设计网格中要放置控件的位置。单击一次可以创建一个默认大小的控件，也可以先选择工具，然后在窗体设计网格中拖动创建所需大小的控件。

③ 如果"使用控件向导"按钮处于选中状态，且要放置的控件具有关联的向导，那么该向导将会启动，并指导用户完成控件的设置。

④ 如果首次尝试时没有将控件放到理想的位置，则可以通过执行下列操作来移动控件：

a. 选中控件。

b. 将鼠标指针放在控件上，直至鼠标指针变为✛形状。

c. 将它拖动到所需的位置。

如果使用控件向导，该向导可能包含有助于将控件绑定到字段的指示。否则，此过程将创建未绑定控件。如果控件为可显示数据的类型（如文本框或复选框），则必须在控件的"控件来源"属性框中输入字段名称或表达式，这样控件才能显示数据。

小　结

本章主要介绍了数据库的基本概念。数据库系统由数据、硬件、软件和人员 4 部分组成，其中数据库管理系统（DBMS）是数据库的核心软件，是数据与用户的桥梁。数据库主要是由数据库管理员（DBA）全面管理和控制的。

本章介绍了 Access 数据库的基本操作。表是以行和列形式存储数据的二维表，是存储数据的对象。查询、窗体和报表对象可以编辑、浏览和访问数据，其中窗体是用户用来处理数据的界面，报表适合打印输出。查询的特点在于方便检索数据，可以作为窗体和报表的数据源，此外，用户还可以对表中存储的数据进行添加、更新和删除。有关 Access 数据库的宏和模块两个对象的具体操作，用户可以参看相关参考文献或登录相关网站学习更详细的内容。

习　题

一、填空题

1. 对于电话号码这种非计算类的数据一般为_____型；年终总结设为_____型。

2. 根据对操作表操作的不同，查询可以分为_____和_____。

3. 打开数据表，可以使用_____视图，也可以使用_____视图，它们可相互转换。

4. 窗体的数据来源可以是_____数据对象，也可以是_____数据对象。

5. 在报表中有_____、_____和_____三种视图状态。

6. 在数据库中，主关键字的值不能为_____和_____。

二、简答题

1. 数据库的概念。

2. 在 Access 中数据表字段有哪些数据类型？

3. 简述掩码的用途和可使用的数据类型。

4. 简述建立主键的步骤。

5. 简述参照完整性的含义。

6. 简述查询的概念及建立方法。

7. 简述选择查询和动作查询的异同。

8. 简述窗体和报表的建立方法。

9. 简述窗体的视图有哪些？

三、操作题

1. 写出下列操作的步骤：建立一个删除查询将"张三"从学生基本信息表中删除。

2. 用设计视图建立查询：查询职称为"教授"或"副教授"的所有讲"数据库"课程教师的信息。

3. 用设计视图创建"学生信息表"。其结构如下：

字段名	类型	其它
学号	文本	字段大小为 8
姓名	文本	字段大小为 10
性别	文本	字段大小为 2

4. 建立一个学生会的社团管理系统。社团管理若干协会，例如：合唱团、舞蹈团、乒乓球队、数学建模队、英语辩论队、科技创新协会等等。每个社团有多个学生参加，每个学生可以参加多个社团。每个社团有一个学生会长总负责，可以有若干指导教师。每个社团有定期的活动和不定期的比赛等。请为以上应用需求，自己添加需要的属性，进行数据库设计，建立表，查询，窗体和报表。

第 7 章　计算机网络

学习目标

- 了解计算机网络的基本概念。
- 掌握个人计算机入网的方法。
- 了解搭建局域网及校园网的方法。
- 理解 WWW 服务的基本概念及搭建方法。
- 理解浏览器的基本概念。
- 了解搜索引擎的搜索技巧及使用方法。

随着计算机技术的广泛应用，计算机网络已经渗入到人们生活、工作的各个方面，为人们提供了许多需要的资源。计算机网络最初是为了远程联机进行大规模运算，随着越来越多的应用，发展成为提供资源共享和远程通信的集合体。随着局域网的发展，各个网络进行互连，组成了一个大的互连网络，用户可以通过互连进行资源共享和远程通信。本章主要介绍计算机网络的基本概念，以及通过个人计算机入网、搭建小型局域网和建设校园网来学习计算机网络的主要技术与应用。

7.1　网络的基础知识

要了解计算机网络的主要应用及技术，首先要对计算机网络有总体的认识，理解网络中常用的关键术语和基本概念。本节主要介绍计算机网络的基本概念和基本知识，包括网络设备、介质、协议、网络拓扑结构、基本分类等。

7.1.1　计算机网络概述

1. 计算机网络的概念

计算机网络是由各种网络设备、网络介质以及网络协议将处在不同物理位置的两台或两台以上的计算机连接起来，实现数据通信和资源共享的计算机系统的集合。

网络设备用于在计算机网络系统中传输数据和控制链路，常用的网络设备有交换机、路由器、集线器、网桥等。

网络介质是将不同的网络设备连接起来的媒介，常用的网络介质有双绞线、同轴电缆和光纤。日常应用较多的是五类非屏蔽双绞线。

网络协议是进行网络通信的设备之间必须遵守的协商一致的规则集，常见的网络协议有TCP/IP 协议、IPX/SPX 协议以及 Appletalk 协议。其中 TCP/IP 协议是 Internet 上的通用协议。

2．计算机网络的功能

计算机网络主要实现信息交换和资源共享两个功能。

信息交换：使处在不同地理位置的计算机之间能进行数据通信，互相传输文字、图片、视频等信息。

资源共享：使网络中的用户能够共享网络中所有的硬件、软件和信息资源。

7.1.2　OSI 模型

网络通信过程较为复杂，为了解决不同网络系统之间互不兼容和不能相互通信的问题，国际标准化组织（ISO）提出了 OSI 模型。它可以帮助供应商构建一个与其他网络兼容的、可互操作的网络。

OSI 模型是开放式系统互连模型的简称，它把一个复杂的网络通信划分为更小的、相对独立的任务，共分 7 个层次，如图 7-1 所示。

应用层
表示层
会话层
传输层
网络层
数据链路层
物理层

图 7-1　OSI 的七层模型

（1）物理层

物理层为激活、维持和释放系统之间的物理链路定义了电气、机械、规程的和功能的标准。它提供接口和传输介质到机械和电气规范，定义物理设备和接口在传输时所必须执行的过程和功能。

（2）数据链路层

数据链路层提供数据在物理链路上的可靠传输。它涉及物理寻址、网络拓扑、网络访问、错误检测、帧的顺序传送和流量控制等问题。

（3）网络层

网络层提供两台主机之间的连接和路径的选择。

（4）传输层

传输层提供端到端的交换数据的机制，在发送信息的主机上对将要发送的数据进行分段，在接收信息的主机上完成数据段到数据流的重组。传输层对会话层提供可靠的传输服务，对网络层提供可靠的目的地站点信息。

传输层要向会话层提供通信服务的可靠性，避免报文的出错、丢失、延迟时间紊乱、重复、乱序等差错。

（5）会话层

会话层建立、管理和中止两个通信主机之间的会话。会话层为表示层提供服务，它也同步两台主机表示层之间的对话以及管理它们的数据交换。面对应用进程提供分布处理、对话管理、信息表示、恢复最后的差错等。会话层同样要担负应用进程服务要求，完成传输层不能完成的那部分工作。它主要的功能是对话管理、数据流同步和重新同步。

（6）表示层

表示层的主要作用是为不同类型计算机通信提供一种公共语言，以便能进行互操作。它确保一个系统的应用层发送的信息能够被另一个系统的应用层读取。必要时，表示层会把各种不同的数据格式翻译成一种通用格式。表示层还有一个重要的任务，那就是加密和解密信息。

（7）应用层

应用层是 OSI 模型的最高层，也是最靠近用户的一层，为用户的应用程序提供网络服务。

7.1.3 TCP/IP 参考模型

尽管网络有了 OSI 的七层模型，但是现实中由于其结构相对复杂，不易管理，很难通过物理设备实现。TCP/IP 网络由美国国防部创建，后来逐渐发展成为 Internet 的标准。目前大多数网络都支持 TCP/IP 协议。

1. TCP/IP 参考模型及各层协议

通常所说的 TCP/IP 协议指的不仅仅是 TCP 和 IP 两个协议，而是以 TCP 和 IP 为代表的一系列协议的集合。TCP/IP 参考模型有 4 层，由低往高依次为网络访问层、Internet 层、传输层和应用层，如图 7-2 所示。TCP/IP 参考模型的每一层都支持一些特定的协议，有些层次名称与 OSI 模型中名称相同，但是具有不同的功能。

图 7-2 TCP/IP 的四层模型

（1）网络访问层

网络访问层主要参与在传输 IP 分组时建立和网络介质的物理连接。基于不同硬件类型的网络接口，网络访问层定义了和物理介质的连接。网络访问层传输的基本单位是帧。帧是有格式和一定大小的物理传输单位，不同的物理网络有不同的帧格式。网络访问层的物理标识是介质访问控制地址或者物理地址。

网络访问层支持的协议如图 7-3 所示。

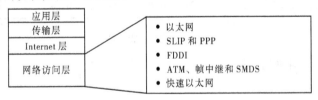

图 7-3 网络访问层的协议

（2）Internet 层

本层的功能是利用相应的本层协议发送分组，并决定最佳的路径和完成分组交换。Internet 层的协议如图 7-4 所示。

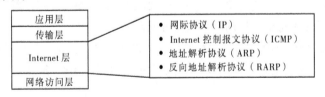

图 7-4 Internet 层的协议

- IP：提供无连接，尽最大努力传输分组的协议。它不关心分组的内容，只是将分组发送到目的地。
- ICMP：提供控制和消息传递能力。
- ARP：已知 IP 地址，获取其对应的物理地址。
- RARP：已知物理地址，获取其相应的 IP 地址。

（3）传输层

传输层提供从源主机到目的主机的端到端传输服务。在发送主机和接收主机之间建立逻辑连接。传输层的协议如图 7-5 所示。

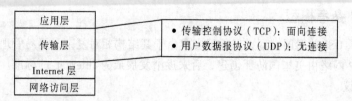

图 7-5　传输层的协议

- TCP：提供面向连接的、可靠的服务。在发送端将发送的报文分隔成段，在目的端进行报文重组，并提供丢失重传的机制。
- UDP：提供无连接服务，不能保证数据报传输的可靠性。

（4）应用层

应用层负责处理特定的应用程序细节。应用层包含了各种各样的直接针对用户需求的协议。每一个应用层协议都是为了解决用户各种具体应用的协议，如图 7-6 所示。

图 7-6　应用层的协议

2．MAC 地址及 IP 地址的介绍

（1）MAC 地址的介绍

介质访问控制（media access control，MAC）地址也叫物理地址，是识别局域网结点的标识。网卡的物理地址是由网卡生产厂家在生产网卡时烧入网卡的，它存储的是传输数据时真正赖以标识发出数据的主机和接收数据的主机的地址。也就是说，在网络底层的物理传输过程中，是通过物理地址来识别主机的，它一般也是唯一的。

MAC 地址是由 48 位的十六进制数字组成，前 24 位叫做组织唯一标志符，是识别局域网结点的标识，后 24 位由厂家为每个出厂的网卡进行分配。

在 Windows 系统中要看计算机的 MAC 地址，可以在"命令提示符"窗口中输入 ipconfig /all 命令，显示的结果中"物理地址"项为 48 位的十六进制数即为 MAC 地址。

（2）IPv4 的介绍

互联网中的每台主机要和其他主机进行通信，必须有一个 IP 地址作为唯一的标识符，这个地址用来定位互联网中的一台主机。

IP 地址是以 32 位的二进制位的形式存储的，为了方便书写和记忆，使用点分十进制的方式进行表示，每 8 位为一组。IP 地址由网络标识和主机标识两个部分组成，其中网络标识用于区分不同的网络，主机标识用于在一个网络中区分主机。

根据 IP 地址网络标识的不同，可以将其划分为 5 类。

A 类地址：使用 32 位二进制位的前 8 位作为网络部分，剩余的 24 位作为主机部分。它可用来支持超大型网络。A 类地址的范围是 1.0.0.1～126.255.255.254。

B 类地址：使用 32 位二进制位的前 16 位作为网络部分，剩余的 16 位作为主机部分。B 类地址的范围是 128.0.0.1～191.255.255.254。

C 类地址：使用 32 位二进制位的前 24 位作为网络部分，剩余的 8 位作为主机部分。C 类地址的范围是 192.0.0.1～223.255.255.254。

D 类地址：该类地址用来支持组播。组播地址是唯一的网络地址，用来转发目的地址为预先定义的一组 IP 地址的分组。D 类地址的范围是 224.0.0.0～239.255.255.255。

E 类地址：该类地址保留用来作为研究使用。E 类地址范围是 240.0.0.0～255.255.255.255。

（3）IPv6 的介绍

随着 Internet 的高速发展，IPv4 的地址空间严重不足，于是提出了使用 IPv6 来取代现有的 IPv4。IPv6 使用 128 位地址空间，用 8 个 16 位数来表示，每 4 个一组的十六进制间用冒号分隔。最终，IPv6 将取代 IPv4，成为 Internet 的主要协议。

7.1.4　计算机网络的分类

计算机网络根据不同的分类标准可以划分为不同的网络类型，下面进行详细介绍。

1．根据网络的覆盖范围划分

（1）广域网

广域网覆盖的范围很广，通常是几十千米到几千千米，可以连接不同的城市和国家，在广阔的地理区域上提供直接的数据通信。由于距离较远，只能提供有限的带宽。

（2）局域网

局域网覆盖的范围比较有限，通常是一个学校园区或一个建筑物内。局域网可以提供高速的带宽并提供全天的本地服务的连接。

（3）城域网

城域网所覆盖的范围介于局域网和广域网之间，通常是一个城市内。它可以通过与骨干网络桥接而连接几个不同的局域网。

2．根据网络拓扑结构划分

网络拓扑定义了各种计算机、打印机、网络设备和其他设备的连接方式。

（1）星形结构

网络中有一个中心汇聚点，网络中的每台主机都通过独立的链路连接到中心设备。其优点是当一台设备的链路出现故障时，不会影响网络中的其他设备的正常运行。缺点是中心汇聚点容易造成单点失效，如图 7-7（a）所示。

（2）树形结构

树形结构顾名思义，它的形状就像一棵树，有根结点和叶子结点，如图 7-7（b）所示。

（3）环形结构

环形拓扑就是每台主机与邻机相连，所有主机都连接成一个环或圆，如图 7-7（c）所示。

（4）总线结构

总线形拓扑中使用一根电缆来连接所有的设备。线缆相继连接各台计算机，就像一条公交线路连接各个站点，如图 7-7（d）所示。

（5）网状结构

网状拓扑的网络中每台设备之间均有点到点的链路连接，如图7-7（e）所示。

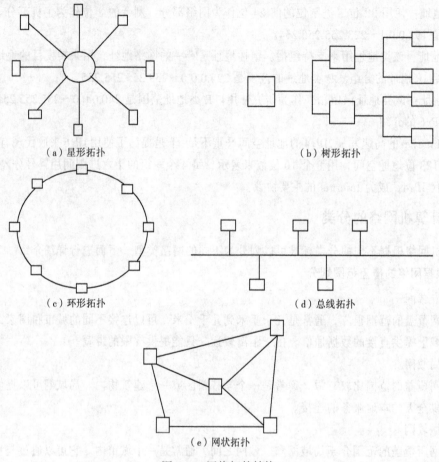

（a）星形拓扑

（b）树形拓扑

（c）环形拓扑

（d）总线拓扑

（e）网状拓扑

图7-7 网络拓扑结构

7.2 构建计算机网络

随着计算机网络的迅速发展，网络已被应用于各行各业，大多数企业、学校等都拥有自己的网络。计算机联网是个复杂的问题，其中存在很多技术问题，本节介绍其中涉及的主要技术与应用。

1. 常用的网络介质

（1）同轴电缆

同轴电缆由内到外由铜导线、塑料绝缘层、编织铜屏蔽层和外传导层四部分组成。过去在局域网中应用较多，但是由于安装时外传导层接地要求较高，目前主要用于家庭有线电视信号的传输。

（2）双绞线

目前大多数局域网和电话通信的传输介质是双绞线，它由四对细铜线组成，每对铜线绞合在一起，每根线的外面都包裹带色码的塑料绝缘体。每对线绞合在一起是为了防止干扰和相邻电线产生噪声。

双绞线包括屏蔽双绞线（STP）和非屏蔽双绞线（UTP）两种基本类型。屏蔽双绞线的每对电线外包裹有一层金属箔片，相对于 UTP 可以减少一些噪声，但是由于有金属屏蔽，安装时需要接地。非屏蔽双绞线不需要接地更易于安装，传输速度较快，而且也是较便宜的一种网络介质，所以局域网中基本都使用 UTP。

用双绞线连接终端时要通过接头连接，双绞线的接头叫做 RJ-45 接头（又称水晶头），连接时插入到终端设备的 RJ-45 的接口。双绞线的 4 对线颜色分别为橙白/橙、绿白/绿、蓝白/蓝、棕白/棕。制作时需要将双绞线的 4 对线按一定的顺序排列，用专用的夹线钳进行操作。

（3）光纤

光纤主要应用于局域网的主干和广域网中，适用于长距离、高带宽的传输。相对于其他介质来说，其带宽更宽，信号衰减低，可以保证长距离的传输和良好的信号质量。

2．常用的网络设备

（1）集线器

集线器（hub）工作在 OSI 参考模型的物理层，它的主要功能是对接收到的信号进行再生整形放大，以扩大网络的传输距离。它采用广播方式发送数据，当要向某结点发送数据时，不是直接把数据发送到目的结点，而是把数据包发送到与集线器相连的所有结点。从集线器的工作方式可以看出，它在网络中只起到信号放大和重发作用，其目的是扩大网络的传输范围，而不具备信号的定向传送能力。

（2）交换机

交换机（switch）工作在 OSI 参考模型的数据链路层，是一种基于物理地址识别、能完成封装转发数据包功能的网络设备。它对信息进行重新生成，并经过内部处理后转发至指定端口，具备自动寻址能力和交换作用。交换机的数据传输中数据只对目标结点发送，只有在自己的 MAC 地址表中找不到相关信息的情况下才使用广播方式发送。

（3）路由器

路由器（router）工作在 OSI 参考模型的网络层，是在多个网络和介质之间实现网络互连的设备。路由器可以连接不同的网络，当这些网络互相通信时选择最佳路径。路由器是大型网络中最重要的流量控制设备，它有多个端口用于连接多个 IP 子网，可以使各个子网中的主机通过自己子网的 IP 分组送到路由器上。

7.2.1　个人计算机入网

1．基本术语

（1）ISP

互联网服务提供商（internet service provider，ISP）是向广大用户综合提供互联网接入业务、信息业务和增值业务的电信运营商。

（2）ISDN

综合业务数字网（integrated services digital network，ISDN）是基于公共电话网的数字化网络，它能利用普通的电话线双向传送高速数字信号，可实现包括语音、数据、图像等综合性业务的传输。

（3）ADSL

非对称数字用户线路（asymmetric digital subscriber line，ADSL）是一种非对称的 DSL 技术，

其上行速率低，下行速率高，特别适合传输多媒体信息业务，如视频点播、多媒体信息检索和其他交互式业务。ADSL 在一对铜线上支持上行速率 0.5～1Mbit/s，下行速率 1～8Mbit/s，有效传输范围为在 3～5km。

（4）Modem

Modem 即调制解调器，是计算机与电话线之间进行信号转换的装置。它由调制器和解调器两部分组成。调制器是把计算机的数字信号调制成可在电话线上传输的声音信号的装置。在接收端，解调器再把声音信号转换成计算机能接收的数字信号。

（5）ADSL 调制解调器

为 ADSL 提供调制数据和解调数据，最高支持 8Mbit/s（下行）和 1Mbit/s（上行）的速率，有一个 RJ-11 电话线孔和一个或多个 RJ-45 网线孔。

（6）Cable Modem

Cable Modem 即电缆调制解调器，利用有线电视的电缆进行信号传送，不但具有调制解调功能，还集路由器和集线器、桥接器于一身，理论传输速率可达 10Mbit/s。通过 Cable Modem 上网，每个用户都有独立的 IP 地址，相当于拥有了一条个人专线。

（7）56bit/s Modem 拨号上网

通过 Modem 拨号上网是前几年普遍的一种上网方式。用户通过外置或内置的调制解调器和电话线就可以连接到 Internet 上。在向本地的 ISP 申请账户，获取用户名和密码后，通过电话拨打 ISP 提供的拨号号连接到互联网，或者使用公用通用账号和密码，不需单独申请就可以连接到网络。这种方式带宽只有 56kbit/s，速度非常慢，而且上网时占用了电话线路，不能接听电话。随着 ADSL 的发展，这种拨号方式基本上被 ADSL 虚拟拨号替代。

2．连接方式

个人计算机在家里要想访问互联网，必须首先向互联网服务提供商（ISP）提出申请。互联网服务提供商一般都拥有一个长期与互联网相连的网络，人们可以把 ISP 网络当作互联网的一部分来访问。ISP 会提供必要的基础网络设施，便于用户与其网络相连。当用户的计算机与 ISP 的网络相连后，用户就可以通过 ISP 的网络访问互联网上其他计算机所提供的资源和服务。ISP 提供了多种连入方式，较常见的有普通拨号上网、宽带 ADSL 上网、有线电视上网和小区宽带等。

（1）ISDN 上网

ISDN 可以实现一条普通电话线上连接的两个终端同时使用，可边上网边打电话、边上网边发传真或者两台计算机同时上网、两部电话同时通话等。这种方式需要首先到当地电信部门申请一条 ISDN 电话，也可以把家里已有的电话改装为 ISDN 电话。同时，用户还要申请一个上网的账号，购买上网用的 TA 终端适配器设备。它类似于 Modem，有内置和外置两种。电信部门需要为用户安装 NT1（网络终端设备），它是一个能实现端到端的数字连接的设备，由电信部门免费提供，当不用这条线时再收回。

（2）ADSL 宽带上网

ADSL 也是一种拨号上网的方式，通过现有的普通电话线为用户提供宽带数据传输服务。这种方式首先也必须向本地 ISP 申请账号和密码，通过 ADSL Modem 连接入网。它可以与普通电话共存于一条电话线上，即在一条电话线上既可以接打电话，也可以同时进行 ADSL 传输。ADSL 接入 Internet 有虚拟拨号和专线接入两种方式。采用虚拟拨号方式的用户采用类似 Modem 和 ISDN 的拨号方式。采用专线接入方式的用户只要开机即可接入 Internet。ADSL 宽带是目前常见的家庭联网方式。

（3）有线电视上网

这种方式使用 Cable Modem 通过有线电视网进行数据传输。装有有线电视的用户向 ISP 申请开通该项服务后，连接上 Cable Modem 就可以连接到 Internet。当使用 Cable Modem 传输数据时，利用的是现有的有线同轴电缆中的一个频道。有线同轴电缆分为 3 个宽带，分别用于 Cable Modem 数字信号上传、数字信号下传及电视节目模拟号下传。这样在上网的同时也可以收看电视节目。

（4）小区宽带/局域网

使用小区宽带有两种方式。一种方式就是在一个小区内架起一个局域网，这个局域网是由本地小区内的一些计算机构成的一个小网络。它以千兆光纤连接到小区的中心交换机，中心交换机和楼道交换机以百兆光纤或五类网络线相连，然后再用网线连接到用户的计算机上。另一种方式是通过 ADSL 局域网接入 Internet，它将带路由的 ADSL Modem 安装到小区，然后再通过集线器或交换机以及网线连接到用户的计算机上，这样用户就不需要配备 ADSL Modem 随时上网。

3．建立宽带连接

案例 1：如何在 Windows XP 中建立宽带连接。

案例分析：首先向本地 ISP 申请账号和密码，将 ADSL Modem 与计算机正确连接。在操作系统中创建新的网络连接，用申请的账号和密码登录即可。

操作步骤：

① 选择"开始"→"控制面板"命令，在控制面板中单击"网络和 Internet 连接"超链接。在打开的窗口中单击"网络连接"超链接。

② 在打开的窗口中的"网络任务"栏中单击"创建一个新的连接"超链接，如图 7-8 所示。在弹出的对话框中单击"下一步"按钮。

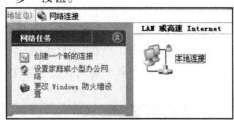

图 7-8 创建新的连接

③ 在"新建连接向导"对话框中选中"连接到 Internet"单选按钮，然后单击"下一步"按钮，如图 7-9 所示。

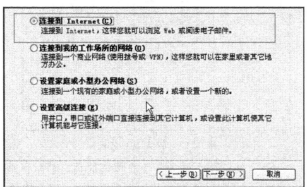

图 7-9 选择网络连接类型

④ 在弹出的对话框中选中"手动设置我的连接"单选按钮，单击"下一步"按钮，如图 7-10 所示。

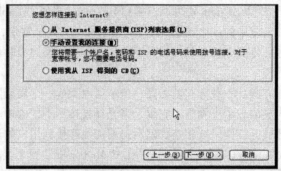

图 7-10　选择手动设置连接

⑤ 在弹出的对话框中选中"用要求用户名和密码的宽带连接来连接"单选按钮，单击"下一步"按钮，如图 7-11 所示。

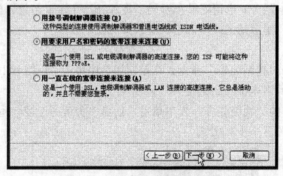

图 7-11　选择用用户名和密码连接

⑥ 在弹出的对话框中的"ISP 名称"文本框中输入自己创建的连接名称，然后单击"下一步"按钮，如图 7-12 所示。

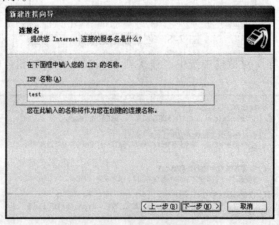

图 7-12　输入 ISP 名称

⑦ 在"Internet 账户信息"对话框中输入向 ISP 申请的用户名和密码，根据自己的需要选择是否允许其他用户使用此账户和密码或者将其作为默认的 Internet 连接，然后单击"下一步"按钮，如图 7-13 所示。

⑧ 此时弹出成功完成创建连接的对话框。可以选择是否"在我的桌面上添加一个到此连接的快捷方式",选中复选框后,桌面上会出现刚才建立的连接的快捷方式,名称为输入的 ISP 名称,单击"完成"按钮即可,如图 7-14 所示。

图 7-13　输入用户名密码

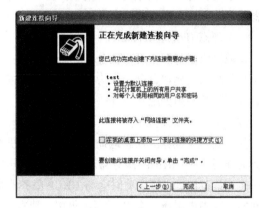

图 7-14　完成创建连接

⑨ 在连接 Internet 前双击桌面上的快捷方式图标,然后输入用户名和密码,单击"连接"按钮即可,如图 7-15 所示。

图 7-15　连接网络

7.2.2　搭建小型局域网

搭建小型局域网的目的是将若干计算机进行联网,互相连通进行资源共享。通常用于一个中小型规模的实验室或建筑物。

1．准备条件

互连的计算机需要安装网卡以及正确的驱动程序,一般使用集线器或交换机作为连接设备,通过 RJ-45 接头将计算机与集线器或交换机用双绞线进行连接。

2．连接方式

小型局域网一般选择星形结构,通过一个中心结点连接,任意两个结点进行通信都经过中心结点交换。也就是每台计算机通过双绞线一端连接网卡接口,另一端接入集线器或交换机的端口。

3．分配 IP 地址

在局域网中分配 IP 地址的方法有两种。一种是静态分配地址，也就是可以为局域网内的所有主机都手工分配一个固定的 IP 地址。另一种是动态分配地址，当一个主机登录到网络上时，服务器就自动为该主机分配一个动态 IP 地址。

（1）静态 IP 地址分配

局域网内的每台主机都被分配一个固定唯一的 IP 地址。同一局域网中所有主机 IP 地址的网络地址都相同，例如，分配的为 C 类地址，则前 24 位都相同，主机地址即最后 8 位是唯一的。每台计算机都必须分配一个唯一的主机名。

（2）动态 IP 地址分配

局域网内主机分配动态地址是通过动态主机配置程序的服务器或主机来完成的。当计算机连接到局域网上时，DHCP 服务器就会自动为它分配一个唯一的 IP 地址。在 DHCP 服务器上需要指定一个地址范围，主机启动时会与 DHCP 服务器联系并请求一个 IP 地址，DHCP 服务器收到请求会在指定范围内选择一个 IP 地址，租用给请求的主机。当用户一段时间不使用这个地址后可以再重新租用给另一个用户。当可用的 IP 地址数量有限，少于局域网内的计算机数量时，DHCP 就可以解决这个问题。

4．测试网络状况

可以通过 Windows 自带的 ping 命令来测试局域网内的任意主机之间是否连通及当前的网络状况。简单地说，ping 就是一个测试程序，如果 ping 命令运行正确，大体上就可以排除网络访问层、网卡、Modem 的输入输出线路、电缆和路由器等存在的故障，从而缩小了问题的范围。

ping 命令的运行方法是在"命令提示符"窗口中输入"ping IP 地址"，利用 ping 命令测试网络状况的基本方法有 5 种。

① ping 127.0.0.1。该命令利用环回地址验证本次计算机上安装的 TCP/IP 协议以及配置是否正确。如果没有回应，则说明本地 TCP/IP 协议的安装和运行不正常。

② ping localhost。localhost 是操作系统保留名，也是 127.0.0.1 的别名。每台计算机应该都能将该名字转换为地址，作用同①。

③ ping 本机 IP 地址。本地计算机始终都会对该命令作出回应。ping 局域网内其他计算机的 IP 地址，用于验证本地网络的网卡和线路是否正确。通过对方主机的返回结果可以判断双方是否连通。

④ ping 默认网关的 IP 地址。该命令用于验证本地主机是否与默认网关连通。

⑤ ping 远程主机 IP。该命令用于验证本地主机与远程主机的连通性。

5．组建小型局域网

案例 2：用四台计算机与一台交换机进行互连，组建小型局域网，计算机之间可以连通。

案例分析：

① 准备好所有设备，确定交换机的位置，每台计算机距离中心结点不要太远，避免因线缆过长造成信号衰减过多。

② 制作双绞线的接头，合理布线连接计算机与中心结点。常用的线序有以下两种：

直连线（计算机与交换机互连时）两端的线序和颜色对应为 1-橙白，2-橙，3-绿白，4-蓝，5-蓝白，6-绿，7-棕白，8-棕。

交叉线（计算机之间直接互连时）的线序和颜色对应为 1-绿白，2-绿，3-橙白，4-蓝，5-蓝白，6-橙，7-棕白，8-棕。

本案例中为计算机与交换机进行互连，应该按照直连线的线序标准进行制作。

③ 查看计算机的网卡与交换机的指示灯，绿灯闪烁即可进行下一步配置。

④ 配置计算机的 IP 地址、用户名等网络选项，联网的计算机之间可以互相 ping 通即为连通。

操作步骤：

（1）制作 RJ-45 接头

案例 1 如何制作 RJ-45 接头。

双绞线的四对线颜色分别为：橙白/橙、绿白/绿、蓝白/蓝、棕白/棕。制作时需要将双绞线的四对线按一定的顺序排列，用专用的夹线钳进行操作。具体操作步骤如下：

① 先抽出一小段线，把外皮剥除一段；

② 将双绞线反向缠绕开；

③ 根据标准顺序排线：

- 直连线（计算机与交换机互联时）的线序和颜色对应为：一端线序为：1-橙白，2-橙，3-绿白，4-蓝，5-蓝白，6-绿，7-棕白，8-棕；另一端线序为：1-橙白，2-橙，3-绿白，4-蓝，5-蓝白，6-绿，7-棕白，8-棕；

- 交叉线（计算机之间直接互联时）的线序和颜色对应为：一端线序为：1-橙白，2-橙，3-绿白，4-蓝，5-蓝白，6-绿，7-棕白，8-棕；另一端线序为：1-绿白，2-绿，3-橙白，4-蓝，5-蓝白，6-橙，7-棕白，8-棕。

④ 将线头剪齐；

⑤ 插入 RJ-45 接头；

⑥ 用专用的夹线钳夹紧；

⑦ 最后使用测试仪测试是否连通。

（2）分配 IP 地址

① 右击桌面上的"网上邻居"图标，在弹出的菜单中选择"属性"命令，打开"网络连接"窗口。在该窗口中右击"本地连接"图标，在弹出的菜单中选择"属性"命令，如图 7-16 所示。

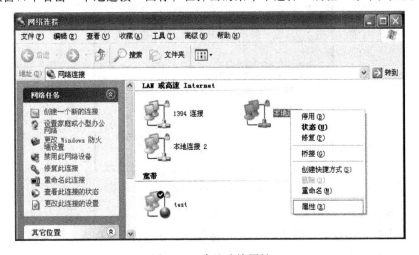

图 7-16　本地连接属性

② 在"本地连接属性"对话框中选中"Internet 协议 TCP/IP"选项，然后单击"属性"按钮，如图 7-17 所示。

图 7-17 "本地连接"属性对话框

③ 在弹出的"Internet 协议（TCP/IP）属性"对话框中单击"使用下面的 IP 地址"单选按钮，然后在相应的位置输入要分配的 IP 地址、子网掩码、默认网关。

④ 单击"使用下面的 DNS 服务器地址"单选按钮，然后在相应的位置输入 DNS 服务器的 IP 地址，如图 7-18 所示。

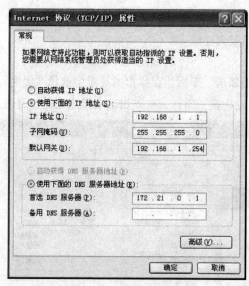

图 7-18 手工设置 IP 地址

（3）测试连通性

在命令提示符窗口中输入如图 7-19 所示的命令，对方主机有 4 次响应，说明双方可以连通。当对方主机响应超时，说明双方不能连通。

```
C:\Documents and Settings\yuming>ping 172.21.5.250

Pinging 172.21.5.250 with 32 bytes of data:

Reply from 172.21.5.250: bytes=32 time<1ms TTL=128
Reply from 172.21.5.250: bytes=32 time<1ms TTL=128
Reply from 172.21.5.250: bytes=32 time<1ms TTL=128
Reply from 172.21.5.250: bytes=32 time<1ms TTL=128

Ping statistics for 172.21.5.250:
    Packets: Sent = 4, Received = 4, Lost = 0 (0% loss),
Approximate round trip times in milli-seconds:
    Minimum = 0ms, Maximum = 0ms, Average = 0ms
```

图 7-19　ping 172.21.5.250

7.2.3　建设校园网

校园网就是校园内部的计算机网络，连接学校内部子网，为学校教育提供资源共享和信息交流。建设校园网的目标就是覆盖整个校园，将校园内的计算机、服务器以及其他的终端设备、各种不同应用的信息资源通过高性能的网络设备进行互连，对外通过路由设备接入互联网。

1. 网络架构

一般的校园网采用 3 层结构设计，分别是核心层、汇聚层和接入层。接入层向网络中的主机和终端设备提供连接性，分布层将较小的本地网络进行互连，核心层来连接分布层的设备。

（1）核心层

核心层是网络的主干部分，负责快速而可靠地传输大量数据。核心层的主要设计目标是要提供正常运行时间、较大限度地提高吞吐量等。校园网的核心层一般叫做网络中心，部署了校园网的核心设备。

（2）汇聚层

位于接入层和核心层之间的部分称为分布层或汇聚层，汇聚层的主要功能是过滤和管理数据流、实施访问控制策略、在接入层 VLAN 之间进行路由选择。校园网的汇聚层是各建筑楼的结点，也是校园网的二级结点。

（3）接入层

通常将网络中直接面向用户连接或访问网络的部分称为接入层。接入层的目的是允许终端用户连接到网络。校园网的接入层是各建筑楼层的结点，为校园网的三级结点。接入层结点是直接与服务器和工作站连接的局域网设备。

2. 互连设备的选择

校园网主要包括主干网及支干网，目前大部分使用快速以太网、千兆以太网或 ATM 作为校园网主干，使用以太网作为校园网支干。随着千兆以太网的发展，在校园网主干中逐渐使用千兆以太网作为网络主干。

核心层由路由器、防火墙和核心交换机构成。路由器对外直接与互联网连接，对内连接防火墙。一般的路由器也有防火墙的功能，如数据包过滤等，但功能不够强大，需要配置专用的防火墙来保护校园网的安全。防火墙不仅要阻止外网对内的攻击，也要防止内部用户对外的非法行为，限制用户访问非法站点。为了实现对校园网的远程访问，可以选择带 VPN 功能的防火墙。校园网内的各个小型局域网通过核心交换机接入网络中心进行互连，一般采用具有 3 层路由功能和支持 VLAN 的交换机。

校园网内部的各个小型局域网较多，如学生宿舍楼、图书馆等，汇聚层与接入层主要也使用交换机。校园网按地理位置设置了若干条光缆，从网络中心辐射到几个主要的建筑群，在二级主干结点处端接，汇聚层网络结点上安装的交换机位于网络的第二层，向上与网络中心的核心交换机连接，向下与接入层（各楼层）的交换机或集线器连接。汇聚层交换机与核心交换机通信比较频繁，每天都需要访问大量数据，包括音频、视频等，因此汇聚层中的交换机必须具有足够的带宽。

接入层结点面向用户，主要采用快速以太网集线器或交换机。接入层交换机（或集线器）直接与计算机连接，由于校园网需要连入的结点多，当连接的计算机数量超过交换机端口数时，可以选用多台交换机进行级联，或采用可堆叠的交换机。

3．主要技术

（1）VLAN

VLAN 是 virtual local area network 的简称，即虚拟局域网。VLAN 技术将一个物理范围的局域网逻辑地划分成不同的网段，每一个 VLAN 内的计算机都具有相同的需求，与物理上形成的局域网有着相同的属性。

VLAN 的特点如下：

- 提高网络性能。当网络规模较大时，网上的广播信息会很多，这些广播信息会使网络性能恶化，甚至形成广播风暴，引起网络堵塞。这样就可以通过划分 VLAN 来解决，广播信息不会跨过 VLAN，这样就缩小了广播范围，可以提高了网络性能。通过划分虚网，可以把广播限制在各个虚网的范围内，从而减少整个网络范围内广播包的传输，提高了网络的传输效率。
- 提高网络安全性。校园网内各个小局域网功能各不相同，如学生宿舍的网络、学校行政部门的网络、教学网络等，相互之间有些信息是保密的，需要进行隔离。可以通过划分 VLAN 对不同局域网进行隔离，各虚网之间不能直接进行通信，而必须通过路由器转发，这样可以设置高级的安全控制，增强了网络的安全性。
- 方便管理。VLAN 是逻辑的而不是物理的划分，所以同一个 VLAN 内的各个计算机不需要位于同一个物理区域。同一部门的人员有时分散在不同的物理地点，但需要位于一个网络中，可以跨地域（也就是跨交换机）将其设在同一 VLAN 之中，从而实现数据安全和共享。

（2）NAT

随着互联网的迅速发展，接入互联网的计算机数量越来越多，可分配的 IP 地址越来越少。即使拥有几百台计算机的大型局域网的用户，所能申请到的 IP 地址也只有几个或十几个，根本无法满足网络用户的需求，NAT 技术就是解决这个问题的。

IP 地址分为公有地址和私有地址，公有地址可以直接访问互联网，私有地址不能在互联网上使用，属于非注册地址，专门为组织机构内部使用。A 类私有地址的范围是 10.0.0.0～10.255.255.255，B 类私有地址的范围是 172.16.0.0～172.31.255.255，C 类私有地址的范围是 192.168.0.0～192.168.255.255。这些范围的地址在局域网内部使用。

NAT 是 network address translation 的简称，即网络地址转换，它是将私有地址转化为合法公有 IP 地址的转换技术。局域网内部网络中使用私有地址，当内部结点要与外部网络进行通信时，就在出口处由 NAT 将私有地址替换成公用地址，从而在互联网上正常使用。通过这种方法，校园网只申请一个或几个合法 IP 地址，就可以把整个校园网内的计算机接入互联网中，解决了公共 IP 地址紧缺的问题。对于外网用户来说，与内网用户通信时，NAT 屏蔽了内部网络，所有内网计算机对于公共网络来说是不可见的，从而能够有效地避免来自网络外部的攻击，隐藏并保护网络内部的计算机。

（3）VPN

VPN 是 virtual private network 的简称，即虚拟专用网，其核心就是利用公共网络建立虚拟私有网。在校园网的应用中可以理解成是虚拟出来的学校内部专线。

VPN 通过特殊的加密的通信协议在连接在互联网上的位于不同地方的两个或多个内部网之间建立一条专有的通信线路，就好比是架设了一条专线一样，但是它并不需要真正地去铺设光缆之类的物理线路。实际工作时，远程外网客户端向校园网内的 VPN 服务器发出请求，VPN 服务器响应该请求并要求验证用户身份，客户端将加密的用户名和密码信息发送到 VPN 服务端，VPN 服务器在用户数据库中查询该账户是否有效，以及该用户是否具有远程访问的权限，如果该用户拥有远程访问的权限，VPN 服务器接受此连接。简单地说，VPN 可以通过对校园网内的数据进行封包和加密传输，在互联网上传输私有数据，达到私有网络的安全级别。通过 VPN 服务经互联网接入并访问校园网内部，因此学校的师生可以在校园网覆盖区域以外随时访问校园内资源。

7.3　网络应用

大部分应用层的服务都是基于客户端/服务器的工作模式。客户端/服务器模式中网络通信的双方分别是客户端和服务器程序，客户程序主动发起连接，服务器程序被动等待通信连接。基本过程是用户通过客户端程序向服务器方发送请求，服务器接收到客户端的请求后进行响应，将响应结果返回给客户端接收。本节主要介绍互联网上应用广泛的 Web 服务以及对应的客户端浏览器程序。

7.3.1　WWW 服务

万维网（World Wide Web，WWW 或 Web）是互联网上应用广泛的服务。万维网是无数个网络站点和网页的集合，实际上是多媒体的集合，由超链接连接而成。

1. 基本术语

Web 是一个支持交互式访问的分布式超媒体系统。超文本（hypertext）是以超链接的方式将各种不同空间的文字信息组织在一起的网状文本，也是一种用户接口范式，用以显示文本及与文本相关的内容。超媒体与超文本的区别在于，它不仅可以包含文字，还可以包含图形、图像、动画、音频和视频。

这些文本或超媒体之间的连接关系就是超链接，这个连接关系可以是从一个网页指向另一个网页，也可以是相同网页上的不同位置，还可以是一个图片、电子邮件地址、文件，甚至是一个应用程序。在一个网页中用来超链接的对象，可以是一段文本或者一个图片。当浏览者单击已经链接的文字或图片后，链接目标将显示在浏览器上，并且根据目标的类型来打开或运行。一般来说，网页中超链接都是蓝色的，文字下面有一条下画线。当移动鼠标指针到该超链接上时，鼠标指针就会变成手形，然后单击就可以直接跳到与这个超链接相连接的网页上。如果用户已经浏览过某个超链接，这个超链接的文本颜色就会改变。

用户在浏览 Web 站点时打开的页面叫做网页，它是存储在 WWW 服务器中的文档。在进入 Web 站点时显示的第一个页面叫做主页。

用户可以在浏览器的地址栏中输入一个页面的网页地址来请求这个页面。网页地址也叫统一资源定位符（URL），包含了从互联网上获取信息的基本元素，其标准格式是协议类型://服务器地址:端口号/路径/文件名。协议类型可以是 http、ftp、file、mailto 等。服务器地址是所请求服务器的域名或 IP 地址。端口号是该服务器提供服务所开放的端口号，如果在默认端口开放该服务，可以省略，如 http 的默认端口为 80，ftp 的默认端口为 21。路径是指所请求页面在服务器中存储的位置。文件名为所请求页面的名称。例如，http://www.baidu.com/more/index.html，其中协议类型是 http，服务器域名是 www.baidu.com，端口号是 80，请求页面的名称为 index.html，存储在服务器的 more 文件夹下。

为了便于用户记忆，服务器地址可以通过名字来进行表示，也就是域名。Internet 域名是 Internet 网络上的一个服务器或一个网络系统的名字，域名由若干个英文字母和数字组成，由"."分隔成几部分，最右边的部分称为顶级域名。顶级域名分为地理顶级域名和类别顶级域名两类。

2．基本原理

和大多数网络应用一样，Web 浏览的工作模式也是客户端/服务器模式。在应用中，客户端是用户的浏览器，服务器端是发布网页的 WWW 服务器。当用户在浏览器地址栏中输入一个页面的 URL 后，浏览器就变成一个客户端，向 URL 指定的 WWW 服务器进行请求，服务器接收到客户端的请求后进行响应，浏览器接收到返回的请求页面后向用户显示页面内容。

3．HTML

超文本标记语言（HTML）是一种基本的 Web 网页设计语言，通过标签和属性对文本进行描述。浏览器通过解析标签来显示页面，如文本、表格、图片、超链接等，以及这些元素的格式，如字体、颜色、边框线、背景色等。HTML 文件的扩展名为.html 或.htm。HTML 文档是由 HTML 元素构成的文件，HTML 元素是通过标签来进行定义的。

（1）编辑器

HTML 文件既可以通过简单的文本编辑器来编写，也可以通过可见即所得的软件进行编写。如果用文本编辑器编写，则需要用户编写所有的标记，完成后以.html 或.htm 保存文件。目前简单而普遍的方法是使用所见即所得的编辑器来编写页面，如 Dreamweaver、FrontPage 等。这些编辑器提供了直观的编辑功能，用户可以在可视化的方式下进行页面的设计，自动生成源代码，用户也可以在此基础上进行修改。

（2）HTML 标签

HTML 标签由尖括号包围，在文档中总是成对出现，结束标签的格式是</标签名>。在起始标签和结束标签之间的文本是 HTML 元素的内容。

① 头部与主体，HTML 文档总体分为两部分。一部分是头元素，包含文档的概要信息，头元素内的元素不在浏览器正文中显示。头元素的标签是<head></head>。另一部分是主体元素，包含文档的主要信息和内容，如文本、链接、表格、图像等。主体标签是<body></body>。

② 标题，用户可以使用<h1>至<h6>标签定义标题，其中<h1>定义最大的标题，<h6>定义最小的标题。HTML 会自动在标题前后增加空行。

③ 段落，它使用<p>标签表示，HTML 会在段落前后添加空行。

④ 换行，使用
标签可以产生一个强制的换行。当一个段落还没有结束时，需要在任何位置换行加入
标签即可。由于
标签是空白标签，没有任何内容，可以不加结束标签。

⑤ 表格，它由 <table> 标签来定义。表格的行由 <tr> 标签定义，每行被分隔为若干单元格，

这些单元格由 <td> 标签定义，<td>标签中的内容表示数据单元格的内容，数据单元格可以包含文本、图片、列表、段落、表单、水平线、表格等。也就是说每一行由<tr>标签定义，在<tr>标签中嵌套若干<td>标签，分别表示该行的第几列，<td>标签中的内容表示该行该列的单元内容。

⑥ 列表，HTML 中可以定义无序和有序的列表进行显示。无序列表的标签是<ul>，每个列表项的标签是<li>，定义出来的每个列表项前用"●"进行标记。有序列表的标签是<ol>，每个列表项的标签也是<li>，定义出来的每个列表项前用数字序号进行标记。

（3）HTML 属性

HTML 标签可以有自己的属性，用来为元素提供附加信息。属性以名称/值出现，在元素的开始标签中定义，形式为 name="value"，属性值要放在引号内。

① align 属性，它可以定义元素显示时的对齐方式，有居中（center）、居左（left）和居右（right）值。

② border 属性，它可以给一些 HTML 元素画边框，如表格、图片等。这个属性可以定义边框线的宽度。

（4）HTML 实例

案例 3：用 HTML 编写一个网页，内容包括标题、段落、换行、两行两列的表格、一个无序列表和一个有序列表，要求给标题设定 3 种对齐方式、表格边框线宽度设定为 6。

案例分析：按照要求，内容中包含的各元素可以用相应的标签实现。目前有多种 HTML 编辑器来编辑 HTML 页面，一些图形化的编辑器可以方便地实现案例的要求。用户将编辑器提供的相应图形化控件拖动到编辑框内就可以完成，不需要逐句输入 HTML 语句，使用起来比较方便。

为了熟悉 HTML，用户可以在文本编辑器中直接输入实现各元素的 HTML 语句，保存时将文件扩展名更改为.html 即可。如果对界面美观要求较高，这种方式相对较为麻烦，需要编写的内容比较烦琐。本案例的要求较为简单，侧重于熟悉 HTML 语句，实现的结果内容如图 7-20 所示。

图 7-20　HTML 页面

操作步骤：

① 新建一个文本文件。

② 将该文件扩展名更改为.html。

③ 编辑该文件源代码。代码如下：

```
<html>
    <head>
        <title>这是头部标题</title>
    </head>
    <body>
        <p> 以下是主体部分 </p>
        <h1 align="left">这是h1标题，居左</h1>
        <h2 align="center">这是h2标题，居中</h2>
        <h3 align="right">这是h3标题，居右</h3>
        <h4>这是h4标题</h4>
        <h5>这是h5标题</h5>
        <h6>这是h6标题</h6>
        <p>这是一个段落</p>
        <p>这是另一个段落</p>
        <p>这是一个<br>换行示例</p>
        <table border="6">
            <tr>
                <td>第一行第一列</td>
                <td>第一行第二列</td>
            </tr>
            <tr>
                <td>第二行第一列</td>
                <td>第二行第一列</td>
            </tr>
        </table>
        <h1>无序列表: <h1>
        <ul>
            <li>第一项</li>
            <li>第二项</li>
        </ul>
        <h1>有序列表: <h1>
        <ol>
            <li>第一项</li>
            <li>第二项</li>
        </ol>
    </body>
</html>
```

4. 用 IIS 搭建 Web 服务器

IIS 是目前常见的 Web 服务器产品之一。它除了可以作为 Web 服务器之外，还可以作为 FTP 服务器、NNTP 服务器、SMTP 服务器，提供网页浏览、文件传输、新闻发送、邮件服务的功能。可以通过微软提供的 Internet 服务管理器，来配置和控制 Internet 服务。

案例 4 在 Windows XP 中用 IIS 搭建 Web 服务器。

案例分析：

① Windows XP 在默认安装时没有添加 IIS 组件，要用 IIS 发布 Web 服务，首先需要手动添加 Internet 信息服务组件。

② 添加完 IIS 组件后，需要启动 IIS 服务，才能提供 Web 服务。

③ 设置 Web 站点属性。Web 服务默认端口为 80，当服务器的 80 端口被其他应用程序占用时，需要修改其他端口来发布 Web 服务。安装 IIS 后默认的主目录为 C:\Inetpub\wwwroot，即该服务器所发布的所有 Web 页面都放在这个目录下。当客户端请求某页面时，服务器从该主目录下查找响应请求。主目录的路径可以根据需要进行修改。

操作步骤：

（1）添加 IIS 组件

① 选择"开始"→"控制面板"命令，在控制面板中选择"添加/删除程序"超链接，在打开的窗口左侧选择"添加/删除 Windows 组件"选项，如图 7-21 所示。

图 7-21 "添加或删除程序"窗口

② 在弹出的"Windows 组件向导"对话框中选中"Internet 信息服务（IIS）"复选框，单击"下一步"按钮，按照提示操作就可以安装 IIS 服务，如图 7-22 所示。用这种方法添加的 IIS 组件包括 Web、FTP、NNTP 和 SMTP 四项服务。

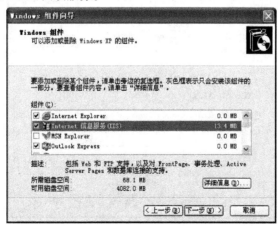

图 7-22 选中"Internet 信息服务（IIS）"复选框

（2）运行 IIS 服务

① 选择"开始"→"控制面板"命令。

② 在控制面板中选择"管理工具"，双击"Internet 信息服务"，打开"Internet 信息服务"窗口。

③ 展开左侧树形结构，右击"默认网站"选项，在弹出的菜单中选择"启动"命令，即可运行 IIS 服务，如图 7-23 所示。

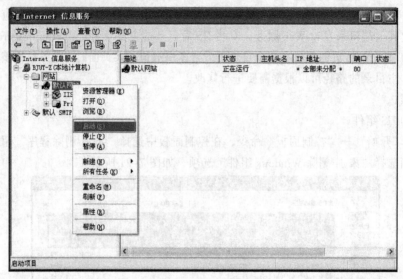

图 7-23　启动 IIS 服务

④ 要停止或暂停 IIS 服务，选择"停止"或"暂停"命令即可。

（3）用 IIS 建立 Web 站点。

在"Internet 信息服务"窗口中右击"默认网站"图标，在弹出的菜单中选择"属性"命令，弹出"默认网站属性"对话框，可以设置网站的属性，如设置 Web 服务的端口、发布网页的根目录等。

① 设置网站端口。在"默认网站属性"对话框中选择"网站"选项卡，在"TCP 端口"处输入要设置的端口号，如图 7-24 所示。

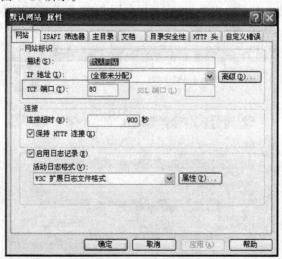

图 7-24　设置 TCP 端口

② 设置 Web 主目录。在"默认网站属性"对话框中选择"主目录"选项卡，在"本地路径"文本框中输入要更改的主目录路径或单击"浏览"按钮选择路径，如图 7-25 所示。

图 7-25 设置服务器主目录

③ 测试连接。将要发布的 Web 页面放入主目录下，如图 7-26（a）所示，index.html 文件为要发布的一个 Web 页面。打开 IE 浏览器，在地址栏中输入 http://服务器 IP 地址/index.html 就可以访问该页面，如图 7-26（b）所示。

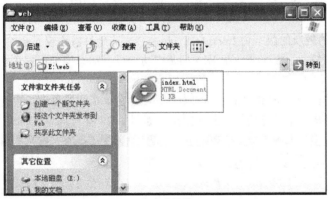

（a）主目录

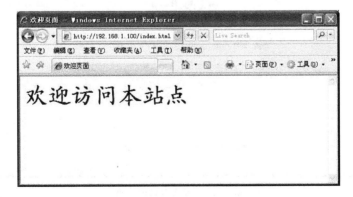

（b）访问 index 页面

图 7-26 测试连接

7.3.2　WWW 客户端

远程访问 Web 服务需要通过客户端程序进行连接访问。浏览器是安装在计算机上的一款软件，通过它可以使用互联网上提供的各种服务，如 Web 服务、电子邮件、文件传输、电子公告栏等。常用的浏览器有 Internet Explorer、FireFox 浏览器等。Internet Explorer 是微软公司推出的网页浏览器，适用于 Windows 操作系统。FireFox 浏览器即火狐浏览器，是一种具有弹出窗口拦截，标签页浏览及隐私与安全功能的网页浏览器，可以用于 Windows 系统与 Linux 系统。

1. 浏览器的结构

浏览器是一些常用的网络应用的客户端，它的结构要比服务器更为复杂一些。在与服务器的交互过程中，浏览器要处理文档访问和显示的具体细节。用户在浏览器上输入或单击来请求获取服务器上的某个文档，浏览器向服务器发送连接请求，接收服务器返回的结果，将该结果在屏幕上进行显示。

浏览器由一组客户端程序、解释器以及控制器构成。控制器是浏览器的核心部分，它需要解析输入及单击的动作，然后调用其他部件来完成用户指定的操作。解释器对用户请求获取的文档进行解释并显示给用户，它包括 HTML 解释器和其他应用的解释器。HTML 解释器可以将由 HTML 编写的文档转换成适用于用户显示的命令。也就是说，用户请求的文档本身是用 HTML 编写的，当显示给用户时，解释器会将 HTML 的语法进行解析，并处理显示的版面细节，然后以图形化的方式进行显示。

用户可以通过浏览器访问多种服务，如 HTTP、FTP 等。当用户要通过浏览器访问一种服务时，浏览器会自动调用能执行这个任务的组件，来执行相应的请求。

2. IE 浏览器

目前 IE 浏览器的较新的版本为 Internet Explorer 7，这是目前比较安全的 Internet Explorer 版本，并且更加易于安装。下面主要介绍 IE 7 的基本功能以及动态安全保护功能。

（1）基本功能

① 选项卡式浏览。IE 7 的界面采用选项卡式，可以在单个浏览器窗口中查看多个站点。通过单击相应的标签即可从一个站点切换到其他站点，如图 7-27 所示。

图 7-27　选项卡式的界面

② 快速选项卡。"快速导航选项卡"按钮只有当打开多个网页时才出现。单击"快速导航选

项卡"右侧的下三角按钮,弹出已打开的网页下拉列表,在其中选择相应的选项也可以切换到相应的网页,如图 7-28 所示。单击"快速导航选项卡"按钮,会显示已打开的网页的缩略图,单击相应的缩略图也可以打开相应的网页,如图 7-29 所示。

图 7-28　"快速导航选项卡"按钮

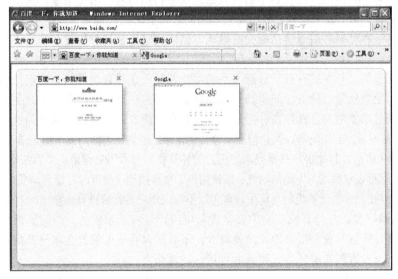

图 7-29　单击"快速导航选项卡"按钮

③ 选项卡组。可以通过选项卡组对多个选项卡进行管理。按照不同的分类创建相应的选项卡组,如将常用的搜索引擎或新闻主页设为不同的选项卡组进行整理和收藏。

可以通过收藏中心快捷访问收藏夹、源和历史纪录。在收藏中心栏中选择收藏夹可以查看选择收藏的网页列表,选择源可以查看关注的站点和主题的更新,选择历史纪录可以查看 IE 保存的曾经访问过的网页列表。

④ RSS 提要。RSS 是一种描述和同步网站内容的格式。RSS 获取信息可以不登录发布信息的网站,而通过客户端浏览的方式或在线 RSS 阅读方式。简单地说,RSS 源是了解网站什么时候有

新内容的一种方式。一些网站使用 RSS 创建和发布源，这些源上包含网站中更新信息的链接、标题和摘要。当网站更新时，用户可以自动获取这些源，不用分别访问各个网站，就可以在一个位置获取更新的信息。

IE 7 可以自动检测站点上的 RSS 提要，对于提供 RSS 订阅的站点，工具栏中的"源"图标会亮起，可以单击图标来预览和订阅 RSS 提要。当该站点的内容有更新时会有自动通知，用户可以在浏览器收藏中心的源中直接阅读 RSS 提要。

⑤ 页面缩放。通过在工具栏中选择"页面"→"缩放"子菜单中的相应命令，即可放大或缩小单个页面的文字和图片。

（2）动态安全保护

IE 7 在安全性上比之前版本的 IE 有了很大的提高。用户可以对页面中的控件及插件运行情况进行设置，对仿冒网站进行筛选，对安全级别进行设置。

① ActiveX 选择加入。ActiveX 控件是一些软件组件或对象，可以插入到网页或其他应用程序中。简单地说，就是一种使网页产生某种特殊效果的插件。当用户浏览网页时，IE 浏览器可以自动下载并且提示用户安装，经过用户的同意和确认后安装到计算机上。这样就存在一定的安全问题，黑客会编制一些攻击程序加入到网页中，用户访问该网页而且下载并安装了该程序，即会受到攻击。

② 仿冒网站筛选。它是 IE 中一种帮助保护免遭网络欺诈以及个人数据窃取风险的功能，简单地说，就是用来帮助检测仿冒网站。

当用户访问某个站点时，浏览器中的内置筛选器会扫描访问的站点地址，判断是否与已知的网页仿冒欺骗特征一致。如果一致，浏览器会在访问该站点时提出警告，并在用户同意的前提下，仿冒网站筛选将一些可疑的站点信息提交给微软，微软确定该地址为仿冒网站后更新联机的仿冒网站数据库。

仿冒网站筛选的工作方式有自动筛选与手动筛选两种。选择自动筛选会在连接某个网页时，自动将地址发送给微软进行检查。如果选择手动检查，则用户要在连接某网站时手动选择检查，该网站。自动筛选功能的安全性较高，但由于要进行自动检查，可能会影响访问速度。

③ 删除浏览记录。IE 浏览器在默认情况下会自动保存之前浏览过的网页历史记录，这一功能可能会泄露用户的隐私信息，其他用户只要登录使用过的计算机，查看历史记录就可以获得这些信息。IE 浏览器还有自动保存表单数据与密码的功能，以便用户下次连接相应站点时可以自动登录，这也造成一定的安全问题，使用同一台计算机的其他用户就可以不输入用户名和密码自动登录。

④ 安全区域设置。在计算机安全中安全性与可用性是相互矛盾的。当浏览网页时对软件和其他内容的下载设置越开放，带来的风险就越大。下载的内容很可能包含木马或病毒，破坏计算机的数据。而安全设置限制越严格，网页的可用性就越小。

IE 包含 Internet、本地 Intranet、可信站点和受限站点 4 个安全区域。系统默认的安全级别为低、中低、中、中高、高。安全级别中对不同的安全元素进行设置，如 ActiveX 控件、脚本、用户验证等方面。浏览网页时会根据所属的安全区域，依据设置的安全级别进行保护。默认情况下所有站点放在 Internet 区域中，设置中等安全级别进行保护。

可以将完全信任的站点添加到可信站点区域中，该区域的安全级别设置较低，便于在浏览网页时不出现提示就下载软件。可以将认为可疑的站点添加到受限站点区域，该区域设置了最高的安全级别，当访问到受限站点时浏览器会给出提示。

⑤ 加载项禁用模式。IE 加载项是一些能增加新功能的浏览器插件，如一些搜索引擎工具栏。由于加载项本身不属于浏览器的一部分，经常会有兼容性问题或其本身的编写问题，导致 IE 浏览

器出现意外的崩溃。

IE 浏览器在由于加载项而导致崩溃后，会自动切换到"无加载项"的模式，这种模式仅启用关键系统加载项。用户也可以自己启动"无加载项"模式不加载任何加载项。方法是：

选择"开始"→"所有程序"→"附件"→"系统工具"→"Internet Explorer（无加载项）"命令。

当由于某个具体加载项而导致网页不能正常显示，或者不想使用之前安装的某个工具栏加载项时，用户可以进行手动禁用。

3. 设置 IE 浏览器

案例 5：对 IE 浏览器进行设置，检查 IE 默认安全设置，提高 IE 安全性及可用性。

案例分析：要提高 IE 浏览器的可用性，可以从多个方面入手，首先可以将常用的网页进行分类，按类别作为选项卡组进行收藏，或将常用的网页作为主页保存。若有多个，可以创建选项卡组作为主页保存，便于下次使用访问。有一些网站提供 RSS 订阅服务，用户可以对这些站点设置 RSS 订阅功能，便于下次访问浏览更新信息。对一些需要输入用户名和密码登录的站点，根据需要可以设置自动完成功能，存储用户输入的地址、用户名，并在输入密码时提示是否保存输入的密码，以便下次访问时可以直接登录或只输入密码即可。

为了提高 IE 浏览器的安全性，首先应定期清除已存储的自动完成的内容，如缓存页、表单数据、密码、Cookie 和历史记录等信息。根据实际需要检查安全区域的设置，提高或降低相应安全区域的安全级别。一些确定安全的站点可以设为可信站点，也可以将一些可疑站点加入到受限站点中。

为了避免出现通过 ActiveX 控件进行攻击，可以在 Internet 安全设置中对所有 ActiveX 控件运行进行设置，根据需要限制 ActiveX 控件的下载和运行。禁用所有的 ActiveX 控件可以保证绝对的安全，但是也会影响网页的浏览效果，用户可以根据自己的安全需求进行设置。对于已安装的某个 ActiveX 控件，通过加载项管理器进行启用或禁用。

在使用 IE 浏览器的过程中，经常会安装一些工具栏加载项。如果加载项过多，可能会影响 IE 浏览器的启动速度，甚至有些加载项可能有安全问题，所以用户可以根据需要对某些工具栏加载项手动进行禁用或启用。IE 浏览器有自动筛选仿冒网站的功能，启用此功能可能会对连接速度有一定的影响，可以在打开某个网站时手动检查是否为仿冒网站。这些方法既提高了 IE 浏览器的可用性，又提高了其安全性。

操作步骤：

（1）对打开的选项卡进行管理

① 在工具栏中单击"添加到收藏夹"按钮。

② 选择"将选项卡组添加到收藏夹"选项，如图 7-30（a）所示。

③ 在弹出的对话框中输入要保存的选项卡组名，并选择创建位置，即可将打开的选项卡组进行收藏，如图 7-30 所示。

（a） 选择选项

图 7-30 收藏选项卡组

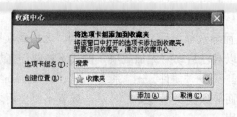

（b）收藏中心

图 7-30　收藏选项卡组（续）

④ 添加成功后，单击"收藏夹"按钮，显示刚才创建的选项卡组名。

⑤ 展开该名称，显示该选项卡组包括的选项卡列表。选择相应的选项卡名，即可打开相应的网页，如图 7-31 所示。

图 7-31　收藏夹中的选项卡组

⑥ 将选项卡组添加为主页组，这样每次启动 IE 浏览器时可以自动打开整个选项卡组。单击"主页"按钮右侧的下三角按钮，在下拉列表中选择"添加或更改主页"选项，如图 7-32（a）所示。

⑦ 在弹出的对话框中选中"使用当前选项卡集作为主页"单选按钮，即可将当前打开的选项卡组保存为主页组，下次启动 IE 浏览器时会自动打开相应的网页，如图 7-32（b）所示。

（a）选择"添加或更改主页"选项

（b）"添加或更改主页"对话框

图 7-32　将选项卡组改为主页组

（2）将新浪网新闻首页进行 RSS 订阅，并阅读 RSS 提要

① 进入新浪网新闻首页，该站点提供 RSS 订阅，访问该站点时，"源"按钮由不可用变为可用。

② 单击"源"按钮进行订阅，如图 7-33 所示。

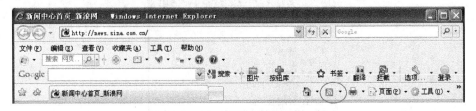

图 7-33　RSS 源按钮

③ 单击"收藏中心"的"源"按钮，列表中出现了刚才订阅的内容，选择列表内容就可以阅读 RSS 提要，如图 7-34 所示。

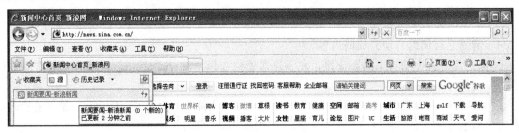

图 7-34　收藏中心源列表

（3）设置自动完成功能

① 单击工具栏中的"工具"按钮，在下拉列表中选择"Internet 选项"选项，选择"内容"选项卡。

② 单击"自动完成"选项组中的"设置"按钮，对是否存储以前在网页上输入的内容进行设置，如图 7-35 所示。

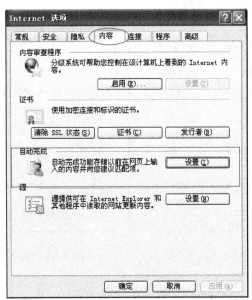

图 7-35　"自动完成"选项组

③ 单击"设置"按钮，在弹出的对话框中选择自动完成应用的范围，选中 Web 地址、表单、密码各项前的复选框，如图 7-36 所示。

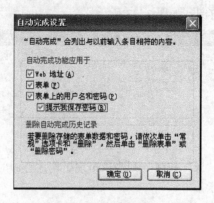

图 7-36　自动完成设置

（4）清除已存储的自动完成的内容

① 单击工具栏中的"工具"按钮，在下拉列表中选择"Internet 选项"选项，然后在弹出的对话框中选择"常规"选项卡。

② 在"浏览历史记录"选项组中可以进行删除临时文件、历史记录、Cookie、保存的密码和网页表单信息等操作，如图 7-37 所示，单击"删除"按钮即可。

③ 弹出"删除浏览的历史记录"对话框，分别单击各项对应的删除按钮即可清除对应的信息，如图 7-38 所示。

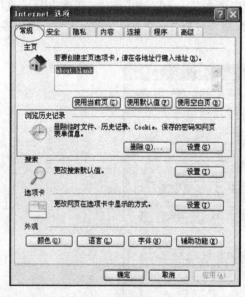

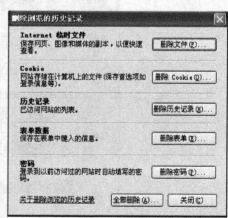

图 7-37　"常规"选项卡　　　　　图 7-38　删除浏览的历史记录

（5）对安全区域进行设置

① 单击工具栏中的"工具"按钮，在下拉列表中选择"Internet 选项"选项，选择"安全"选项卡。

② 选择要修改安全级别区域的 Internet 选项。

③ 在"该区域的安全级别"选项组中拖动滑块，设置该区域的允许级别，如图 7-39 所示。

④ 单击"自定义级别"按钮，即可对该级别的具体安全设置进行修改。

⑤ 选择安全区域中的"可信站点"选项，单击"站点"按钮。

图 7-39 "安全"选项卡

⑥ 在弹出的对话框中将信任站点的地址 http://www.baidu.com 输入到"将该网站添加到区域"文本框中，然后单击"添加"按钮，如图 7-40 所示。

⑦ 选择安全区域中的"受限站点"选项，单击"站点"按钮。

⑧ 在弹出的对话框中将受限站点的地址 http://www.abc.com 输入到"将该网站添加到区域"文本框中，单击"添加"按钮，如图 7-41 所示。

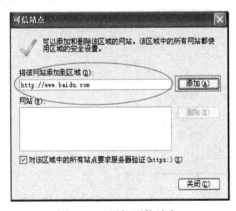

图 7-40 添加可信站点

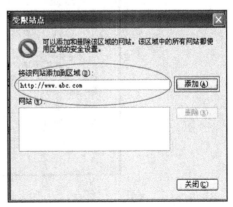

图 7-41 设置受限站点

（6）对所有 ActiveX 控件的运行进行设置

① 在 IE 浏览器窗口中的"工具"下拉菜单中选择"Internet 选项"选项，然后在弹出的对话框中选择"安全"选项卡，单击"自定义级别"按钮，如图 7-42（a）所示。

② 在对话框中对 ActiveX 控件的运行情况进行设置，如图 7-42（b）所示，若选中"禁用"单选按钮，则禁止 ActiveX 控件的运行。若选中"启动"单选按钮，则允许其运行。

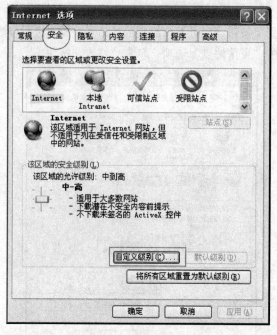

（a）"自定义级别"按钮

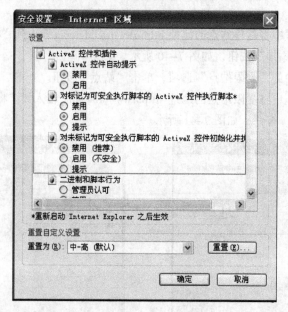

（b）ActiveX 控件设置

图 7-42 对 ActiveX 控件运行进行设置

③ 单击工具栏中的"工具"按钮，在弹出的下拉列表中选择"管理加载项"→"启用或禁用加载项"选项。

④ 在弹出的"管理加载项"对话框中选择"显示"下拉列表框中的"下载的 ActiveX 控件"

（32 位）选项，如图 7-43 所示。

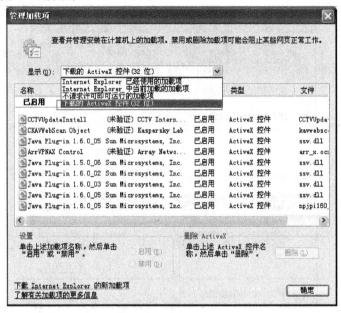

图 7-43 管理加载项

⑤ 这时可以查看到计算机上已经安装的 ActiveX 控件，选中某个控件后，选中"启用"或"禁用"单选按钮，即可对该控件的运行进行设置。

⑥ 若要删除某个已安装的 ActiveX 控件，则将其选中后单击"删除"按钮即可。

（7）手动检查已打开的网站是否为仿冒网站并禁用自动筛选仿冒网站的功能

① 单击 IE 浏览器工具栏中的"工具"按钮，在弹出的下拉列表中选择"仿冒网站筛选"→"检查此网站"选项，如图 7-44 所示。

图 7-44 手动检查仿冒网站

② 弹出对话框，要求用户确定将此网站地址提交给微软，并判断其是否为仿冒网站，如

图 7-45 所示。

图 7-45　手动检查弹出对话框

③ 单击"确定"按钮，用户确认提交后会返回检查结果，如图 7-46 所示。

图 7-46　手动检查筛选结果

④ 单击工具栏中的"工具"按钮，在下拉列表中选择"Internet 选项"选项。

⑤ 选择"高级"选项卡，在其中对仿冒网站筛选器进行设置，如图 7-47 所示。或者在"工具"下拉列表中选择"仿冒网站筛选"→"仿冒网站筛选设置"选项进行设置。

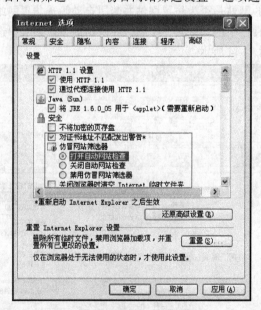

图 7-47　设置仿冒网站筛选器

（8）手动禁用工具栏的加载项（以 Google 工具栏为例）

① 单击工具栏中的"工具"按钮，选择"管理加载项"→"启用或禁用加载项"选项；或者在"工具"下拉列表框中选择"Internet 选项"选项，在弹出的对话框中选择"程序"选项卡，

单击"管理加载项"按钮，如图 7-48 所示。

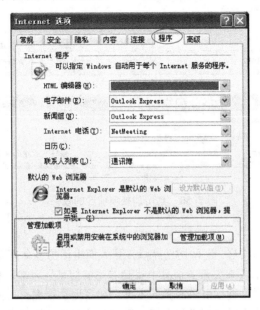

图 7-48 "程序"选项卡

② 在弹出的"管理加载项"对话框中选择 Google Toolbar 选项，然后选中"禁用"单选按钮，单击"确定"按钮，如图 7-49 所示。

图 7-49 "管理加载项"对话框

③ 设置完成后打开 IE 浏览器，Google 工具栏没有进行加载。图 7-50（a）所示为设置前 Google 工具栏加载，图 7-50（b）所示为设置后无 Google 工具栏加载。

（a）加载 Google 工具栏

（b）禁用 Google 工具栏

图 7-50　禁用加载项前后的效果

7.3.3　搜索引擎

随着互联网技术的快速发展，互联网已经渗入到人们生活的各个方面。截至 2009 年，全球网站数量已经达到 2.34 亿家，要在大量的信息中找到有用的信息是非常困难的，这就依赖于搜索引擎的服务。用户可以打开提供搜索引擎服务的主页，如百度、雅虎，页面中提供了一个搜索文本框，用户在搜索文本框中输入需要搜索的词语，通过浏览器提交给搜索引擎后，搜索引擎就会返回和用户输入信息相关的网页列表。搜索引擎就是根据一定的策略，运用特定的计算机程序搜集互联网上的信息，在对信息进行组织和处理后，为用户提供检索服务的系统。

搜索引擎要用到信息检索、人工智能、计算机网络、分布式处理、数据库、数据挖掘、数字图书馆、自然语言处理等多领域的理论和技术，具有一定的综合性和挑战性。

1. 百度搜索引擎的介绍

百度搜索引擎是目前较大的中文搜索引擎，每天都在增加几十万新网页，对重要中文网页实现每天更新。百度搜索引擎提供了多种搜索服务，包括普通网页、新闻、图片、视频等。

主页中包括一个输入关键词的文本框和各种分类超链接，如图 7-51 所示。

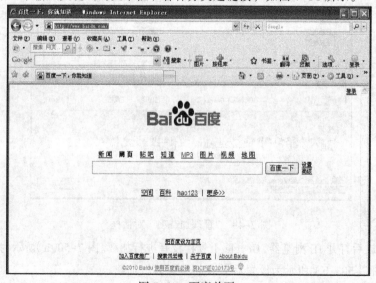

图 7-51　百度首页

（1）网页搜索

在输入关键词的文本框中输入需要搜索的关键词，单击"百度一下"按钮，即可搜索符合要求的网页，如图 7-52 所示。

图 7-52　网页搜索

（2）新闻搜索

在主页上单击"新闻"超链接，进入百度的新闻搜索页面，输入要查看的新闻关键词，就可以检索到相关新闻。百度新闻搜索从其他新闻源中收集新闻报道，这是一种自动的新闻服务。单击百度首页中的"新闻"超链接后，打开百度新闻搜索页面，如图 7-53 所示。

图 7-53　新闻搜索主页

（3）MP3 音频搜索

在百度主页中单击"MP3"超链接，进入百度的 MP3 音频搜索页面，输入要查找的 MP3 名，就可以搜索到相关音频，用户也可以通过自己选择分类超链接进行查找。百度 MP3 搜索是百度的特色搜索服务。单击主页中的 MP3 超链接后，打开百度 MP3 搜索页面，如图 7-54 所示。

（4）地图搜索

在主页上单击"地图"超链接，进入百度的地图搜索页面。百度地图搜索提供了指定城市、城区、街道、建筑物所在地理位置的搜索，还提供了公交车站路线及自驾车路线的搜索。在搜索文本框中输入要查询的地点，即可在地图上显示该位置。单击"公交"标签，可以查询从起点到终点的最佳公交线路；单击"驾车"标签，可以查询最佳的驾车路线，并在地图上显示，如图 7-55 所示。

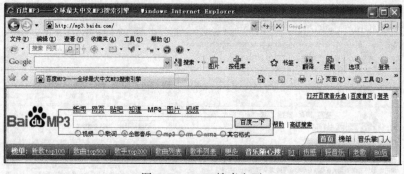

图 7-54　MP3 搜索主页

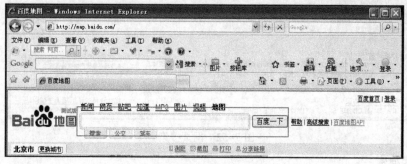

图 7-55　地图搜索主页

（5）更多搜索

百度主页上还提供了图片、视频等的搜索，单击主页上的相应超链接即可。除了上面的基本搜索外，百度还提供了很多其他类型的搜索，单击主页上的"更多"超链接，即可显示各项类别搜索列表，如图 7-56 所示。

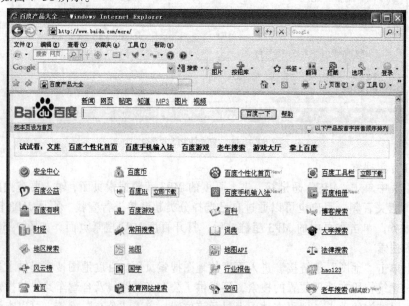

图 7-56　搜索类别列表

（6）高级搜索

除了提供一般的关键词搜索，百度还提供了高级搜索的功能。高级搜索是一个多条件的组合搜索，它可以根据用户的需要更加灵活地根据用户输入的不同条件组合来进行搜索。在百度主页中单击"设置高级"超链接，打开高级搜索页面。

在"高级搜索"页面中，用户可以根据自己的需要设置不同的搜索条件，如按完整关键词或不含某个关键词进行搜索，也可以对搜索结果的显示进行设置，如图 7-57 所示。

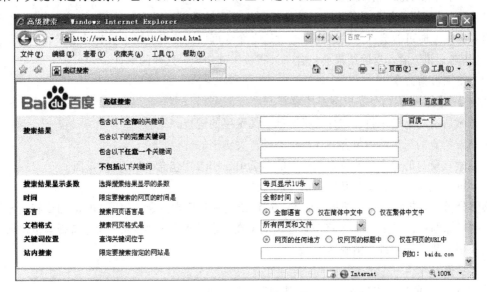

图 7-57　"高级搜索"页面

2．使用技巧

（1）选择适当的关键词

搜索引擎的一个搜索因素是搜索关键字或关键词，关键词的选择决定了搜索结果的好坏。搜索引擎会严格按照用户提交的关键词进行搜索，因此首先关键词的表述必须准确，避免出现输入错误的现象。由于搜索引擎由程序进行自动搜索，不能很好地处理自然语言，因此在进行搜索时，用户尽量将查询要求进行提炼，使关键词与希望查询的信息内容关联度较高。

（2）选择具体的搜索条件

给出的搜索范围越小，搜索引擎返回的结果会越精确。可以在搜索文本框中输入多个关键词进行范围的限定，关键词之间用空格隔开即可，搜索引擎会在数据库中查找同时符合这几个关键词的记录，这样返回结果会精确得多。

（3）搜索命令

搜索引擎基本上支持大多数的命令，用户可以限定搜索范围，提高搜索精度。

① 用 intitle 命令可以将搜索范围限定在网页标题中。

通过使用"intitle:关键词"这种格式搜索标题中含有关键词的网页。需要注意的是，"intitle:"和后面的关键词之间不能有空格。

② 用 site 命令可以将搜索范围限定在特定站点中。

通过"site:站点域名"这种格式可以将搜索范围限定在特定站点中，提高查询效率。需要注意的是，"site:"和后面的站点域名之间也不能有空格。

③ 用 inurl 命令可以将搜索范围限定在 URL 链接中。

通过使用"inurl:关键词"这种格式，可以限定搜索结果中关键词必须在 URL 中出现。统一资源定位符中的某些信息通常是一些有价值的信息，包括域名、Web 页面在服务器中的目录、文件名等。"inurl:"和后面的关键词之间也不能有空格。

④ 使用双引号进行精确匹配。

输入"关键词"（包含引号）可以让搜索引擎返回结果时不拆分关键词。如果关键词比较长，搜索引擎在搜索时可能会拆分关键词，通过这个命令可以让搜索引擎不拆分关键词。例如，搜索"计算机基础知识"时，返回结果会包含"计算机基础知识"这样的网页。

（4）使用搜索命令

案例 6：使用搜索命令完成下面搜索要求：

- 搜索所有的标题中包含"计算机基础"关键字的链接。
- 搜索所有的当当网中包含"计算机基础"关键字的链接。
- 搜索在所有的包含"计算机基础"的网页中，URL 中包含 product 的页面。
- 不拆分关键词"计算机基础知识"进行搜索。

案例分析：要想完成特定的搜索要求，可以使用一些搜索命令，如用 intitle 命令将搜索范围限定在网页标题中，用 site 命令将搜索范围限定在特定站点中，用 inurl 命令将搜索范围限定在URL 链接中，用双引号进行精确匹配。

操作步骤：

① 搜索所有的标题中包含"计算机基础"关键字的链接。

在关键词文本框中输入"intitle:计算机基础"，返回的结果页面都在标题中包含"计算机基础"的链接，如图 7-58 所示。

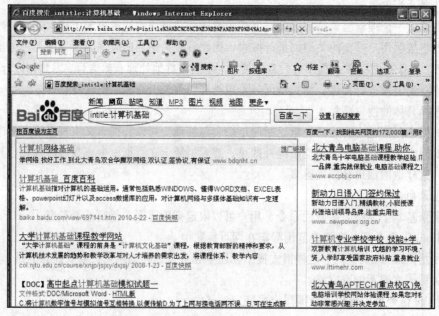

图 7-58　intitle 命令

② 搜索所有当当网中包含"计算机基础"关键字的链接。

在关键词文本框中输入"计算机基础 site:dangdang.com",返回的结果页面都在当当网中包含"计算机基础"的链接,如图 7-59 所示。

图 7-59　site 命令

③ 搜索在所有的包含"计算机基础"的网页中,URL 中包含 product 的页面。

在关键词文本框中输入"计算机基础 inurl:product",返回的结果页面都是在 URL 中包含 product,网页中包含"计算机基础"的链接,如图 7-60 所示。

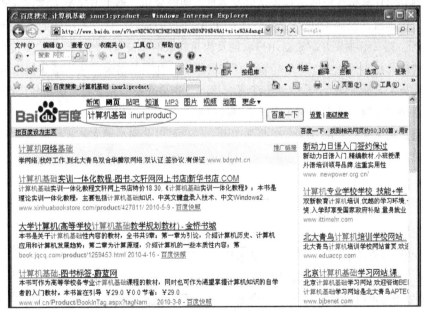

图 7-60　inurl 命令

④ 不拆分关键词"计算机基础知识"进行搜索。

在关键词文本框中输入"'计算机基础知识'"即可，如图 7-61 所示。

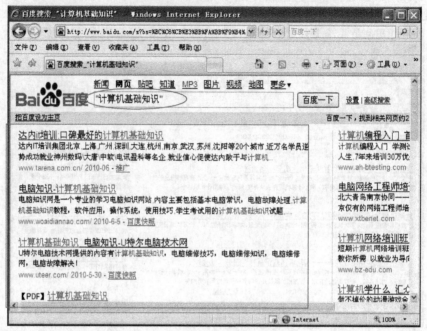

图 7-61　使用双引号进行搜索

小　　结

本章主要介绍计算机网络的基本知识以及常见的网络应用。第 1 节介绍了计算机网络的基本概念和一些关键术语，包括 OSI 参考模型及 TCP/IP 协议的构成、计算机网络的主要分类、MAC 地址及 IP 地址。第 2 节主要介绍家庭用户联网及构建局域网和校园网的主要方法与技术，包括个人计算机入网的几种主要技术，搭建局域网所需的设备、介质及搭建方法，搭建校园网常见的网络架构及主要技术，如 VPN、VLAN、NAT 等。第 3 节主要介绍了互联网上应用较广泛的 Web 服务及客户端程序浏览器的基本知识和搜索引擎的应用。

本章主要介绍了一些常用方法，在此基础上，用户可以参阅参考文献或登录相关网站进行深入的学习。

习　　题

一、填空题

1. 常用的网络介质有_____、同轴电缆和光纤。

2. _____是 Internet 上的通用协议。

3. 在局域网中可以通过_____命令测试主机之间的连通性。

4. 用户在浏览 Web 站点时打开的页面叫做_____。

5. 用户可以通过_____使用互联网上提供的各种服务，这种客户端程序是安装在用户计算机上的一个软件。

二、简答题

1. 计算机网络按覆盖的范围可以划分为哪几种类型？

2. 详细描述请求一个页面的网页地址，即 URL 的标准格式。

3. 个人计算机访问互联网有哪些常用的方式？

4. 可以通过哪些 IE 的设置来提高可用性？

5. 可以在搜索引擎上使用哪些命令来限定搜索范围？

三、操作题

1. 查看自己计算机的 IP 地址，测试与网关的连通性。

2. 编写自己的 html 页面，其中要求包括

（1）段落。

（2）列表。

（3）至少 2 行 2 列的表格。

（4）定义段落、表格等元素的属性。

3. 请在局域网中建设一个 Web 服务器：

（1）局域网内的用户可以通过浏览器进行访问。

（2）通过 IIS 在 8080 端口发布该站点。

（3）页面为习题的 html 文档。

4. 对本机浏览器的安全级别进行设置，清除 Internet 临时文件、浏览的历史记录及保存的用户信息。

第 8 章 // 多媒体技术应用

学习目标

- 掌握利用图像处理软件 Photoshop 处理图片的方法。
- 掌握利用音频处理软件处理音频文件的方法。
- 掌握视频播放软件 Windows Media Player 的使用方法。
- 掌握利用视频编辑软件 Premiere 处理视频文件的方法。
- 掌握利用 Flash 等软件制作简单动画的方法。

　　随着多媒体技术的发展，多媒体技术的应用越来越广泛。本章将通过具体的案例介绍多媒体技术中各基本元素的处理与应用，包括图形、图像处理技术，音频、视频处理技术和简单动画的制作技术。

8.1　多媒体技术概述

　　多媒体技术是计算机技术和社会需求相结合的产物。在社会需求方面，影视、娱乐、现代教育和人工智能模拟等方面对多媒体技术的需求越来越大；在技术背景方面，随着计算机 CPU 速度的提高、计算机存储容量的增加、计算机实时信息的处理能力增强、CD-ROM 的诞生与发展和 CD-DA 技术的发展，社会需求方面和技术背景方面有机结合，促进了多媒体技术的发展。

　　信息有多种多样的表现形式，这些表现形式（传播形式）称为媒体（media）或媒介。数字化形式载体如文字（text）、音频（audio）、视频（video）、图形（graphic）、动画（animation）等，传统的传播载体，如报纸、电视、广告等。

　　在计算机领域中，媒体有存储信息的实体和表现信息的载体两种含义。存储信息的实体包括纸张、磁盘、光盘和半导体存储器等。表现信息的载体包括文本、声音、视频、图形、图像、动画等。信息的载体包括图形、文本、声音、图像等多种媒体，并且这些多种媒体有机结合成一种人机交互的信息媒体，就称之为多媒体（multimedia）。

　　多媒体技术所涉及的内容广泛，主要有以下特点：

　　（1）集成性

　　多媒体技术中的图像处理技术、声音处理技术、交互技术等在很早的时候也单独使用过，但它们是单一的、零散的。多媒体技术是多种媒体有机集成，能对信息多通道统一获取、存储、组织与合成。

（2）交互性

所谓交互就是通过各种媒体信息，使参与的各方，无论是发送方还是接收方，都可以进行编辑、控制和传送。交互性是多媒体应用有别于传统信息交流媒体的主要特点之一。

（3）实时性

所谓实时性就是在人的感官系统允许的情况下，进行多媒体交互，当用户给出操作命令时，相应的多媒体信息能得到实时控制。

上述特点反映了实现多媒体的主要方面，用户抓住这些特点才能构造出有效的多媒体系统。

8.2　图形、图像处理技术

本节从熟悉图形、图像的基础开始，通过应用实例讲解 Photoshop 的综合应用技巧和方法，从而掌握基本的图形、图像的处理技术。

8.2.1　图形、图像的基本概念

按照存储方式的不同，图像可以分为矢量图和位图两大类。

（1）矢量图

矢量图又称向量图，是一种描述性的图形。一般以数字方式来定义直线或曲线，如一个矩形，只要知道它的长度和宽度，这个矩形就确定了。

（2）位图

位图是由许多的像素组成的，位图也称为点阵图，每个点的单位称为像素。

了解矢量图和位图的特点，有助于用户更好地在实际应用中使用这两种方式存储的素材，从而取得好的效果。

矢量图的特点如图 8-1 所示，位图的特点如图 8-2 所示 。

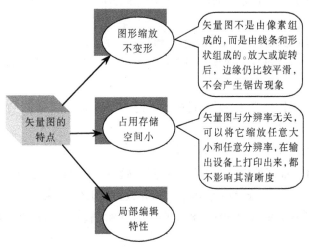

图 8-1　矢量图的特点

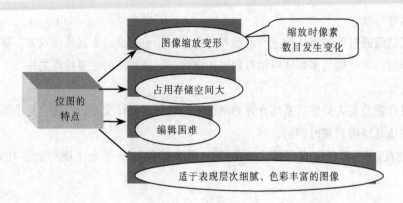

图 8-2　位图的特点

8.2.2　图形、图像常用的文件格式

图形、图像文件的格式是计算机存储图像的方式与压缩方法，用户要针对实际应用来选择需要的格式。下面介绍常用的静态图像文件格式。

（1）BMP 格式

扩展名为.bmp，BMP 文件格式是 Windows 操作系统中的标准图像文件格式，能够被多种 Windows 应用程序所支持。

特点：文件描述单一（静止）图像；彩色模式为 $2^4 \sim 2^{32}$；调色板 RGB 数据顺序反向排列；以图像左下角为起点排列数据；一般采用非压缩数据格式。

使用要点：用于表现打印、显示用图像；不适于网络传送；不适于提供印刷文件。

（2）TIFF 格式

扩展名为.tif，TIFF 是一种较为通用的图像文件格式，用于精确描述图像的场合。

特点：文件描述单一（静止）图像；彩色模式为 2^1（单色）$\sim 2^{32}$；支持多平台；可采用多种压缩数据格式。

使用要点：平面设计作品的最佳表现形式；用于提供印刷文件；不适于网络传送。

（3）TGA 格式

扩展名为.tga，TGA 常用于屏幕显示和动画帧显示。

特点：文件描述单一（静止）图像；彩色模式为 2^1（1 色）$\sim 2^{32}$（显示模式依赖显卡）；图像分辨率固定为 96dpi。

使用要点：用于表现影视广播及动画的帧；不适于保存高质量印刷文件；不适于网络传送。

（4）GIF 格式

扩展名为.gif，GIF 常用于屏幕显示和网络传输。

特点：具有 87a 和 89a 两种格式，其中 87a 用于描述单一（静止）图像，89a 用于描述多帧图像；彩色模式为 2^8（256 色）；分辨率为 96dpi；采用改进的 LZW 压缩算法。

使用要点：用于屏幕显示图像和计算机动画；用于网络传送；不适于保存高质量印刷文件。

（5）PEG 格式

扩展名为.jpg，JPEG 是一种常用的图像文件格式，常用于彩色图像的存储和网络传送。

特点：采用有损压缩编码形式，数据量小；彩色模式为 2^{32}（真彩色）；经解压缩方可显示图像，显示速度慢。

使用要点：用于保存表现自然景观的图像；用于网络传送；不适于表现有明显边界的图形；不适用于高质量印刷文件。

8.2.3 Photoshop CS4 的简介

Photoshop CS4 是 Adobe 公司的平面图像处理软件，它在保留原有版本功能的基础上，功能更多，尤其在网页设计方面功能更为完善。

用户使用图像处理软件可以绘制图像，对图像进行几何变换、色彩、亮度调整、增强处理、特效处理、图像叠加等操作。下面介绍图像处理软件 Photoshop CS4 基本功能。

1．Photoshop CS4 的工作区

启动 Photoshop CS4 程序后，打开一个图像文件，此时 Photoshop CS4 工作区如图 8-3 所示。

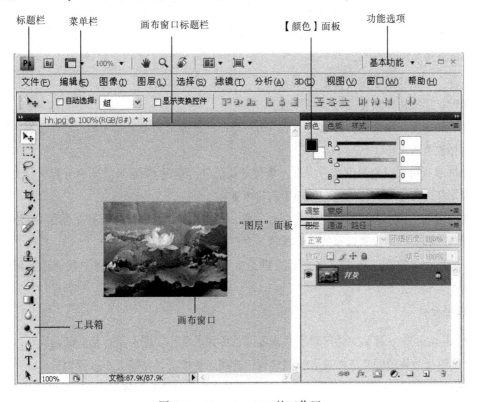

图 8-3　Photoshop CS4 的工作区

图 8-3 所示为一个标准的 Windows 窗口，在该窗口中用户可以执行移动、调整大小、最大化、最小化和关闭等操作。Photoshop CS4 工作区主要由标题栏、菜单栏、工具箱、画布窗口和各种面板组成。

2．新建图像文件

在 Photoshop CS4 中新建文件时，各参数的设置都有其特有的含义，要想创作或调整一幅作品，

有必要先了解这些参数的含义。

选择"文件"→"新建"命令，弹出"新建"对话框，如图 8-4 所示。

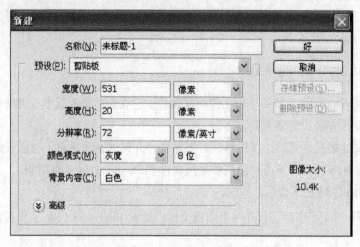

图 8-4 "新建"对话框

其中各参数的作用如下：

- 名称：用来输入图像文件的名称。
- 预设：用来选择预设图像文件参数。
- 宽度和高度：用来设置图像的尺寸，用户可以选择像素和厘米等为单位（在多媒体中一般选择像素为单位）。
- 分辨率：用来设置图像的分辨率，单位有像素/英寸和像素/厘米。调整分辨率的大小可改变图像的大小（而不是画布大小）和清晰度。
- 颜色模式：用来设置图像的模式，有位图、灰度等 5 个选项，位数有 8 位和 16 位等。
- 背景内容：用来设置画布的背景颜色，有白色、背景色和透明 3 种。

设置好各个参数后，单击"确定"按钮，在 Photoshop CS4 工作环境中就创建了新的画布窗口。

3．存储文件

在 Photoshop 中，存储文件可以按照需要调整图像的大小，即占用存储空间的大小。因此可以在不影响图像效果的同时把图像大小调整到适合网络传输、存储等大小范围内。

① 选择"文件"→"存储为"命令，弹出"存储为"对话框，如图 8-5 所示。在该对话框中选择保存位置和格式，并输入文件名，还可以设置是否存储图像的图层、通道和 ICC 配置文件等，在这里选择 JPEG 格式。单击"保存"按钮后，弹出"JPEG 选项"对话框，如图 8-6 所示。可以在"品质"下拉列表中可以选择"低"、"中"、"高"或"最佳"选项，也可以直接拖动滑块，得到合适的文件大小，其合适度应兼顾传输方便且达到视觉清晰度标准 。

② 选择"文件"→"存储"命令，使用该命令保存文件的方式和其他保存文件方式基本一致，不再赘述。

图 8-5　"存储为"对话框

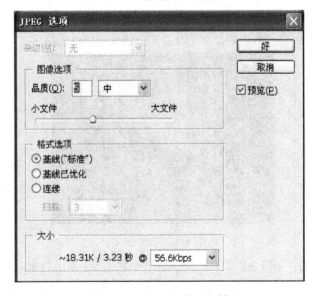

图 8-6　"JPEG 选项"对话框

8.2.4　Photoshop CS4 的应用

Photoshop CS4 的工具箱中包含了 40 多种工具，用户利用这些工具可以很好的处理和制作图像。在这些工具中，选框、移动、渐变等工具比较常用。另外，在处理图像时，对于图层各种功能的熟练应用会达到事半功倍的效果。如设置图层的混合效果样式，绘图层加蒙板导。

案例 1：制作图像卷边效果，效果如图 8-7 所示。

图 8-7 "图像卷边"效果

案例分析：要想利用 Photoshop CS4 完成图像的卷边效果的制作，首先创建图层。每一步操作之前都要创建图层，这样在整个操作过程中出现错误时，可以分图层进行修改，从而避免错一步修改整体的麻烦。然后利用选框工具创建选区，利用渐变工具、透视命令完成渐变效果和卷边形状。最后利用自由变换调整好卷边的位置。自由变换命令，方便调整图形的形状大小，在整个制作图像过程中要重点掌握。另外，在创建需要消除的选取部分可以用魔棒工具，也可以用选区等其他工具来完成。

操作步骤：

① 在 Photoshop CS4 窗口中打开如图 8-8 所示的图像文件。单击"图层"面板中的"创建新图层"按钮，新建一个图层，默认命名为"图层 1"，然后选中该图层。

图 8-8 原图

② 选择工具箱中的"矩形选框工具" ，在"图层 1"图层中创建一个矩形选区。

③ 选择工具箱中的"渐变工具" ，在工具栏中单击"线性渐变"按钮，然后在工具栏中单击"点按可编辑渐变"按钮，弹出"渐变编辑器"对话框，在其中可以编辑渐变颜色。这里在该对话框中调整色标颜色，编辑渐变色为黑色到白色再到黑色的线性渐变，如图 8-9 所示。

④ 在矩形选区中从上到下拖动鼠标指针，对矩形选区进行渐变填充，效果如图 8-10 所示。选择"编辑"→"变换"→"透视"命令，选区四周出现控制柄。然后向上拖动左下角的控制柄使左边上、下两个控制柄重合，如图 8-11 所示，再按【Enter】键确认变换操作。

图 8-9 "渐变编辑器"对话框

图 8-10 渐变填充效果

图 8-11 透视变换效果

⑤ 选择"编辑"→"自由变换"命令，选区周围出现带有控制柄的变换框，旋转和移动选区中的图像到右下角适当的位置，然后按【Enter】键确认变换操作，效果如图 8-12 所示。

图 8-12 自由变换效果

⑥ 选中"图层 1"图层，选择工具箱中的"魔棒工具" ，创建出需要消除的右下角选区，在区域内填充白色，然后按【Ctrl+D】组合键取消选区，完成操作。

以上图像处理只应用了 Photoshop CS4 中的图层设置、选区的选定以及渐变、自由变换、魔棒等工具，此外 Photoshop CS4 中还有路径绘制、色彩/色调调整、滤镜的应用、文字的输入和编辑等很多功能，用户可以在实践应用中逐渐体会。

8.3 音频的处理技术

多媒体技术涉及多方面的音频处理技术，本节从介绍声音的数模转换开始，通过实例介绍常用音频处理软件的使用方法，从而使用户掌握常用音频处理软件的基本操作方法。

8.3.1 声音的数字化

声音是振动波，具有振幅、周期和频率。

声音信号是时间和幅度上都连续的模拟信号，而计算机只能识别 0 和 1 的二进制码，所以，计算机处理声音时首先要把声音数字化，将模拟信号转换成数字信号。

声音的数字化也就是将连续的信号转换成离散信号。

1. 声音采样——声音数字化（模/数转换）

把声音(模拟量)按照固定时间间隔转换成有限个数字表示的离散序列。

2. 声音重放——声音模拟化（数/模转换）

把数字化声音转换成模拟量，经过音响单元重放出来。

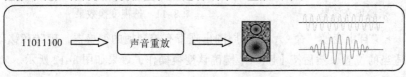

3. 设备

声卡是多媒体技术中基本的组成部分，是实现声波/数字信号相互转换的一种硬件。声卡的基本功能是把来自话筒、磁带、光盘的原始声音信号加以转换，输出到耳机、扬声器、扩音机、录音机等声响设备，或通过 MIDI 使乐器发出声音。

8.3.2 数字音频的技术指标

1. 数字音频的数字指标

声音的数字化过程可以分为采样、量化和编码。具体的采样频率、量化位数和编码方法的不同，所产生的文件大小和音频效果也是不一样的。

（1）采样频率

采样频率是指每秒钟采样的次数。采样频率越高，单位时间内采集的样本数越多，得到的波形越接近于原始波形，音质就越好。但采样频率越高，所占用的存储空间也就越大。

采样的频率有很多种，一般比较常用的有 3 个，分别为 11.025kHz、22.050kHz 和 44.1kHz。它们分别对应 AM 广播、FM 广播和 CD 高保真音质声音。

（2）采样精度

采样精度用每个声音样本的位数表示，也称做样本精度和量化位数，它反映度量声音波形幅度的精度。

采样精度决定了模拟信号数字化以后的动态范围。若量化位数为 8 位，则其波形的幅值可分为 2^8 等份，动态范围为 $20\times\lg(256)$。

（3）声道数

单声道信号一次产生一组声波数据。双声道或立体声一次产生两组声波数据。双声道在硬件中占两条线路，分别是左声道和右声道。立体声不仅音质和音色好，而且能产生逼真的空间感效果。同样，立体声数字化后所占存储空间也是单声道的两倍。

不同质量声音的数字化性能指标和应用场合如表 8-1 所示。

表 8-1　声音质量和数字化指标及应用场合

采样频率（Hz）	量化位数（bit）	数据量/分钟	音质评价	应用场合
11.025	8	0.66MB	低	国际互联网（语音、简单音乐）、多媒体自学读物（提示音）、电子教案（语音、效果音）
22.050	8	1.32 MB	一般	游戏（效果音、效果音乐）、多媒体宝典、大全（乐音、语音）
44.100	8	2.64 MB	良好	
11.025	16	1.32 MB	中	
22.050	16	2.64 MB	良好	
44.100	16	5.29 MB	优秀	多媒体音乐鉴赏（音乐、解说）

8.3.3　常用数字音频处理软件

声音是人们用来传递信息较方便、较熟悉的方式。在多媒体作品中，音乐与声音素材的应用比较广泛，声音素材的处理包括声音的录制、音效的添加等。

常用的音频录制编辑工具有简单实用的 Windows Sound Recorder 以及功能强大的 GoldWave、SoundForge 等。

Windows 自带的 Sound Recorder 一次只能录制 60s 的 22kHz、8 位、单声道的 WAV 格式的声音。简单的增减音量和音速、回音等声音效果一般用在简单的多媒体课件中。

下面用具体案例来说明怎样利用 Windows 自带的 Sound Recorder 转换音频文件的采样频率。

案例 2：利用 Windows 自带的 Sound Recorder 转换音频文件的采样频率。

案例分析：利用 Windows 自带的 Sound Recorder 转换音频文件的采样频率，主要方法是在格式中选择频率、声道、位数，通过转换可以看到转换前后相应的音频文件音质和占用存储空间大小的变化。但有一点需要注意，并不是音频文件的采样频率可以任意改变后就可以应用，不同场合音频文件的采样频率都有相应的规范。

操作步骤：

① 选择"开始"→"所有程序"→"附件"→"录音机"命令，打开"声音-录音机"窗口，如图 8-13 所示。

② 选择"文件"→"打开"命令，弹出"打开"对话框。在其中选择需要转换的音频文件

"风声.wav"，然后单击"打开"按钮，如图 8-14 所示。

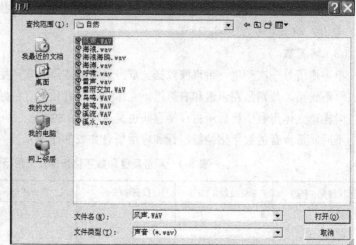

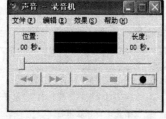

图 8-13 "声音-录音机"对话框　　　　　　　图 8-14 "打开"对话框

③ 选择"文件"→"属性"命令，弹出文件属性对话框，如图 8-15 所示。

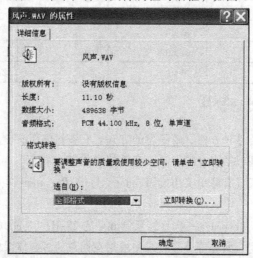

图 8-15 文件属性对话框

④ 单击"立即转换"按钮，弹出"声音选定"对话框，如图 8-16 所示。在该对话框中的"属性"下拉列表中选择采样频率，然后单击"确定"按钮，即可完成对音频文件采样频率的转换。

下面用具体案例介绍如何利用 GoldWave 编辑器对音频文件进行编辑和处理。首先，对软件工作状态进行设置。

设置窗口显示状态的操作步骤如下：

① 选择"选项"→"窗口"命令。

② 在"音频窗口大小"选项组中选中"最大化"单选按钮。

③ 在"缩放"选项组中的"打开音频时的初始缩放指示"下拉列表中选择"全部"选项。

④ 单击"确定"按钮，如图 8-17 所示。

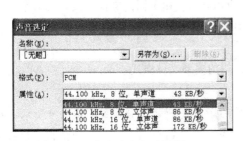

图 8-16　"声音选定"对话框　　　　　　图 8-17　"窗口选项"对话框

案例 3： 利用 GoldWave 编辑器对音频文件进行调整固有音量的处理。

案例分析： 在日常应用中，音频文件的固有音量经常需要调节，许多音频编辑软件都可以对其进行处理。在这里利用 GoldWave 编辑器对音频文件固有音量进行调整，首先打开要调整的音频文件，然后确定编辑选区，选区将是被调整的部分，最后拖拉音量线，调到想要的音量。

操作步骤：

① 打开背景音乐。

② 选择编辑区域。

③ 单击右图 8-18 所示的 GoldWave 功能表中 按钮。

图 8-18　GoldWave 功能表

④ 拖曳如图 8-19 所示中的音量线。

⑤ 单击"确定"按钮，即可完成对音频文件固有音量的调整。

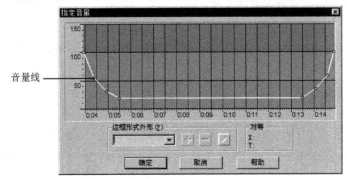

图 8-19　"指定音量"对话框

8.4 视频处理技术

在多媒体应用系统中，视频以直观和生动等特点得到了广泛的应用。视频与动画相似，也是由帧序列组成的，这些帧以一定的速率播放，产生连续运动的画面。

8.4.1 视频文件的格式

视频文件的格式有多种，用户可以根据不同的应用要求使用不同的文件格式。较为常见的有 MOV 文件格式、AVI 文件格式、MPG 文件格式和 DAT 文件格式。

（1）MOV 文件格式

MOV 文件格式是 Quick Time 视频处理软件所选用的视频文件格式。

（2）AVI 文件格式

AVI 文件格式是一种将视频信息与同步音频信号结合在一起存储的多媒体文件格式。1992 年初 Microsoft 公司推出了 AVI 技术及其应用软件 VFW。在 AVI 文件中，运动图像和伴音数据是以交织的方式存储，并独立于硬件设备。也就是它以帧为存储动态视频的基本单位。在每一帧中都是先存储音频数据，再存储视频数据。播放时，音频流和视频流交叉使用处理器的存储时间，保持同期同步。

（3）MPG 格式

目前很多视频处理软件都支持 MPG 文件格式。它是一种采用 MPEG 方法进行压缩的全运动视频图像文件格式。

（4）DAT 文件格式

DAT 文件格式也是 MPEG 压缩方法的一种文件格式。

8.4.2 常见的视频文件播放软件

视频的播放需要特定的软件来完成，目前视频播放软件种类较多，常见的视频播放软件如 Windows Media Player、RealPlayer、Quick Time 等。下面具体介绍 Windows Media Player 在播放视频时的一些使用方法。Windows Media Player 原来作为 Windows 组建的媒体播放程序，升级后发展成为一个全功能的网络多媒体播放软件，提供了广泛流畅的网络媒体播放方案。

利用 Windows Media Player 播放多媒体文件。

操作步骤：

① 选择"开始"→Windows Media Player 命令，打开 Windows Media Player 窗口，如图 8-20 所示。

② 播放本地磁盘上的多媒体文件，选择"文件"→"打开"命令，选择要播放的文件即可。

③ 播放 CD 唱片，先将 CD 唱片放入 CD-ROM 驱动器中，单击"CD 音频"按钮即可。

案例 4：把 Windows Media Player 媒体库中的音乐复制到 CD 光盘中，效果如图 8-21 所示。

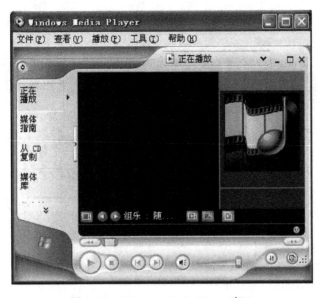

图 8-20　Windows Media Player 窗口

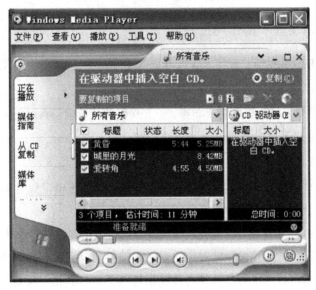

图 8-21　Windows Media Player 复制的项目

案例分析：把 Windows Media Player 媒体库中的音乐复制到 CD 光盘中，更便于保存使用。复制时用户可以根据需要选中媒体库中的音乐，默认时为全部被选中。

操作步骤：

① 打开 Windows Media Player 窗口。

② 单击"媒体库"按钮，单击"播放列表"按钮，弹出下拉菜单，如图 8-22 所示。在该下拉菜单中选择"复制到 CD 或设备"命令，打开如图 8-21 所示的窗口。媒体库中的音乐自动被全部选中，这时插入 CD 空白光盘即可把音乐复制到 CD 盘中，完成操作。同样，可以用类似的方法把 CD 光盘中的音乐复制到媒体库中。

图 8-22　播放列表下拉菜单

8.4.3　Premiere Pro 基本操作与应用

多媒体作品离不开数字视频，视频内容可以让多媒体作品更加生动、形象、丰富多彩。视频编辑、影视制作领域应用较多的软件是 Adobe 公司的 Premiere 软件。它是一种专业化视频非线性编辑软件，能配合多种硬件进行视频捕获和输出，并提供各种精确的视频编辑工具，编辑能力强、操作简单直观。下面通过案例介绍 Premiere Pro 的用法。

1. Premiere Pro 的窗口布局

Premiere Pro 的功能通过窗口和菜单实现。Premiere Pro 的主窗口如图 8-23 所示，其中有以下主要的窗口：

- Project（工程）：用来管理、浏览视频项目或者工程中用到的一些素材。
- Timeline（时间线）：按照时间的顺序放置各种演播实例素材，以构成一个新的视频结构和流程。时间线窗口左上方的一组时间线编辑工具按钮，用于实现对时间线上素材的编辑操作。
- Monitor（监视器）：用来播放和监视时间线上的整体或部分演播效果。
- Video/Audio（特技）：提供对某一段视频和音频剪辑的特技处理功能。

Premiere 的菜单栏除了通用的菜单外，其特有的菜单有以下几个：

- Project（工程）菜单：用于工程窗口的控制和管理。
- Clip（剪辑）菜单：用于素材文件（剪辑）的编辑和控制管理。
- Timeline（时间线）菜单：用于时间线窗口的控制管理。
- Windows（窗口）菜单：用于管理大部分子窗口（工程、剪辑以外）及其设置。

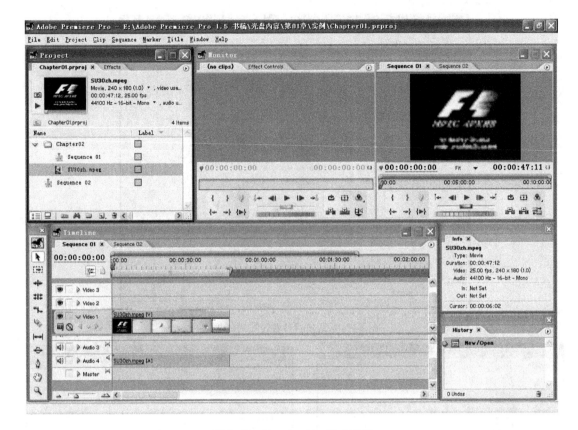

图 8-23　Premiere Pro 的主窗口

案例 5：用 Premiere Pro 编辑制作视频节目。

案例分析：用 Premiere Pro 编辑制作视频节目时，首先要明确利用 Premiere Pro 编辑制作视频节目的几个环节。在创建新项目文件后，要导入图片、声音等素材以备应用，整个视频播放要控制时间长短，这就要调整素材播放时间。基本成型后，就要考虑视频的生动性，增加美化效果，在这里进行增加过渡效果处理。

操作步骤：

（1）创建一个新的项目文件

启动 Premiere Pro 程序时，系统打开的窗口会提示用户在一个下拉列表框中选择新建工程的类型。这些类型有电视制式的区别、音频采样频率的区别、文件格式的区别和实时浏览与非实时浏览的区别。

实时浏览是指如果在视频编辑中使用了过渡和其他特技，在预览整个节目时，用户可以立刻看到其效果，不需要额外的计算时间，这样可以节约大量时间。

在新项目对话框中设置新项目参数如图 8-24 所示。

（2）导入素材

工程管理窗口像一个资源管理器一样，其左边是文件夹，实际是素材的类别，右边是文件夹中的内容。在文件夹或文件列表框中右击，在弹出的菜单中选择 Import 命令，即可从磁盘的文件夹中导入视频、音频、图像等素材，导入素材的过程如图 8-25（a）和 8-25-（b）所示。

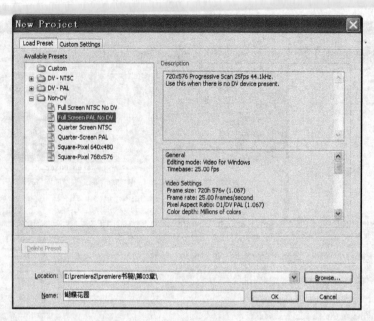

图 8-24　新项目参数设置对话框

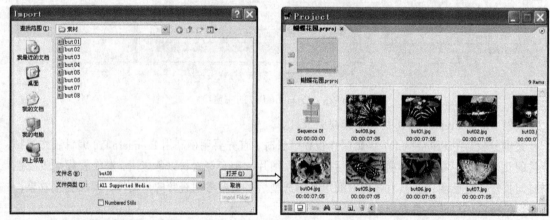

（a）选择导入素材对话框　　　　　　　　（b）素材导入后的对话框

图 8-25　导入素材

（3）调整素材播放时间

首先，往时间线上添加素材。影片节目所需要的素材必须添加到时间窗口中进行编辑。其方法是直接将图像文件拖动到时间线轨道开始处即可。

然后，调整素材播放时间。在某一图像上右击，如图 8-26（a）所示，在弹出的菜单中选择 Speed/Duration 命令，弹出 Clip Speed 对话框，如图 8-26（b）所示，用户可以在其中设置满足需要的速度和间隔。

（4）增加过渡效果

过渡是镜头之间的切换方式。为了使电影镜头切换衔接自然或更加有趣，可以使用各种过渡效果。设置过渡效果时，要将素材片段分别放在视频 Video1A 和 Video1B 轨上，在特效面板中选择特效效果并拖动到轨道中的素材连接上即可，如图 8-27（a）所示。加入过渡效果后的样式如

图 8-27（b）所示。

（a）Project 对话框　　　　　　　　　　　　（b）Clip Speed 对话框

图 8-26　调整素材播放时间

（a）过渡面板

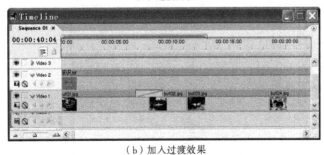

（b）加入过渡效果

图 8-27　设置过渡效果

8.5　动画制作技术

动画能使静态的画面变得生动，能够展现事物的发展变化过程以及现实中不可能发生或还没发生的景象。

在电影中，画面中的任务和场景是连续、流畅和自然的。但在胶片中看到的是一幅幅有细微差别的静态画面。实质上是人眼产生的视觉暂留的结果，实验证明，如果画面的刷新率为每秒 24 帧左右，人眼看到的就是连续、运动的画面。

动画由成千上万幅画面组成，最小的单位是一幅画面，而计算机动画的单位称为帧。

8.5.1 常用的动画制作软件

计算机动画一般分为二维动画和三维动画两类。

二维动画是平面上的画面，是对手工传统动画的一个改进。它通过输入和编辑关键帧，计算和生成中间帧，定义和显示运动路径，交互式给画面上色，产生一些特技效果等实现画面与声音的同步。目前常用的二维动画制作软件很多，其中具有代表性的是 Flash 软件。

三维动画技术是利用相关计算机软件，通过三维建模、赋予材质、模拟场景、模拟灯光、模拟摄像头、创造运动和链接、动画渲染等功能，实现制造立体效果动画和虚拟影像，并将创意形象化为可视画面的新一代影视及多媒体特效的制作技术。目前常用的三维动画制作软件很多，其中具有代表性的是 3ds Max 软件。

1. Flash 的界面

Flash 主窗口如图 8-28 所示。

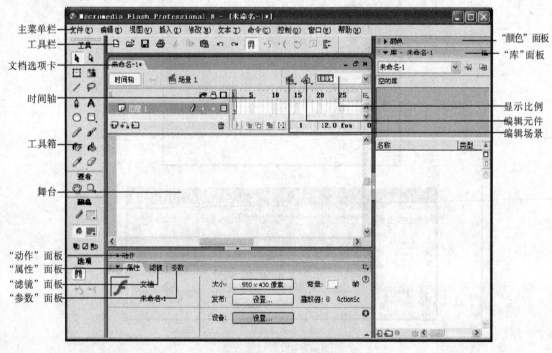

图 8-28 Flash 的窗口

2. 利用 Flash 制作动画的基本操作

具体的操作如下：

① 新建文档。在"文档属性"对话框中设置尺寸和背景颜色，如图 8-29 所示。

图 8-29 "文档属性"对话框

② 导入图片。在"图层 1"的第 1 帧中导入图片，在"属性"面板中调整图片大小和位置。

③ 创建图形元件。选择"插入"→"新建元件"命令，在弹出的对话框中的"名称"文本框中输入名称，并选中"图形"单选按钮，单击"确定"按钮。选择第 1 帧，选择"文件"→"导入"→"导入到舞台"命令，将图片导入到场景中。

④ 创建动画运动效果。新建一个"图层 2"图层，把创建的元件导入到场景左上角的位置，在"属性"面板中设置方向、大小、透明度、坐标等，如图 8-30 所示。在需要动画变换的位置添加关键帧，右击"图层 2"的第 1 帧，在弹出的菜单中选择"创建补间动画"命令。设置完毕后，保存文件即可。

图 8-30 参数属性面板

⑤ 按【F12】键发布电影，即可查看全屏效果。

8.5.2 利用 Flash 制作简单动画

案例 6：利用 Flash 制作波浪效果动画，效果如图 8-31 所示。

案例分析：利用 Flash 制作波浪效果动画，首先要了解利用 Flash 制作动画的基本操作，即新建文档。然后创建图形元件动画运动效果，再根据不同动画需要设置运动方式。在制作波浪效果动画时主要是主场景关键帧的设置，设置关键帧后根据波浪运动路径插入中间帧。完成波浪效果动画后发布即可。

图 8-31　波浪效果图

操作步骤：

① 新建文档，尺寸 550 像素×400 像素，背景为浅蓝色。

② 创建图形元件_cloud，绘制云朵。

③ 创建 MC 元件 cloud_group，拖入若干个_cloud 元件（有的可以交叉重叠），并设置它们的透明度分别为 20%～35%。

④ 创建 MC 元件 cloud，拖入 cloud_group 元件，设置 1～50 帧的动作渐变动画。

⑤ 创建 MC 元件 waveA，用刷子或者铅笔工具绘制波浪，第 25 帧和第 50 帧插入关键帧，并将第 25 帧处的图形水平翻转，创建补间动画。

⑥ 创建 4 个图层，命名如图 8-32 所示。

⑦ 在 sand 图层中绘制如图 8-33 所示沙滩形状。

图 8-32　图层命名　　　　　　　　　　图 8-33　沙滩形状

⑧ 在 Sky 图层绘制天空颜色，并拖入 2～4 个 cloud 元件。

⑨ 在 Mt 图层中用铅笔工具绘制山的形状，并填充。

⑩ 在 wave 图层中拖入 waveA 元件置于合适位置（山脚下的效果），然后在帧 1 和 waveA 元件上分别加入脚本语句。

⑪ 完成波浪效果动画的制作，按【F12】键发布电影，查看全屏效果，效果如图 8-31 所示。

8.5.3 利用 3ds Max 9 制作动画

1. 3ds Max 9 的界面

3ds Max 9 的界面，如图 8-34 所示。

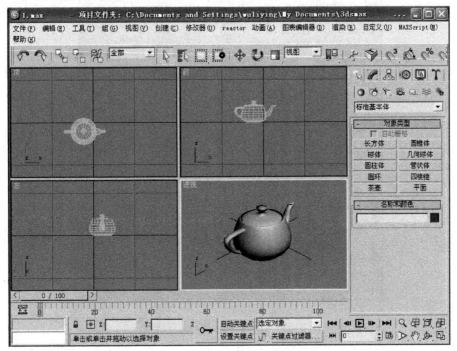

图 8-34 3ds Max 9 窗口

2. 三维动画制作的基本方法

（1）使用自动帧模式录制动画

创建一个简单动画的基本步骤是单击自动帧模式按钮开始录制动画，设置当前的时间，修改场景中的某些参数，如物体的位置、角度或大小等，这样就完成了一个简单的关键帧动画。

（2）对动画时间的控制

通过前面简单动画的制作，了解关键帧的意义，即只要指定了动画序列中结束帧的属性，其他动画过程都由 3ds Max 来自动完成。在默认状态下，动画时间长度为 100 帧，但是也可以修改动画时间长度。单击动画播放控制按钮区域中的按钮 ⊞，弹出 Time Configuration 对话框，如图 8-35 所示。

在 Time Display 选项组中提供了 4 种时间的显示方式。

- Frames：它是 3ds Max 的默认显示方式，时间转换为帧的数目取决于当前帧速率的设置。例如，在 NTSC 视频格式中每一帧等于 1/30s。

- SMTPE：用 Society of Motion Picture and Television Engineers 格式显示时间，这是许多专业动画制作工作中使用的标准时间显示方式。从左到右，SMTPE 格式依次显示分钟、秒和帧，并以冒号分隔。例如，2:16:14 表示 2 分 16 秒 14 帧。

- FRAME:TICKS：使用帧和 3ds Max 软件内部的计时增量（称为 ticks）来显示时间。1s 等于 4 800ticks，所以用户可以将动画时间精确到 1/4800s。

- MM:SS:TICKS：以分钟、秒和 ticks 显示时间，中间用冒号分隔。例如，2:16:2240 表示 2 min 16s 2240ticks。

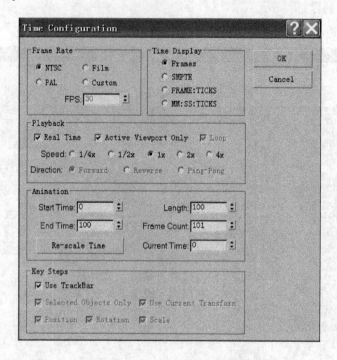

图 8-35　Time Configuration 对话框

在 Frame Rate 选项组中可以选择动画文件所采用的视频格式，因为不同的视频格式使用不同的帧速率播放动画，这会直接影响到最终的动画播放效果。在 Animation 选项组中可以调整动画的长度。

小　结

本章主要介绍了多媒体技术各基本元素的处理与应用，包括图形、图像处理技术，音频、视频处理技术和简单动画的制作方法。本章是基于用户对基础知识的理解，通过案例学习，使用户掌握图像、音频、视频和简单动画的基本软件的应用。

目前涉及的多媒体技术软件比较多，更新也比较快，本章只是介绍了多媒体技术软件的一些基本用法。如果有兴趣了解和学习更广泛的多媒体技术方面的知识，可以参照参考文献或登录相关网站进行深入学习。

习　题

一、填空题

1. 在计算机领域中，媒体有_____和_____两种含义。
2. 多媒体技术的主要特点是：_____、_____、_____和_____。
3. 多媒体技术的基本特性有_____性、交互性、和多样性。

4. MIDI 是音乐设备数字接口的缩写，它记录的是_____

二、简答题

1. 位图和矢量图是怎样定义的，它们有何区别？

2. 图形、图像有哪些常用格式？

3. 录制时的高频采样录音，如何通过计算机进行变换转换成较低频率的声音数据文件？

三、操作题

1. 利用 photoshop 处理 10 张以上照片，制作家庭相册。

（1）要用到选区、渐变、魔棒、图章等工具。

（2）改变图像的大小，并保存。照片大小要利于网络传输和存储。

2. 利用 GOLDWAVE 软件对任意一段乐音进行处理。

（1）在第 1 乐段的尾部进行淡出处理。

（3）保存音频文件，文件名为"song-1.wav"。

第 9 章 // 信 息 安 全

学习目标

- 了解信息安全的基本概念和 3 个要素。
- 掌握系统安全加固技术。
- 了解计算机病毒的概念和特点。
- 掌握计算机病毒的防治技术。

本章首先主要介绍了信息安全方面的基本内容，包括信息安全的定义、目标，信息安全面临的主要威胁，以及保障信息安全的 3 个主要因素。本章通过对 Windows 7 系统的安全加固案例的讲解，让用户掌握操作系统的安全设置的相关知识。然后介绍了计算机病毒的概念、特点、分类以及病毒的预防和检测方法，并且列举了反病毒软件的常用配置使用方法。最后介绍了通过加强安全教育来提高人们的安全意识。

9.1 信息安全的概述

随着计算机应用的快速发展和计算机网络的普及，出现的信息安全问题越来越多，造成的损失和影响也越来越大，计算机信息安全逐渐引起人们的重视。信息安全不仅对每个人都有现实意义，而且对企业、政府部门，甚至国防安全更有重要的意义。

9.1.1 信息安全的相关概念

1. 信息安全的目标

信息安全是指对计算机系统中的硬件、软件、网络设备和数据等资源进行保护，使其免受偶然或恶意的破坏，从而使系统能可靠正常地运行。信息安全是一门涉及计算机技术、网络技术、密码技术等多种学科的综合性技术。

计算机系统的安全目标是保证系统资源的保密性、完整性和可用性，维护正当的信息活动，以及与应用发展相适应的社会公共道德和权利，而建立和采取的技术措施和方法的总和。

保密性：确保信息在存储、使用、传输过程中不被泄露给非授权的实体或个人。

完整性：确保信息在存储、使用、传输过程中不被非法篡改。

可用性：确保授权用户或实体对信息及资源的正常使用不被非法拒绝，容许其可靠且及时地访问信息及资源。

随着计算机网络的不断发展和其在诸多领域中的广泛应用，计算机系统的安全目标中又增加了可控性、不可抵赖性和可追溯性 3 个目标。

2．安全漏洞

系统安全漏洞是指可以对系统安全造成危害，系统本身具有的或设置上存在的缺陷，或者说是在硬件、软件、协议的具体实现或系统安全策略上存在的缺陷。例如，在建立安全机制时规划考虑上的缺陷，进行系统和其他软件编程时的错误，以及在使用该系统提供的安全机制时人为的配置错误等。

漏洞主要存在于操作系统、应用程序以及脚本文件中。攻击者利用漏洞后，能够获得管理员权限，甚至可以获得机密信息，因此，用户及时对系统进行升级和修补补丁是非常重要的。

9.1.2　信息安全面临的威胁

计算机系统的安全威胁主要来自以下几个方面：

（1）物理安全威胁

物理安全威胁来自地震、洪水、火灾等各种自然灾害对计算机系统造成的危害，或电磁辐射、电磁干扰、设备硬件故障等物理安全问题。

（2）软件带来的威胁

软件的安全隐患来源于设计和实现过程中的问题。软件设计中的疏忽可能会留下安全漏洞，软件过大、过长都会不可避免地存在安全隐患。据统计，每写一千行语句总会有 6～30 行差错，而一个软件通常有几百万行甚至几千万行语句。用户在使用各类操作系统或应用软件的过程中，由于软件自身存在漏洞或缺陷，因此也会对系统安全构成潜在危害。

（3）攻击者的恶意攻击

对计算机系统安全构成的威胁主要来自于各种外部的恶意攻击，包括拒绝服务攻击、缓冲区溢出攻击、计算机病毒和特洛伊木马等恶意软件攻击以及计算机犯罪。

（4）失误造成的威胁

使用人员或管理人员的人为操作失误，或意外丢失等问题造成的安全威胁，这就需要通过完善的规章制度，加强对人员的管理。

（5）网络通信协议的弱点

由于 TCP/IP 协议在设计初期只考虑了互通互联和资源共享的问题，较少考虑到安全的问题，因此协议本身存在着无法弥补的安全缺陷，这会使系统存在安全隐患。

9.1.3　信息安全的 3 个要素

信息安全已不只是人们传统意义上认为的使用防火墙或杀毒软件等简单的软/硬件就可以保证的安全，而是成为一种系统和全局的安全，是一个集合了硬件、软件、网络、人以及它们之间相互关系的系统。保障信息安全有技术、管理和法律法规 3 个主要的支柱。

1．安全管理

管理在维护信息安全方面有着非常重要的作用。安全管理主要是人员、设备、组织和流程的管理。管理的制度化程度极大地影响着整个系统的安全，严格的安全管理制度、明确的职责划分、合理的权限分配都能够在很大程度上提高系统的安全性。

2. 安全立法

立法包括各种法律法规、规章制度、技术标准、管理规范等，是信息安全的核心问题，是整个信息安全建设的依据。面对日趋严重的计算机犯罪，人们必须建立和健全信息安全相关的法律和法规，从而使非法分子受到法律的约束。

3. 安全技术

身份认证、访问控制、信息加密、防火墙、防杀病毒、入侵检测、漏洞扫描、安全审计及相关的服务等是实现信息安全的有力保证。

实现信息安全需要有一定的信息安全策略，这是为了保证提供一定级别的安全保护而必须遵守的一系列规则。信息安全的实现，不但要靠先进的技术，还要有严格的安全管理，法律的约束和安全意识的教育。

9.2 Windows 7 系统的安全加固

操作系统是计算机信息系统运行的平台，用户的各种操作和应用程序，以及不同用户之间的网络通信都是在操作系统的基础上运行的。因此，提高操作系统的安全性是必要的。

Windows 操作系统是一个常用的操作平台，Windows 7 是其中的新版本。本节通过 3 个案例来讲解如何加固 Windows 7 操作系统，并提高系统自身的安全性。

9.2.1 Windows 7 防火墙的设置

案例 1：完成 Windows 7 防火墙的基本设置，并在防火墙的高级设置中创建一条入站规则阻止所有外部主机对于本机 1433 和 1434 端口的连接。

案例分析：防火墙可以是软件，也可以是硬件，它能够检查来自网络的信息，然后根据防火墙的设置阻止或允许这些信息通过计算机。Windows 7 防火墙是 Windows 7 系统中自带的一个功能组件，可以起到一定的保护计算机的作用。

通过对防火墙进行合适的设置，可以限制从其他计算机发送到本地计算机上的信息，使用户可以更好地控制计算机上的数据，并针对那些未经邀请而尝试连接到本机的其他用户或程序（包括病毒）提供了一条防御线。

高级安全 Windows 防火墙默认情况下阻止所有传入流量，除非是对主机请求的响应，或者是得到了特别允许（即创建了允许该流量的防火墙规则）。用户可以通过指定端口号、应用程序名称、服务名称或其他标准，从而将高级安全 Windows 防火墙配置为显式允许流量通过。通过创建防火墙规则以允许此计算机向程序、系统服务、计算机或用户发送流量，或者从程序、系统服务、计算机或用户接收流量。

高级安全 Windows 防火墙提供以下 4 种基本的防火墙规则类型：

程序：使用此类防火墙规则可以根据正在尝试连接的程序允许某个连接。这样便提供了允许程序连接的简单方式，只需指定程序可执行文件的路径即可。

端口：使用此类型的防火墙规则可以允许基于 TCP 或 UDP 端口号的连接。用户可以指定协议（TCP 或 UDP）和本地端口，还可以指定多个端口号。

预定义：使用此类型防火墙规则可以通过从列表中选择一个程序或服务来允许某个连接。此列表中显示了在本地计算机上可用的大多数已知服务和程序。用户安装的网络程序通常将其自身的条目添加到此列表中，以便可以作为组启用或禁用它们。

自定义：用户使用此选项可以创建更加灵活的防火墙规则。

通过使用以上任意一种类型的防火墙规则，用户都可以创建明确允许或明确拒绝某个连接通过的 Windows 防火墙。创建防火墙规则之后，用户可以对任何防火墙规则的设置进行更改。

由于系统的 1433 和 1434 端口经常被木马程序用来控制目标系统，因此用户应该创建一条入站规则阻止所有外部地址对本机 1433 和 1434 端口的连接，从而增强系统的安全性。

操作步骤：

（1）开启防火墙并更改通知设置

① 选择"开始"→"控制面板"命令，然后依次打开"系统和安全"→"Windows 防火墙"窗口，在打开的如图 9-1 所示的窗口中即可对 Windows 防火墙进行设置。

Windows 7 防火墙支持对不同类型的网络进行单独配置，而且不会互相影响。家庭网络和工作网络属于私有网络或专用网络，另外一种网络类型是公用网络。

图 9-1 Windows 防火墙窗口

② 单击"打开或关闭 Windows 防火墙"超链接，打开如图 9-2 所示的防火墙设置窗口。

图 9-2 打开或关闭防火墙

③ 用户可以在当前的设置界面中的不同的网络类型中选中"启用 Windows 防火墙"单选按钮，从而让防火墙发挥作用。此外，"Windows 防火墙阻止新程序时通知我"这一项对于个人日常使用来说，需要选中，从而方便用户随时做出判断。而"阻止所有传入连接，包括位于允许程序列表中的程序"这个选项保持默认设置即可，否则可能会影响程序列表里的一些程序的正常使用。

（2）设置可通过防火墙的程序

默认情况下，Windows 防火墙会阻止大多数程序，这样可以使计算机更安全。某些程序可能需要手动添加，允许其通过防火墙进行通信，以便正常工作。

① 单击如图 9-1 所示的窗口左上侧的"允许程序或功能通过 Windows 防火墙"超链接，显示如图 9-3 所示的界面。

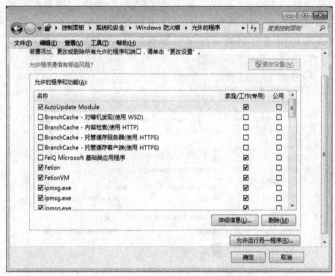

图 9-3　允许程序或功能通过 Windows 防火墙

② 单击如图 9-3 所示的窗口下方的"允许运行另一个程序"按钮，手动选择并添加希望被防火墙允许通过的程序，如图 9-4 所示。

将某个程序添加到防火墙允许通过的程序列表中或打开一个防火墙端口，则允许特定程序在防火墙与本地计算机之间发送或接收信息。允许程序通过防火墙进行通信（有时称为解除阻止）就像是在防火墙中打开了一个孔。

防火墙拥有的允许程序或打开的端口越多，黑客或恶意软件通过这些通道传播蠕虫、访问文件或使用计算机将恶意软件传播到其他计算机的机会也就越大。因此用户在这里添加程序时，满足使用需要就可以，对于不使用的程序不要添加。

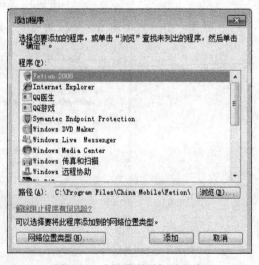

图 9-4　选择需要添加的程序

③　通过单击如图 9-3 所示的窗口上方的"更改设置"按钮可以对已经添加的程序的规则设置进行更改。单击如图 9-3 所示的窗口下方的"删除"按钮可以将程序列表中不再使用的程序文件删除。

（3）Windows 防火墙的高级设置

创建一条入站规则以阻止所有外部主机对于本机 1433 和 1434 端口的连接。

①　单击 Windows 防火墙界面左下方的"高级设置"超链接，进入高级安全防火墙界面，如图 9-5 所示，然后选择界面左侧的"入站规则"选项。

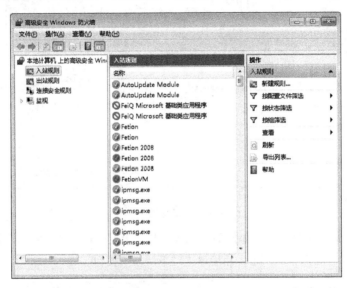

图 9-5　Windows 防火墙的高级安全界面

②　选择图 9-5 中界面右侧的"新建规则"选项，弹出如图 9-6 所示的界面，选中"自定义"单选按钮，然后单击"下一步"按钮。

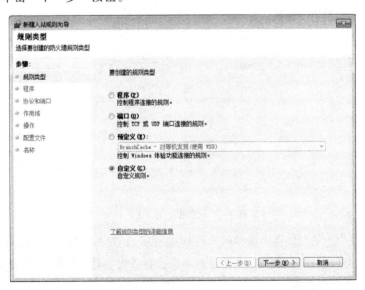

图 9-6　创建规则（1）

③ 选中"所有程序"单选按钮，即可将当前创建的规则应用于所有程序，然后单击"下一步"按钮，如图9-7所示。

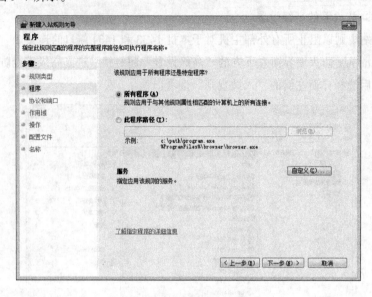

图9-7 创建规则（2）

④ 在"协议类型"下拉列表中选择TCP选项，将"本地端口"设置为"特定端口"，并输入端口序号1433-1434，如图9-8所示，然后单击"下一步"按钮。

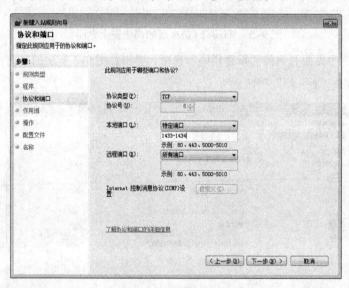

图9-8 创建规则（3）

⑤ 在如图9-9所示的对话框中添加相关的IP地址信息。为本地IP地址添加本机配置的地址，因为不能确定黑客会使用哪一个本地IP地址对本机进行攻击。对于远程IP地址的设置，则选中"任何IP地址"单选按钮，然后单击"下一步"按钮。

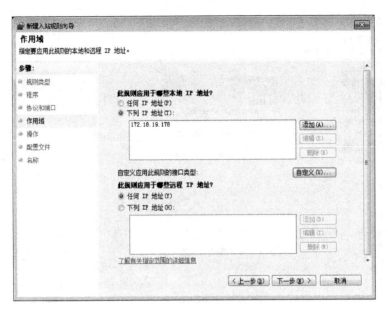

图 9-9　创建规则（4）

⑥ 进行操作方式的选择。在如图 9-10 所示的对话框中选中"阻止连接"单选按钮后，单击"下一步"按钮。

对于不同的规则可以选择不同的操作方式，如允许连接、阻止连接或只允许通过使用 Internet 协议安全（IPsec）保护的连接。

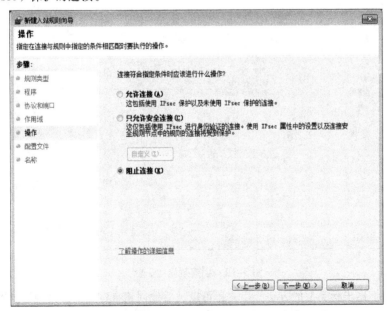

图 9-10　创建规则（5）

⑦ 在配置文件中选择当前规则应用的域或网络类型，按照默认方式全部选中即可，如图 9-11 所示，然后单击"下一步"按钮。

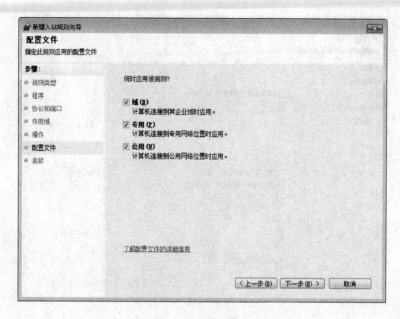

图 9-11　创建规则（6）

⑧ 给新创建的规则命名，如图 9-12 所示。添加说明后单击"完成"按钮，即完成了一条新规则的创建。

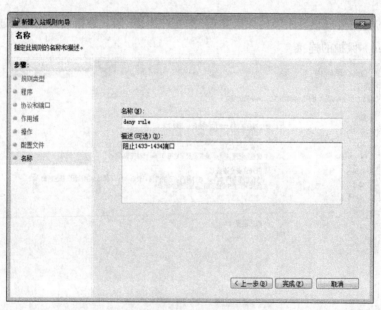

图 9-12　创建规则（7）

通过使用与上述步骤类似的方法，用户还可以灵活地创建自定义的出站规则。Windows 防火墙的高级安全可以为入站通信或出站通信创建规则。用户可配置规则以指定计算机或用户、程序、服务或者端口和协议，指定要应用规则的网络适配器类型，如局域网（LAN）、无线和远程访问，还可以将规则配置为使用任意配置文件或仅使用指定配置文件时应用。当网络环境更改时，用户可能需要更改、创建、禁用或删除规则。

9.2.2 本地安全策略的安全设置

案例2：完成本地安全策略的安全设置，将密码最长存留期设置为30天，密码长度最小值设置为8位，设定密码输入错误3次锁定账户，并且计算机上不显示上次登录的用户名。

案例分析：合理配置本地安全策略，可以提高操作系统的安全性。防破解的一个重要手段是定期更新密码，提高密码的复杂度。在Windows系统默认的情况下，系统的登录文本框会显示出上次登录的用户名，该信息可能会被攻击者利用以进行密码破解，这样非常不利于系统的安全。用户可以通过设置本地安全策略，使系统的登录文本录中不再显示上次登录时的用户名。

通过设置本地安全策略中的账户策略和本地策略来提高系统的安全性，从而满足上述操作要求。

操作步骤：

（1）通过账户策略增强密码和账户的安全性

① 选择"开始"→"控制面板"命令，然后依次打开"系统和安全"→"管理工具"窗口，在窗口中选择"本地安全策略"选项，如图9-13所示。

图9-13 "管理工具"窗口

② 设置密码策略。在"本地安全策略"窗口中选择"账户策略"→"密码策略"选项，如图9-14所示。在窗口右侧的窗格中可以进行相应的设置，使系统密码相对安全，不易破解。右击"密码最长使用期限"选项，在弹出的菜单中选择"属性"命令，然后在弹出的对话框中将密码过期时间设定为30天。

仍然在图9-14所示的窗口中，利用与上述方法类似的方法，弹出"密码长度最小值属性"对话框，在其中设置密码长度的最小值为8位。然后弹出"密码必须符合复杂性要求属性"对话框，在其中选中"已启用"单选按钮，即可进一步增强用户系统的安全性。

图 9-14 "本地安全策略"窗口

③ 设置账户锁定策略。选择"账户策略"→"账户锁定策略"选项，如图 9-15 所示，右击"账户锁定阈值"选项，在弹出菜单中选择"属性"命令，弹出如图 9-16 所示的对话框，然后在其微调框中输入 3，确定导致用户账户被锁定的登录尝试失败的次数为 3 次。账户被锁定后，在管理员重置锁定账户或账户锁定时间期满之前，无法使用该锁定账户。

图 9-15 选择"账户锁定策略"选项

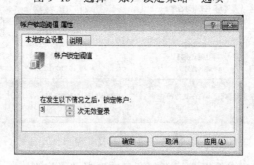

图 9-16 "账户锁定阈值属性"对话框

（2）通过配置本地策略增强系统的安全性

在"本地安全策略"窗口中选择"本地策略"→"安全选项"选项。在窗口的右侧窗格中双击"交互式登录：不显示最后的用户名"选项，如图 9-17 所示。然后在弹出的如图 9-18 所示的对话框中选中"已启用"单选按钮，如图 9-18 所示系统将隐藏上次登录的用户名。

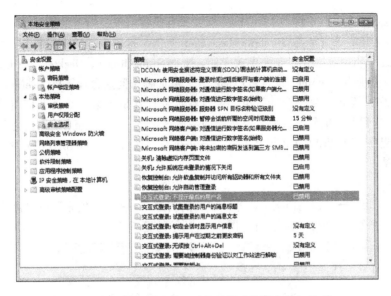

图 9-17　"交互式登录：不显示最后的用户名"选项

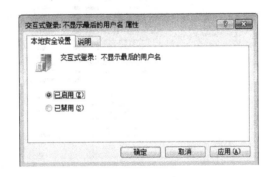

图 9-18　属性对话框

　　用户还可以通过设置"本地策略"中的"审核策略"选项，来跟踪用于访问文件或其他对象的用户账户、登录尝试、系统关闭或重新启动以及类似的事件。用户在实际应用中会逐渐发觉"本地安全策略"工具是一个不可或缺的系统安全工具。

9.2.3　关闭不需要的服务

　　案例 3：关闭系统中不需要的服务。

　　案例分析：服务是一种在系统后台运行的无需界面的应用程序。服务提供核心操作系统功能，如 Web 服务、事件日志、文件服务、打印、加密和错误报告。

　　服务有自动、手动和已禁用 3 种启动类型。采用典型安装方式后，许多服务被配置为自动启动，即启动系统时或首次调用服务时将自动启动这些服务。如果服务被配置为手动启动，则在系统加载该服务前必须手动启动该服务，并使其可用。如果某个服务被配置为禁用启动，则无法自动或通过手动启动该服务。

　　系统中有些服务是用户很少用或基本不用的，这些服务不但占用系统资源，引起系统不稳定，而且为黑客的入侵提供了更多的可能，因此建议将用户它们关闭。这样既可以提高系统安全性,还可以提高系统运行速度。例如,Messenger 服务是传输客户端和服务器之间的 NET SEND 和 Alerter 服务消息,该服务与 Windows Messenger 无关,这是一个危险的服务,垃圾邮件和垃圾广告的厂商经常利用该服务发布弹出式广告。NetMeeting Remote Desktop Sharing 服务让经过授权的使用者可以使用 NetMeeting 透过内部网络,由远程访问这台计算机。Terminal Services 服务允许多位用户连接并控制一台计算机,并且在远程计算机上显示桌面和应用程序。Remote Registry 服务使远程用户能够修改此计算机上的注册表设置。Telnet 服务允许远程用户登录到此计算机并运行程序。TCP/IP NetBIOS Helper 服务提供对"TCP/IP 上 NetBIOS"服务以及 NetBIOS 名称解析的支持。

操作步骤:

① 选择"开始"→"控制面板"命令,然后依次打开"系统和安全"→"管理工具"窗口,并在其中选择"服务"选项,从而打开如图 9-19 所示的窗口。

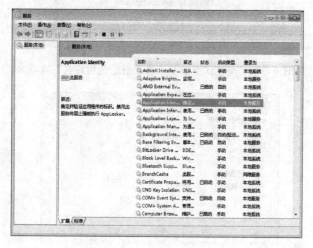

图 9-19 "服务"窗口

② 双击需要关闭的服务,弹出该服务的属性对话框。在"常规"选项卡中的"启动类型"下拉列表中选择"禁用"选项,如图 9-20 所示。

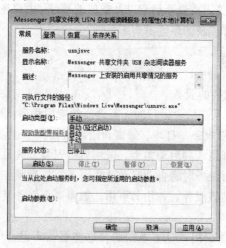

图 9-20 选择"禁用"选项

③ 选择"登录"选项卡，在其中可以指定用来登录服务的用户账户，选中"本地系统账户"单选按钮或"此账户"单选按钮，建议不要更改"允许服务与桌面交互"设置。若允许服务与桌面交互，那么服务在桌面上显示的任何信息也都会显示在交互用户的桌面上。恶意用户可能会获得该服务的控制权。

在用户关闭服务的过程中，如果由于启用或禁用某项服务而在启动计算机时遇到问题，则可以在安全模式下启动计算机。在安全模式下启动操作系统需要的核心服务时，无论服务设置如何更改，服务均以默认方案启动。计算机进入安全模式后，用户可以更改服务配置或还原默认的配置。

9.3　计算机病毒及防治技术

本节主要介绍信息安全中常遇到的计算机病毒安全威胁以及常用的反病毒软件的配置和使用。计算机病毒几乎无处不在，一台没有安装任何杀毒软件的计算机，一旦连入互联网，可能立刻会被感染。因此，用户了解病毒的特点和分类及掌握病毒的预防和清除方法是非常必要的。

9.3.1　计算机病毒的基本知识

1. 计算机病毒的定义

1983 年 11 月，在国际计算机安全学术研讨会上，美国计算机专家首次将病毒程序在 VAX/750 计算机上进行实验，世界上第一个计算机病毒就这样诞生了。随着计算机病毒技术的不断发展，它对计算机安全构成了很大的威胁。在国内，最初引人注意的是 20 世纪 80 年代末出现的"黑色星期五"、"小球病毒"等，后来出现的 CIH 病毒使人们更加重视对病毒的防范。

计算机病毒类似于生物学中的病毒，需要附着在计算机的程序中，当宿主程序启动时，病毒激活并感染系统中的其他文件，然后进行扩散。与生物学中的病毒不同的是，计算机病毒不是自然存在的，而是某些人利用计算机软件或硬件的脆弱性，编制的具有特殊功能的程序。

计算机病毒在《中华人民共和国计算机信息系统安全保护条例》中被明确定义，病毒是指编制或者在计算机程序中插入的破坏计算机功能或者破坏数据，以影响计算机使用并且能够自我复制的一组计算机指令或者程序代码。

2. 计算机病毒的特点

（1）破坏性

任何计算机病毒只要侵入系统，就会对系统或程序造成不同程度的影响。它可能会导致正常的程序无法运行，甚至可以把计算机内的文件删除或者导致系统崩溃。

（2）传染性

传染性是病毒的基本特征。在生物界，病毒在适当的条件下可以大量繁殖，并使被感染的生物体表现出病症甚至死亡。同样，计算机病毒也会通过各种渠道从已被感染的计算机扩散到未被感染的计算机，造成被感染的计算机工作失常甚至瘫痪。

（3）潜伏性

计算机病毒程序进入系统之后一般不会马上发作，它可以在合法文件中隐藏几周或者几个月甚至几年，从而对其他系统进行传染，而不被用户发现。病毒的潜伏性愈好，在系统中的存在时间就会愈长，传染范围就愈大。

（4）隐蔽性

为了提高自身的可存在性，计算机病毒通常具有很强的隐蔽性。病毒一般都是短小精悍的程序，并且附在正常程序或磁盘较隐蔽的地方，使用户很难发现它们。

（5）可触发性

病毒具有病毒设计者预先设定的触发条件，这些条件可能是时间、日期、文件类型或某些特定数据等。病毒运行时，触发机制检查预定条件是否满足，如果满足预定的条件，就启动感染或破坏动作，使病毒进行感染或攻击，否则病毒继续潜伏。例如，著名的"黑色星期五"在逢 13 号的星期五发作，"上海一号"会在每年的 3 月、6 月、9 月的 13 号发作。

3．计算机病毒的传播途径

（1）通过 U 盘、移动硬盘等移动存储设备

U 盘是目前使用较为广泛的移动存储器，具有体积小、重量轻、容量大以及携带方便的优点。但是 U 盘也是传播病毒的主要途径之一。据统计，U 盘中有病毒的比例高达 90%。

（2）通过硬盘

硬盘也是传播病毒的重要渠道，由于将带有病毒的计算机移到其他地方使用或维修等，从而将未感染病毒的 U 盘传染并再扩散病毒。

（3）通过网络

随着 Internet 的发展，病毒能在很短时间内感染网络上的计算机，使病毒的传播更迅速，因此反病毒的任务更加艰巨。Internet 带来两种不同的安全威胁。一种威胁来自文件下载，这些被浏览的或是被下载的文件可能存在病毒。一种威胁来自电子邮件，大多数 Internet 邮件系统提供了在网络间传送附带格式化文档邮件的功能，因此，携带病毒的文档或文件就可能通过网关和邮件服务器进入网络。网络使用的简易性和开放性使这种威胁越来越严重。

4．计算机病毒的分类

计算机病毒的数量较多，表现形式也是各种各样，为了更好地研究和了解病毒，我们需要对系统中的计算机病毒划分种类。根据不同的划分方法和依据可以将计算机病毒分为不同的类型。

（1）按照病毒感染的对象进行分类

根据病毒感染的对象的不同，可以将病毒划分为网络型病毒、文件型病毒、引导型病毒和复合型病毒。

网络型病毒是近几年来网络高速发展的产物，感染的对象不再局限于单一的模式和单一的可执行文件，而是更加综合，更加隐蔽。

文件型病毒感染计算机中的文件（如 COM、EXE、DOC 等类型的文件）。

引导型病毒感染启动扇区和硬盘的系统引导扇区，在系统启动时获得优先的执行权，从而达到控制整个系统的目的。

复合型病毒同时具备了文件型和引导型病毒的某些特点，同时感染文件和引导扇区。这样的病毒通常都具有复杂的算法，它们使用非常规的办法侵入系统，同时使用了加密和变形算法。

（2）按照病毒的特有算法进行分类

根据计算机特有算法进行分类，可以将病毒分为伴随型病毒、"蠕虫"型病毒和寄生型病毒。

伴随型病毒并不改变文件本身，它们根据算法产生 EXE 格式文件的伴随体，具有同样的名字和不同的扩展名，例如，XCOPY.EXE 的伴随体是 XCOPY.COM。病毒把自身写入扩展名为.COM 的文件中并不改变.EXE 文件，当 DOS 加载文件时，伴随体优先被执行，再由伴随体加载执行原

来的扩展名为.EXE 的文件。

"蠕虫"型病毒通过计算机网络传播，不改变文件和资料信息，而是利用网络从一台计算机的内存传播到其他计算机的内存，将自身的病毒通过网络发送。有时它们在系统中存在，一般除了内存不占用其他资源。

除了伴随型病毒和"蠕虫"型病毒外，其他病毒均可被称为寄生型病毒，它们依附在系统的引导扇区或文件中，通过系统的功能进行传播，按其算法的不同可分为练习型病毒、诡秘型病毒和变型病毒。

- 练习型病毒：病毒自身包含错误，不能进行很好的传播。
- 诡秘型病毒：病毒一般不直接修改 DOS 中断和扇区中的数据，而是使用比较高级的技术，如通过设备技术或文件缓冲区技术。它利用 DOS 空闲的数据区进行工作。
- 变型病毒：它使用一种复杂的算法，使自己每传播一份都具有不同的内容和长度。它们一般是由一段混有无关指令的解码算法和被变化过的病毒体组成的。

9.3.2　计算机病毒的防治方法

计算机系统的安全问题因为受到的病毒侵害越来越多而变得越来越严重。病毒问题不是一个简单的问题，病毒对计算机的危害是可以预防、可以清除的。下面通过一个案例来说明病毒的危害与清除方法。

案例 4：某天张先生在使用自己的计算机时，突然发现本地磁盘 D 盘中一个非常重要的有关客户资料的文件无故丢失了，而且近几天计算机偶尔还会出现自行重启的奇怪现象。

案例分析：张先生的计算机出现的现象和感染病毒的症状非常相似。

通常计算机感染病毒以后，可能出现的典型现象如下：

- 计算机执行速度越来越慢。计算机病毒植入系统后，会进行不断的复制和传播，因此会大量的消耗系统内存和磁盘等资源，使计算机的执行速度越来越慢。
- 计算机现莫名其妙地死机或重启。有些病毒可能会感染或修改 Windows 的系统文件，使系统运行不稳定，甚至出现意外的重启或死机。
- 文件夹中突然多了一些未知的文件。很多计算机病毒会在用户访问过的文件中产生大量的不熟悉的文件，这些都是病毒文件。
- 网络速度变慢或出现一些未知的网络连接。现在很多病毒都是通过网络进行传播的。用户可以通过查看本地连接来判断是否感染病毒，如果有未知的网络连接或发送、接收了大量的数据包，则计算机可能感染了病毒。

对于本案例来说，由于张先生的计算机无故出现文件丢失和自动重启的现象，经过初步诊断，可能是中了某种病毒，接下来需要采取相应的方法对病毒进行查杀。下面通过病毒的检测、清除和预防 3 个步骤来完成。

操作步骤：

（1）病毒的检测

一般来说，使用杀毒软件对病毒进行检测和查杀是比较便捷的方式。除了可以使用杀毒软件进行检测以外，还可以通过一些手动方法进行病毒的检测和清除。以下是手动检查计算机是否感染病毒的常用方法：

① 在不打开任何应用程序的情况下打开任务管理器窗口，如图 9-21 所示，查看 CPU 的利用率，检查当前占用 CPU 最大的进程。如果该进程不是用户发起的，那么有可能是感染了病毒。

图 9-21　任务管理器窗口

② 在不打开任何应用程序的情况下，选择"开始"→"所有程序"→"附件"→"运行"命令，在弹出的对话框中输入 cmd 命令，然后单击"确定"按钮。在弹出的命令行中执行 Windows 系统自带的 netstat -an 命令，查看是否有异常端口打开，并查看是否创建了大量的连接，如图 9-22 所示。

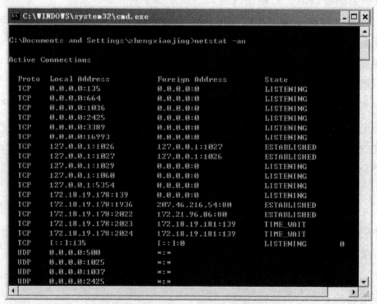

图 9-22　执行 netstat-an 命令的界面

③ 通过安装并运行 fport（见图 9-23）检查异常端口及异常连接是由哪个进程发起的，检查有没有不熟悉的程序正在与外部创建连接。

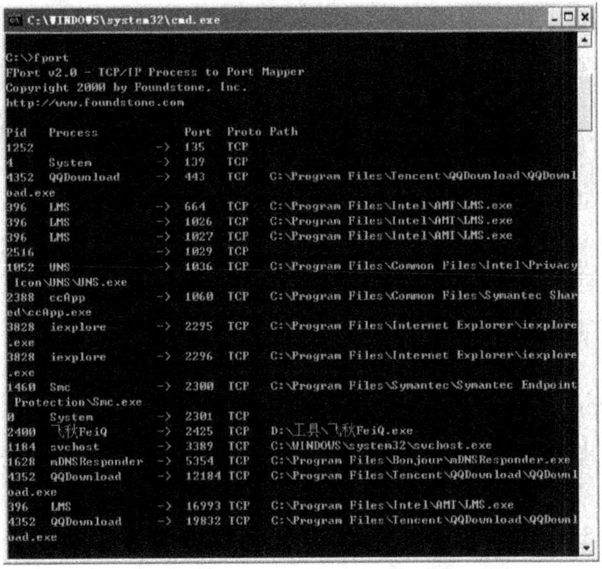

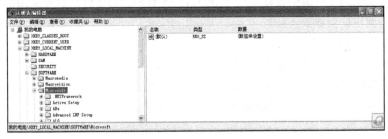

图 9-23 运用 fport 查看异常端口

④ 在"运行"对话框中输入 regedit 命令，单击"确定"按钮，打开注册表编辑器，如图 9-24 所示，在左侧的目录中分别展开 HKEY_LOCAL_MACHINE\SOFTWARE\Microsoft\Windows\Current Version\Run 分支和 HKEY_LOCAL_MACHINE\SOFTWARE\Microsoft\Windows\CurrentVersion\ Runservice 分支，查看右边窗格中是否有与前面发现的异常进程名字相似的键值。如果有名字相似的键值，则该进程可能就是病毒，"数据"栏里就是该可疑程序的目录。

图 9-24 注册表编辑器

对本案例来说，用户可采用以下手动方法进行病毒的检测：

① 使用 netstat-an 命令检查打开的端口，发现一个端口号为 8000 的外部地址的可疑连接。

② 将操作系统设置为显示所有文件。打开"我的电脑"窗口，选择"工具"→"文件夹选项"命令，在弹出的对话框中选择"查看"选项卡，在其中的列表框中取消选中"隐藏受保护的操作系统文件"复选框，并在"隐藏文件和文件夹"选项组中选中"显示隐藏文件、文件夹的驱动器"复选框。经过搜索后，在 Windows 目录下显示一个名为 Game_Hook.dll 的可疑文件。

③ 在操作系统安装目录下还找到 Game.exe 和 Game.dll 两个病毒文件，同时还有一个用于记录键盘操作的 GameKey.dll 文件。

经过这几步操作，基本可以确定该计算机中了一种名为灰鸽子的木马病毒，而且被黑客通过远程进行了控制，在计算机上恶意地删除了文件。

木马程序也属于计算机病毒，但是它与普通的计算机病毒不同。一般的病毒是为了破坏被感染的计算机中的资料数据，或为了达到某些目的。而木马病毒不一样，它可以偷偷监视用户，并盗窃用户的密码、数据等，如盗窃管理员密码、游戏账号、股票账号甚至网上银行账户等，达到偷窥别人隐私和得到经济利益的目的。所以木马程序比一般的计算机病毒的功能性更强，危害性更大。这也是目前网上大量木马病毒泛滥成灾的原因。

灰鸽子是一个著名的木马程序。灰鸽子木马运行后，会自我复制到 Windows 目录下，并自行将安装程序删除，修改注册表，将病毒文件注册为服务项实现开机自启。木马程序还会注入所有的进程中，隐藏自我，防止被杀毒软件查杀，自动开启 IE 浏览器，以便与外界进行通信，侦听黑客指令，在用户不知情的情况下连接黑客指定站点，盗取用户信息和下载其他特定程序。

（2）病毒的清除

简单的清除病毒的办法是使用杀毒软件进行自动删除，但是很多病毒会不断出现新的变种，有时杀毒软件无法对它们进行有效的清除。这时就需要通过一些手动的方法清除病毒。手动杀毒主要通过以下步骤完成：

① 打开注册表编辑器，查找所有与该病毒相关的键值，并将其全部删除。

② 选择"开始"→"控制面板"命令，并依次打开"系统和安全"窗口，选择"管理工具"→"服务"选项后，在弹出的对话框中查找该病毒发起的服务并停止它。

③ 打开任务管理器，在进程列表中找到所有病毒进程并结束它。如果系统不允许结束该进程，则重启计算机后再重复这一步操作。

④ 在"计算机"窗口中找到病毒文件并将其删除。如果不能删除，则重启计算机，进入操作系统的安全模式进行删除。

对于本案例中的病毒的清除可以采用专门的清除木马的工具软件，也可采用手动清除的方式进行清除。手动清除的步骤如下：

① 清除灰鸽子木马的服务。

打开注册表编辑器，在左侧窗格中展开 HKEY_LOCAL_MACHINE\SYSTEM\CurrentControlSet\services 分支，选择"编辑"→"查找"命令，在"查找目标"文本框中输入 game.exe，找到灰鸽子的服务项 Game_Server，然后删除整个 Game_Server 项。

② 删除灰鸽子程序文件。

进入操作系统安全模式，删除 Windows 目录下的 Game.exe、Game.dll、Game_Hook.dll 以及 Gamekey.dll 文件，然后重新启动计算机。至此，灰鸽子木马被彻底清除。

（3）病毒的预防

为了减少系统感染病毒的可能性，用户可以采取一些措施对计算机病毒进行预防。一些常用的病毒预防方法如下：

- 经常更新杀毒软件的检测引擎和病毒库，以便快速检测到可能入侵计算机的新病毒或者变种。
- 使用安全监视软件防止浏览器被异常修改、插入钩子或安装不安全的恶意插件。
- 使用 Windows 防火墙或者杀毒软件自带的防火墙来增强系统的安全性。
- 有良好的习惯。用户不要下载和接收、执行任何来历不明的软件或文件，不要随意打开邮件的附件，也不要单击邮件中的可疑图片。
- 关闭计算机的自动播放功能，并定期对计算机硬盘和移动储存工具进行病毒扫描和检查。
- 定期为操作系统安装新的安全补丁，并修补安全漏洞。

9.3.3　常用的反病毒软件

反病毒软件也称杀毒软件，是用于检测、清除和防御计算机病毒、特洛伊木马和恶意软件的一类软件。杀毒软件通常集成监控识别、病毒扫描、清除和自动升级等功能，有的杀毒软件还带有数据恢复等功能，它是计算机防御系统的重要组成部分。

目前反病毒软件的种类很多，本节仅以赛门铁克公司的 Symantec Endpoint Protection 反病毒软件为例，介绍反病毒软件的配置和使用方法。

案例 5：安装并设置 Symantec Endpoint Protection 反病毒软件客户端。

案例分析：反病毒软件是当今计算机系统不可缺少的系统安全的保护伞，它能保护计算机不受 Internet 威胁和安全风险的入侵。一台没有安装任何反病毒软件的计算机，一旦连入互联网，则可能立刻被感染计算机病毒。因此，要提高系统的安全性，安装并正确设置和使用一款反病毒软件是必不可少的。

操作步骤：

（1）安装并查看软件当前状态

反病毒软件的客户端程序的安装过程比较简单，用户只要按照默认的安装步骤进行安装即可。安装完成后会显示如图 9-25 所示的界面。用户通过该界面可以查看当前计算机中已经安装的防护技术，以及它们的当前状态。单击右侧的"选项"按钮可以关闭或启动相应的防护技术，改变软件的当前状态。

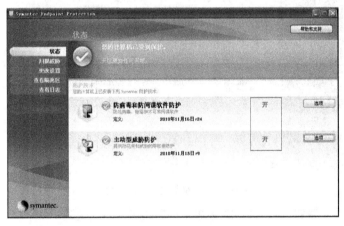

图 9-25　反病毒软件的界面

（2）更新程序文件和升级病毒特征库

软件安装完成后，用户应立即更新程序文件、升级病毒特征库，这样反病毒软件才能对层出不穷的病毒进行有效的防护和查杀。在如图 9-25 所示的界面中单击左侧的 LiveUpdate 按钮，可以完成自动更新程序文件和升级病毒特证库的操作，如图 9-26 所示。在升级的过程中，用户需要确保网络一直处于连通状态。

在反病毒软件的日常使用中，用户需要经常升级病毒特征库，这样才能使反病毒软件达到有效保护计算机系统安全的目的。病毒库的更新程度是保证一款反病毒软件有效性的重要因素，一款不能及时更新病毒库的软件对计算机的安全不能进行有效的保护。除了使用手动方法升级外，还可以通过配置软件来实现自动升级。

图 9-26　手动升级病毒特征库

（3）手动启动病毒扫描程序

在图 9-25 所示的窗口中单击左侧的"扫描威胁"，可手动启动病毒扫描，如图 9-27 所示。有两种可选择的扫描方式，分别为活动扫描和全面扫描。活动扫描只扫描常感染的磁盘区域和系统文件，全面扫描会扫描整个计算机。单击"全面扫描"图标，打开图 9-28 所示的扫描窗口，检测到的病毒文件将会显示在中间的列表框中。

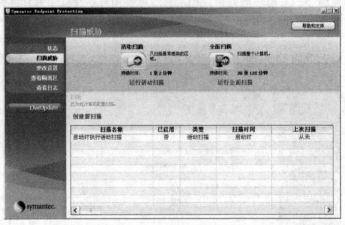

图 9-27　启动病毒扫描的界面

图 9-28　扫描过程的窗口

（4）更改程序设置

单击如图 9-25 所示的窗口左侧的"更改设置"，即可对反病毒软件的当前设置进行更改，如图 9-29 所示。

图 9-29 更改程序设置

① 防病毒和防间谍软件防护的设置。

单击"防病毒和防间谍软件防护"选项右侧的"配置设置"按钮，弹出如图 9-30 所示的对话框，选择"文件系统自动防护"选项卡，在其中选中"启用文件系统自动防护"复选框，即可对文件的系统进行保护。然后单击"操作"按钮，在弹出的图 9-31 所示的对话框中可以对检测到的不同种类的病毒所采取的操作进行预设值，例如，在"第一操作"下拉列表中选择"清除风险"选项，在"如果第一操作失败"下拉列表中选择"隔离风险"选项。

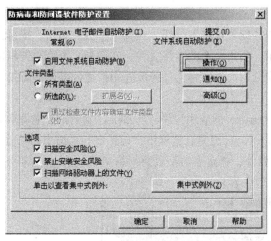 

图 9-30 防病毒和防间谍软件防护设置　　　　图 9-31 扫描操作设置

在"常规"选项卡中可以设置防病毒和防间谍软件防护的日志保留的时间段，如图 9-32 所示。

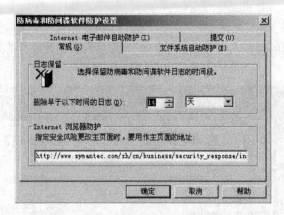

图 9-32　防病毒和防间谍软件日志保留设置

② 主动型威胁防护设置。

单击图 9-29 中"主动型威胁防护"选项右侧的"配置设置"按钮，在弹出的对话框中选择"扫描频率"选项卡，在其中选中"使用自定义扫描频率"单选按钮，如图 9-33 所示，通过设置扫描间隔的天数或小时来设定系统自动扫描的频率。

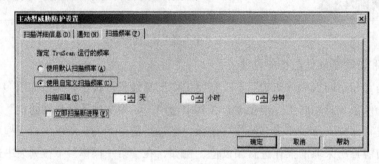

图 9-33　主动型威胁防护设置

③ 集中式例外设置。

单击图 9-29 中"集中式例外"选项右侧的"配置设置"按钮，在其中单击"添加"按钮，可添加例外的文件或文件类型，如图 9-34 所示。使用此选项卡将文件、文件夹、风险和进程排除在扫描之外，例如，可能希望排除已经知道安全的文件。将文件排除在扫描之外可以提高扫描的性能。

例如，用户可能会在计算机上运行一个名为 my.exe 的应用程序。当 my.exe 运行时，主动型威胁扫描也会随着运行。反病毒软件客户端判断 my.exe 可能为恶意程序，即弹出扫描结果对话框，显示客户端已隔离 my.exe。用户可以通过创建例外，指定主动型威胁扫描忽略 my.exe。客户端接着就会还原 my.exe。当用户再次运行 my.exe 时，客户端将会忽略 my.exe。

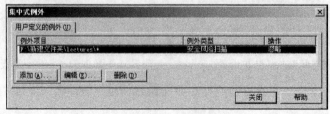

图 9-34　集中式例外设置

④ 客户端管理设置。

单击图 9-29 中"客户端管理"选项右侧的"配置设置"按钮，在弹出的对话框中选择"调度的更新"选项卡，然后选中"启用自动更新"复选框，如图 9-35 所示，可以自定义设置自动更新的频率，例如，设置每天的 20:00 程序执行自动更新和升级病毒特征库。这里需要特别注意的是，必须确保用户的计算机在设定的时间段内可以接入互联网。

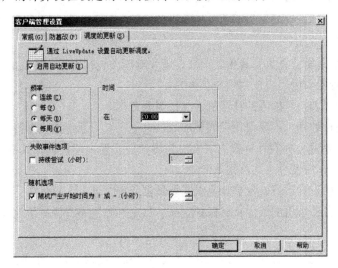

图 9-35　客户端管理设置

（5）查看隔离区和查看日志

自动防护和所有扫描类型的默认选项是清除检测到的受感染文件中的病毒。如果客户端不能清除文件，就会记录这个失败动作，并将受感染的文件移到隔离区。本地隔离区是一个特殊的位置，保留给受感染的文件使用。对于安全风险，客户端会隔离受感染的文件，并修复安全风险产生的副作用。当客户端不能修复文件时，会将该检测记录下来。病毒只要放到隔离区，便不会扩散。当客户端将文件移到隔离区，用户便不能访问该文件。用户可以通过单击左侧的"查看隔离区"按钮来查看其中的内容。

用户还可以通过查看反病毒软件的日志文件来了解已发生的安全风险事件的详细信息。

9.4　加强信息安全教育

人是实现信息安全活跃的因素，人的行为是信息安全保障重要的方面。为了有效提高信息系统的安全性，应加大对人们的信息安全知识的教育，以增强人们的信息安全意识，减少不安全的行为。

1. 知识产权

1990 年 9 月我国颁布了《中华人民共和国著作权法》，把计算机软件列为享有著作权保护的作品。1991 年 6 月，颁布的《计算机软件保护条例》中规定计算机软件是个人或者团体的智力产品，同专利、著作一样受法律的保护，任何未经授权的使用、复制都是非法的，违法者按规定要受到法律的制裁。

人们在使用计算机软件或数据时，应遵照国家有关法律规定，尊重其作品的版权，这是使用计算机的基本道德规范。人们应养成良好的道德规范，具体要求如下：

① 应该使用正版软件，坚决抵制盗版，尊重软件作者的知识产权。

② 不对软件进行非法复制。

③ 不要为了保护自己的软件资源而制造病毒保护程序。

④ 不要擅自篡改他人计算机内的系统信息资源。

2. 计算机安全

计算机信息系统是由计算机及其相关配套设备和设施（包括网络）构成的，为维护计算机系统的安全，防止病毒的入侵，应该注意如下内容：

① 不要蓄意破坏和损坏他人的计算机系统设备及资源。

② 不要制造病毒程序，不要使用带病毒的软件，更不要有意传播病毒给其他计算机系统。

③ 要采取预防措施，如在计算机内安装反病毒软件，要定期检查计算机系统内的文件是否有病毒，如发现病毒，应及时用杀毒软件清除。

④ 维护计算机的正常运行，保护计算机系统数据的安全。

⑤ 被授权者对自己享用的资源负有保护责任，口令和密码不得泄露给外人。

3. 网络行为

计算机网络正在改变着人们的行为和思维方式乃至社会结构，它对于信息资源的共享起到较大的作用。但是网络在起到正面作用的同时，也可能产生反面作用，主要表现在网络也可能传播暴力、色情内容，从而诱发不道德和犯罪行为等。

世界各个国家都制定了相应的法律法规，以约束人们使用计算机以及在计算机网络上的行为。例如，我国公安部公布的《计算机信息网络国际联网安全保护管理办法》中规定，任何单位和个人不得利用国际互联网制作、复制、查阅和传播下列信息：

① 煽动抗拒、破坏宪法和法律、行政法规实施的。

② 煽动颠覆国家政权，推翻社会主义制度的。

③ 煽动分裂国家、破坏国家统一的。

④ 煽动民族仇恨、破坏国家统一的。

⑤ 捏造或者歪曲事实，散布谣言，扰乱社会秩序的。

⑥ 宣言封建迷信、淫秽、色情、赌博、暴力、凶杀、恐怖，教唆犯罪的。

⑦ 公然侮辱他人或者捏造事实诽谤他人的。

⑧ 损害国家机关信誉的。

⑨ 其他违反宪法和法律、行政法规的。

然而仅仅依靠制定一项法律来制约人们的所有行为往往是不可能和不现实的，这就需要依靠道德来规范人们的行为，使人们在使用计算机时抱着诚实的态度、无恶意的行为，并要求自身在智力和道德意识方面取得进步。基本要求如下：

① 不能利用电子邮件做广播型的宣传，这种强加于人的做法会造成别人的信箱充斥无用的信息而影响正常工作。

② 不应该使用他人的计算机资源，除非得到了准许或者做出了补偿。

③ 不应该利用计算机去伤害别人。

④ 不能私自阅读他人的通信文件（如电子邮件），不得私自拷贝不属于自己的软件资源。

⑤ 不应该到他人的计算机里去窥探，不得蓄意破译别人口令。

总之，必须明确认识到任何借助计算机或计算机网络进行破坏、偷窃、诈骗和人身攻击都是非道德的或违法的，必将承担相应的责任或受到法律相应的制裁。在约束自己不能对他人实施非法攻击行为的同时，也应提高自身的信息安全意识，掌握有效的自我保护方法，增强信息系统的安全性，使自己免受外来的非法侵害。

小　结

本章主要介绍了信息安全方面的内容，首先介绍了信息安全的基本概念、目标，保障信息安全的 3 个重要因素。其次，介绍了如何通过设置 Windows 防火墙、本地安全策略以及关闭不必要的服务增强 Windows 7 系统的安全性。最后介绍了计算机病毒的概念、特点和分类，病毒的预防和检测方法，以及一种常用反病毒软件的配置和使用方法。通过本章的学习，用户应对信息安全有整体上的基本认识，能够掌握并灵活使用 Windows 系统自带的一些安全加固技术和方法，增强计算机系统的安全，同时能够利用反病毒软件和计算机病毒的检测、防治方法解决实际中遇到的安全问题。

本章仅介绍了 Symantec Endpoint Protection 反病毒软件客户端的一些基本设置和使用方法，如需继续学习更多关于该软件的使用和配置方法，可参阅官方网站中的相关内容。

习　题

一、填空题

1. 计算机系统的安全目标是为了保证系统资源的_____、_____、_____，而建立和采取的技术措施和方法的总和。

2. 信息安全的 3 个要素，分别是_____、_____、_____。

3. 计算机病毒传播的途径主要有_____、_____、_____、_____。

4. 计算机病毒的特点有_____、_____、_____、_____、_____。

二、简答题

1. 什么是计算机病毒，它的分类方法有哪些？

2. 预防和清除计算机病毒的方法有哪些？

3. 查阅相关资料，了解一种典型计算机病毒的特性、危害及其具体的清除方法。

三、操作题

1. 请创建 Windows 防火墙的出站规则，关闭本地主机的高危端口：135,137,138,139,445, 3389,4489，阻止使用本地主机的这些端口和外部主机进行连接。

2. 关闭本机的下列服务：Remote Desktop Help Session Manager，Remote Registry 和 Terminal Services 服务。

3. 安装一种杀毒软件，并对其进行一些必要的合理配置，使得能够有效保护自己的计算机系统。

参 考 文 献

[1] 何胜利. 大学计算机基础[M]. 北京：清华大学出版社，2009.

[2] 邢振祥，彭慧卿. 大学计算机基础[M]. 北京：清华大学出版社，2009.

[3] 赵兵，李俐，郑菁. 边用边学计算机组装与维护[M]. 北京：清华大学出版社，2007.

[4] 程全洲，刘军. 大学计算机基础[M]. 北京：人民邮电出版社，2009.

[5] 郭建伟，向渝霞. 大学计算机应用基础[M]. 北京：清华大学出版社，2010.

[6] 翟晓晓，董立峰，赵菲菲. 玩转 Windows 7[M]. 北京：人民邮电出版社，2010.

[7] 赵江，董欣，钟镇国. Windows 7 从入门到精通[M]. 北京：电子工业出版社，2009.

[8] 王琛. 精通 Windows 7[M]. 北京：电子工业出版社，2009.

[9] 宋翔. 完全掌握 Office 2007[M]. 北京：人民邮电出版社，2007.

[10] 陈江茹，王林林. Microsoft Office 2007 案例办公实战宝典[M]. 北京：中国铁道出版社，2009.

[11] 王文生，汤德俊. 大学计算机基础教程[M]. 北京：清华大学出版社，2008.

[12] DOUGLAS E COMER. 计算机网络与互联网[M]. 北京：电子工业出版社，2004.

[13] 黄国兴，陶树平，等. 计算机导论[M]. 2 版. 北京：清华大学出版社，2008.

[14] 赵英良，董雪平. 多媒体应用技术实用教程[M]. 北京：清华大学出版社，2006.

[15] 杨大全. 多媒体计算机技术[M]. 北京：机械工业出版社，2007.

[16] 陈永强. 多媒体技术基础与实验教程[M]. 北京：机械工业出版社，2008.

[17] 姚怡. 多媒体应用技术[M]. 北京：中国铁道出版社，2008.

[18] 卢官明. 多媒体技术及应用[M]. 北京：高等教育出版社，2006.

[19] 岳媛媛. 多媒体技术与应用实训教程[M]. 北京：电子工业出版社，2006.

[20] 阮云星. 多媒体技术与应用学习教程[M]. 北京：清华大学出版社，2009.

[21] 杨青. 多媒体技术与应用教程[M]. 北京：清华大学出版社，2008.

[22] 李剑，张然. 信息安全概论[M]. 北京：机械工业出版社，2009.

[23] 王昭，陈钟译. 计算机安全原理[M]. 北京：高等教育出版社，2006.

[24] 潘瑜. 计算机网络安全技术[M]. 北京：科学出版社，2008.

[25] 徐贤军. 中文版 Office 2007 实用教程[M]. 北京：清华大学出版社，2007.

[26] 杨敏，刘嘉俊，邢太北. PowerPoint 2007 多媒体应用与技巧详解[M]. 北京：中国铁道出版社，
2009.

[27] 龙腾科技. Excel 2007 案例教程[M]. 北京：北京希望电子出版社，2009.

[28] 王珊，萨师煊. 数据库系统概论[M]. 4 版. 北京：高等教育出版社，2007.

[29] 罗晓沛. 数据库技术高级培训教程[M]. 北京：清华大学出版社，1999.

[30] 罗晓沛，张迎新，蔡越江. 数据库技术[M]. 武汉：华中理工大学出版社，2000.

[31] MICHAEL R. GROH. Access 2007 宝典[M]. 谢俊，崔子南，张波，译. 北京：人民邮电出版
社，2009.

[32] PETER ROB, CARLOS CORONEL. Database Systems: Design, Implementation and Management,
Seventh Edition Thomson 2007.